최신판

전기설비
기술기준

전기기사 · 산업기사 필기

emT
엔트미디어

머리말 PREFACE

전기 분야의 자격증 취득이나 공무원 시험 및 입사시험을 준비하는 수험생들이 가장 바라는 것은 단시간 내에 전기를 체계적으로 이해하고 합격의 영광을 얻고자 하는 바람일 것입니다.

따라서, 본 도서는 기초가 부족한 수험생 일지라도 단시간 내에 최대한의 성과를 얻을 수 있도록 다음과 같이 준비하였습니다.

> 첫째 : 기초가 부족한 수험생들을 위하여 분야별로 꼭 알아야 할 내용을 요약 정리하였습니다.
> 둘째 : 각 분야별로 예제 문제를 배치함으로써 본문내용을 완벽하게 이해할 수 있도록 하였습니다.
> 셋째 : 개정된 한국전기설비기술기준에 따라 수정 보완하였습니다.

따라서 본 수험서를 충분히 이해한다면 단시간에 자격증 취득이 가능할 뿐만 아니라 현업에서 즉시 사용될 수 있으리라고 생각합니다.

끝으로 본 수험서로 필기시험을 준비하시는 여러분들에게 깊은 감사를 드리며 출판 과정에서 발생할 수 있는 오·탈자 및 오답이 발견될 경우 연락주시면 수정토록하여 보다 나은 수험서가 되도록 노력하겠습니다. 또한 본 수험서에 잘못된 내용은 인터넷 홈페이지 정오표에 게시할 예정이오니 많은 참고바랍니다.
▶ 인터넷 주소 : www.ent1.co.kr

저 자

차례 CONTENTS

PART. 1　전기설비기술기준

1장　공통사항 ··· 6

2장　저압전기설비 ··· 46

3장　고압·특고압 전기설비 ·· 131

4장　전기철도 ··· 255

5장　분산형 전원설비 ·· 271

6장　기술기준 ··· 283

PART. 2　실전 모의고사

실전 모의고사 1회 ·· 292

실전 모의고사 2회 ·· 296

실전 모의고사 3회 ·· 301

실전 모의고사 풀이 및 정답 ·· 306

PART 1
전기설비기술기준

CHAPTER 1 공통사항

1. 통칙

1) 전압의 종별

이 규정에서 적용하는 전압의 구분은 다음과 같다.

분 류	전압의 범위
저 압	• 직류 : 1.5[kV] 이하 • 교류 : 1[kV] 이하
고 압	• 직류 : 1.5[kV]를 초과하고, 7[kV] 이하 • 교류 : 1[kV]를 초과하고, 7[kV] 이하
특고압	7[kV]를 초과

2) 용어

① 급전소 : 전력계통의 운용에 관한 지시 및 급전조작을 하는 것을 말한다.
② 연접인입선 : 하나의 수용장소의 인입선으로부터 다른 지지물을 거치지 않고 다른 수용장소의 인입구에 이르는 분기 전선
③ 관등 회로 : 방전등용 안정기 또는 방전등용 변압기로부터 방전관까지의 전로
④ 접근 상태
  • 1차 접근 상태 : 지지물의 높이에 상당하는 거리에 시설
  • 2차 접근 상태 : 수평거리 3[m] 미만의 곳에 다른 시설물을 시설

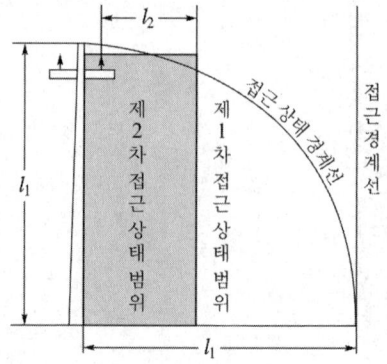

⑤ 계통 접지 : 전력계통에서 돌발적으로 발생하는 이상현상에 대비하여 대지와 계통을 연결하는 것으로, 중성점을 대지에 접속하는 것
⑥ 리플프리 직류 : 교류를 직류로 변환할 때 리플성분의 실효값이 10[%] 이하로 포함된 직류

3) 감전에 대한 보호

(1) 기본보호
기본보호는 일반적으로 직접접촉을 방지하는 것으로, 전기설비의 충전부에 인축이 접촉하여 일어날 수 있는 위험으로부터 보호되어야 한다. 기본보호는 다음 중 어느 하나에 적합하여야 한다.
① 인축의 몸을 통해 전류가 흐르는 것을 방지
② 인축의 몸에 흐르는 전류를 위험하지 않는 값 이하로 제한

(2) 고장 보호
고장 보호는 일반적으로 기본절연의 고장에 의한 간접접촉을 방지하는 것이다.
① 노출도전부에 인축이 접촉하여 일어날 수 있는 위험으로부터 보호되어야 한다.
② 고장 보호는 다음 중 어느 하나에 적합하여야 한다.
- 인축의 몸을 통해 고장전류가 흐르는 것을 방지
- 인축의 몸에 흐르는 고장전류를 위험하지 않는 값 이하로 제한
- 인축의 몸에 흐르는 고장전류의 지속시간을 위험하지 않은 시간까지로 제한

2. 전선

1) 전선의 식별

상(문자)	색상
L1	갈색
L2	흑색
L3	회색
N	청색
보호도체	녹색-노란색

2) 전선의 종류

(1) 고압케이블
① 클로로프렌외장케이블
② 비닐외장케이블
③ 폴리에틸렌외장케이블
④ 저독성 난연 폴리올레핀외장케이블
⑤ 콤바인 덕트 케이블

(2) 특고압 케이블
① 절연체가 에틸렌 프로필렌고무혼합물 또는 가교폴리에틸렌 혼합물인 케이블로서 선심 위에 금속제의 전기적 차폐층을 설치한 것
② 파이프형 압력 케이블·연피케이블·알루미늄피케이블
③ 금속피복을 한 케이블을 사용하여야 한다.

3) 전선의 접속

전선을 접속하는 경우에는 전선의 전기저항을 증가시키지 아니하도록 접속하여야 하며, 또한 다음에 따라야 한다.
① 전선의 세기를 20[%] 이상 감소시키지 아니할 것.
② 접속부분은 접속관 기타의 기구를 사용할 것.
③ 접속부분의 절연전선에 절연전선의 절연물과 동등 이상의 절연효력이 있는 것으로 충분히 피복할 것.
④ 알루미늄(알루미늄 합금을 포함한다.)을 사용하는 전선과 동(동합금을 포함한다.)을 사용하는 전선을 접속하는 등 전기 화학적 성질이 다른 도체를 접속하는 경우에는 접속부분에 전기적 부식이 생기지 않도록 할 것.
⑤ 두 개 이상의 전선을 병렬로 사용하는 경우에는 다음에 의하여 시설할 것.
- 병렬로 사용하는 각 전선의 굵기는 동선 50[mm^2] 이상 또는 알루미늄 70[mm^2] 이상
- 병렬로 사용하는 전선에는 각각에 퓨즈를 설치하지 말 것.
- 교류회로에서 병렬로 사용하는 전선은 금속관 안에 전자적 불평형이 생기지 않도록 시설할 것.

3. 전로의 절연

1) 사용전압이 저압인 전로에서 정전이 어려운 경우 등 절연저항 측정이 곤란한 경우에는 누설전류를 1[mA] 이하로 유지하여야 한다.

2) 저압전로의 절연성능

전로의 사용전압[V]	DC시험전압[V]	절연저항[MΩ]
SELV 및 PELV	250	0.5
FELV, 500[V] 이하	500	1.0
500[V] 초과	1,000	1.0

[주] 특별저압(extra low voltage : 2차 전압이 AC 50[V], DC 120[V] 이하)으로 SELV(비접지회로 구성) 및 PELV(접지회로 구성)은 1차와 2차가 전기적으로 절연된 회로, FELV는 1차와 2차가 전기적으로 절연되지 않은 회로

3) 고압 및 특고압 전로의 절연내력 시험 방법 및 시험전압

① 절연내력을 시험할 부분에 최대사용전압에 의하여 결정되는 시험전압을 계속하여 10분간 가하였을 때에 견디어야 한다.
② 전선에 케이블을 사용하는 경우에는 교류 시험전압의 2배의 직류전압을 전로와 대지 사이에 연속하여 10분간 가하였을 때에 견디어야 한다.

4) 절연 내력 시험전압

구 분		배율	최저전압
중성점 직접 접지식이 아닌 경우	7 [kV] 이하	1.5	
	7 [kV] 초과 ~ 60 [kV] 이하	1.25	10.5[kV]
	60 [kV] 초과(비접지식)	1.25	
	60 [kV] 초과(중성점 접지식)	1.1	75[kV]
중성점 직접 접지식	25 [kV] 이하(다중접지)	0.92	
	60 [kV] 초과 170 [kV]까지	0.72	
	170 [kV] 초과(발·변전소에 한함)	0.64	

5) 연료전지 및 태양전지 모듈의 절연내력

최대사용전압의 1.5배의 직류전압 또는 1배의 교류전압(500[V] 미만으로 되는 경우에는 500[V])을 충전부분과 대지 사이에 연속하여 10분간 가하여 절연내력을 시험하였을 때에 이에 견디는 것이어야 한다.

4. 접지시스템의 시설

1) 접지시스템의 구분 및 종류
① 구분 : 계통접지, 보호접지, 피뢰시스템 접지 등
② 종류 : 단독접지, 공통접지, 통합접지

단독접지	공통접지	통합접지
특고압 고압 저압 피뢰설비 통신	특고압 고압 저압 피뢰설비 통신	특고압 고압 저압 피뢰설비 통신

2) 접지시스템 구성요소
① 접지시스템은 접지극, 접지도체, 보호도체 및 기타 설비로 구성한다.
② 접지극은 접지도체를 사용하여 주 접지단자에 연결하여야 한다.

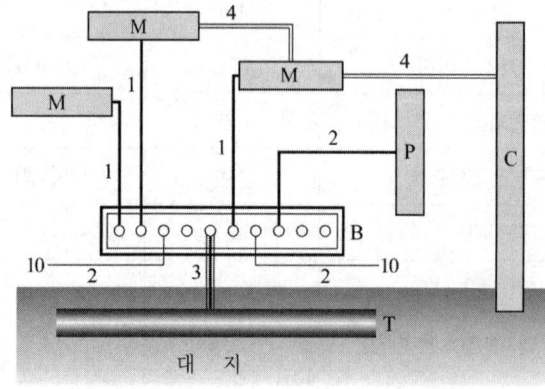

1 : 보호선(PE)
2 : 보호 등전위 본딩용 도체
3 : 접지선
4 : 보조 보호 등전위 본딩용 도체
10 : 기타 기기(예, 통신설비)
B : 주 접지단자
M : 전기기구의 노출 도전성부분
C : 철골, 금속덕트의 계통 외 도전성부분
P : 수도관, 가스관 등 금속배관
T : 접지극

접지설비 개요

3) 접지극의 시설 및 접지저항

① 가능한 다습한 부분에 설치
② 접지극은 지하 0.75[m] 이상의 깊이에 매설
③ 철주의 밑면에서 0.3[m] 이상의 깊이에 매설하거나 금속체로부터 1[m] 이상 떼어 설치 (금속체를 따라 시설하는 경우)
④ 수도관 등을 접지극으로 사용하는 경우 : 3[Ω] 이하
⑤ 건축물·구조물의 철골을 접지극으로 사용하는 경우 : 2[Ω] 이하

4) 접지도체의 단면적 및 시설

① 접지도체의 최소 단면적
- 구리 : 6[mm^2] 이상
- 철 : 50[mm^2] 이상

② 접지도체에 피뢰시스템이 접속되는 경우
- 구리 : 16[mm^2] 이상
- 철 : 50[mm^2] 이상

③ 특고압·고압 전기설비용 접지도체 : 6[mm^2] 이상의 연동선
④ 중성점 접지도체 : 16[mm^2] 이상의 연동선
(다만, 다음의 경우에는 6[mm^2] 이상의 연동선
- 7[kV] 이하의 전로
- 사용전압이 25[kV] 이하인 특고압 가공전선로. (다만, 중성선 다중접지식의 것으로서 전로에 지락이 생겼을 때 2초 이내에 자동적으로 이를 전로로부터 차단하는 장치가 되어 있는 것.)

⑤ 이동하여 사용하는 전기기계기구의 금속제 외함 등의 접지시스템의 경우는 다음의 것을 사용하여야 한다.

접지도체	접지선의 종류	접지선의 단면적
특고압·고압 전기설비 중성점 접지	• 클로로프렌캡타이어케이블(3종 및 4종) • 클로로설포네이트폴리에틸렌캡타이어 케이블의 일심 (3종 및 4종) • 다심캡타이어케이블의 차폐 기타의 금속제	10[mm^2]
저압 전기설비	다심 코드 또는 다심 캡타이어케이블의 일심	0.75[mm^2]
	다심코드 및 다심 캡타이어케이블의 일심 이외의 가요성이 있는 연동연선	1.5[mm^2]

⑥ 접지도체는 지하 0.75[m] ~ 지표 상 2[m]까지 합성수지관(두께 2[mm] 미만의 합성수지제 전선관 및 가연성 콤바인덕트관은 제외한다) 으로 덮을 것

5) 보호도체의 단면적

선도체의 단면적 S ([mm²], 구리)	보호도체의 최소 단면적([mm²], 구리)	
	보호도체의 재질	
	선도체와 같은 경우	선도체와 다른 경우
$S \leq 16$	S	$(k_1/k_2) \times S$
$16 < S \leq 35$	16(a)	$(k_1/k_2) \times 16$
$S > 35$	S(a)/2	$(k_1/k_2) \times (S/2)$

여기서, - k_1 : 선도체에 대한 k값
- k_2 : 보호도체에 대한 k값
- a : PEN 도체의 최소단면적은 중성선과 동일하게 적용한다.

6) 변압기 중성점 접지

적 용	접지 저항값
변압기 중성점	$\dfrac{150}{1선\ 지락전류}[\Omega]$ 이하 • 자동차단 설비가 1초 이내 동작하면 $600/I[\Omega]$ • 자동차단 설비가 1초 초과 2초 이내 동작하면 $300/I[\Omega]$

7) 보호등전위본딩 도체의 단면적

주접지단자에 접속하기 위한 등전위본딩 도체는 설비 내에 있는 가장 큰 보호접지도체 단면적의 1/2 이상의 단면적을 가져야 하고 다음의 단면적 이상이어야 한다.
- 구리 : 6[mm²] 이상
- 알루미늄 : 16[mm²] 이상
- 강철 : 50[mm²] 이상

5. 피뢰시스템

1) 피뢰시스템의 적용범위

① 전기전자설비가 설치된 건축물·구조물로서 낙뢰로부터 보호가 필요한 것 또는 지상으로부터 높이가 20[m] 이상인 것
② 전기설비 및 전자설비 중 낙뢰로부터 보호가 필요한 설비

2) 피뢰시스템의 구성

① 외부피뢰시스템 : 직격뢰로부터 대상물을 보호

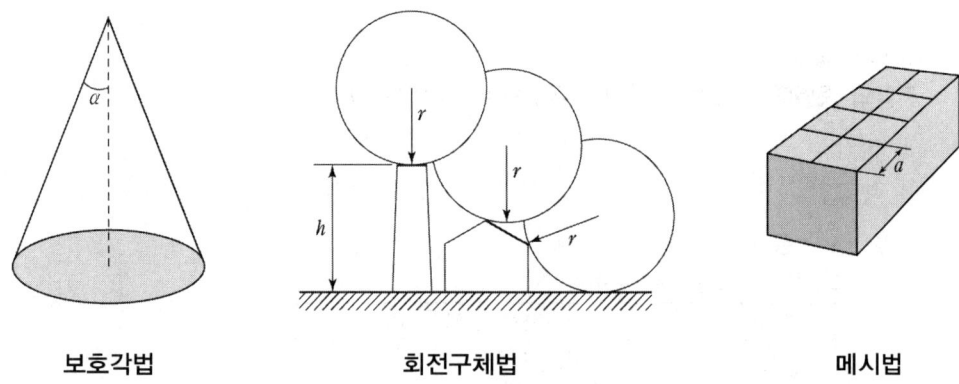

보호각법　　　　　회전구체법　　　　　메시법

② 내부피뢰시스템 : 간접뢰 및 유도뢰로부터 대상물을 보호

3) 피뢰시스템의 등급 선정

① 등급 : Ⅰ, Ⅱ, Ⅲ, Ⅳ
② 위험물의 제조소·저장소 및 처리장에 설치하는 피뢰시스템은 Ⅱ 등급 이상으로 한다.

CHAPTER. 1 공통사항
출제예상문제

01 기 21-2, 기 16-1

전압의 종별에서 교류 600[V]는 무엇으로 분류하는가?

① 저압 ② 고압
③ 특고압 ④ 초고압

풀이 111 통칙

전압의 구분은 다음과 같다.

분 류	전압의 범위
저 압	• 직류 : 1.5[kV] 이하 • 교류 : 1[kV] 이하
고 압	• 직류 : 1.5[kV]를 초과하고 7[kV] 이하 • 교류 : 1[kV]를 초과하고 7[kV] 이하
특고압	7[kV]를 초과

02 기 22-2

전압의 구분에 대한 설명으로 옳은 것은?

① 직류에서의 저압은 1000[V] 이하의 전압을 말한다.
② 교류에서의 저압은 1500[V] 이하의 전압을 말한다.
③ 직류에서의 고압은 3500[V]를 초과하고 7000[V] 이하인 전압을 말한다.
④ 특고압은 7000[V]를 초과하는 전압을 말한다.

풀이 111 통칙

전압의 구분은 다음과 같다.

분 류	전압의 범위
저 압	• 직류 : 1.5[kV] 이하 • 교류 : 1[kV] 이하
고 압	• 직류 : 1.5[kV]를 초과하고 7[kV] 이하 • 교류 : 1[kV]를 초과하고 7[kV] 이하
특고압	7[kV]를 초과

정답 01. ① 02. ④

기 18-2, 산기 24-1

03 전력계통의 일부가 전력계통의 전원과 전기적으로 분리된 상태에서 분산형전원에 의해서만 가압되는 상태를 무엇이라 하는가?

① 계통연계 ② 접속설비
③ 단독운전 ④ 단순 병렬운전

풀이 112 용어 정의
가. "계통연계"란 둘 이상의 전력계통 사이를 전력이 상호 융통될 수 있도록 선로를 통하여 연결하는 것으로 전력계통 상호간을 송전선, 변압기 또는 직류-교류변환설비 등에 연결하는 것. 계통연락이라고도 한다.
나. "단독운전"이란 전력계통의 일부가 전력계통의 전원과 전기적으로 분리된 상태에서 분산형전원에 의해서만 가압되는 상태를 말한다.
다. "단순 병렬운전"이란 자가용 발전설비 또는 저압 소용량 일반용 발전설비를 배전계통에 연계하여 운전하되, 생산한 전력의 전부를 자체적으로 소비하기 위한 것으로서 생산한 전력이 연계계통으로 송전되지 않는 병렬 형태를 말한다.

기 21-1

04 "리플프리(Ripple-free)직류"란 교류를 직류로 변환할 때 리플성분의 실효값이 몇 [%] 이하로 포함된 직류를 말하는가?

① 3 ② 5
③ 10 ④ 15

풀이 112 용어정의
"리플프리(Ripple-free) 직류"란 교류를 직류로 변환할 때 리플성분의 실효값이 10[%] 이하로 포함된 직류를 말한다.

기 22-2

05 한국전기설비규정에 따른 용어의 정의에서 감전에 대한 보호 등 안전을 위해 제공되는 도체를 말하는 것은?

① 접지도체 ② 보호도체
③ 수평도체 ④ 접지극도체

풀이 112 용어정의
보호도체(PE, Protective Conductor)"란 감전에 대한 보호 등 안전을 위해 제공되는 도체를 말한다.

정답 03. ③ 04. ③ 05. ②

06 다음 중 보호도체의 종류가 아닌 것은?

① PEL ② PEM
③ PEN ④ PES

풀이 112 용어 정의
- "PEN 도체(protective earthing conductor and neutral conductor)"란 교류회로에서 중성선 겸용 보호도체를 말한다.
- "PEM 도체(protective earthing conductor and a mid-point conductor)"란 직류회로에서 중간선 겸용 보호도체를 말한다.
- "PEL 도체(protective earthing conductor and a line conductor)"란 직류회로에서 선도체 겸용 보호도체를 말한다.

07 중앙급전 전원과 구분되는 것으로서 전력소비지역 부근에 분산하여 배치 가능한 신·재생에너지 발전설비 등의 전원으로 정의되는 용어는?

① 임시전력원 ② 분전반전원
③ 분산형전원 ④ 계통연계전원

풀이 112 용어 정의
분산형 전원이란 중앙급전 전원과 구분되는 것으로서 전력소비지역 부근에 분산하여 배치 가능한 전원을 말한다. 상용전원의 정전시에만 사용하는 비상용 예비전원은 제외하며, 신·재생에너지 발전설비, 전기저장장치 등을 포함한다.

08 발전소 또는 변전소로부터 다른 발전소 또는 변전소를 거치지 아니하고 전차선로에 이르는 전선을 무엇이라 하는가?

① 급전선 ② 전기철도용 급전선
③ 급전선로 ④ 전기철도용 급전선로

풀이 112 용어 정의
"전기철도용 급전선"이란 전기철도용 변전소로부터 다른 전기철도용 변전소 또는 전차선에 이르는 전선을 말한다.

정답 06. ④ 07. ③ 08. ②

09 다음 ( )의 ㉠, ㉡에 들어갈 내용으로 옳은 것은?

> "전기철도용 급전선"이란 전기철도용 (㉠)로부터 다른 전기철도용 (㉠) 또는 (㉡)에 이르는 전선을 말한다.

① ㉠ 급전소 ㉡ 개폐소
② ㉠ 궤전선 ㉡ 변전소
③ ㉠ 변전소 ㉡ 전차선
④ ㉠ 전차선 ㉡ 급전소

풀이 112 용어 정의
"전기철도용 급전선"이란 전기철도용 변전소로부터 다른 전기철도용 변전소 또는 전차선에 이르는 전선을 말한다.

10 발전기가 정격운전상태에 있을 때, 동기기 단자에서의 전압을 무엇이라 하는가?

① 접촉전압
② 사용전압
③ 정격전압
④ 공칭전압

풀이 112 용어 정의
"정격전압"이란 발전기가 정격운전상태에 있을 때, 동기기 단자에서의 전압을 말한다.

정답 09. ③ 10. ③

11 한국전기설비규정 용어에서 "제2차 접근상태"란 가공전선이 다른 시설물과 접근하는 경우에 그 가공전선이 다른 시설물의 위쪽 또는 옆쪽에서 수평거리로 몇 [m] 미만인 곳에 시설되는 상태를 말하는가?

① 2
② 3
③ 4
④ 5

풀이 112 용어 정의
"제2차 접근상태"란 가공 전선이 다른 시설물과 접근하는 경우에 그 가공 전선이 다른 시설물의 위쪽 또는 옆쪽에서 수평 거리로 3[m] 미만인 곳에 시설되는 상태를 말한다.

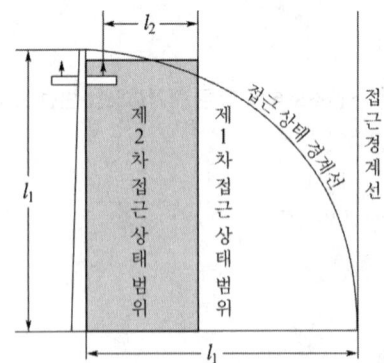

12 "지중관로"에 대한 정의로 가장 옳은 것은?

① 지중전선로·지중 약전류 전선로와 지중매설지선 등을 말한다.
② 지중전선로·지중 약전류 전선로와 복합케이블선로·기타 이와 유사한 것 및 이들에 부속되는 지중함을 말한다.
③ 지중전선로·지중 약전류 전선로·지중에 시설하는 수관 및 가스관과 지중매설지선을 말한다.
④ 지중전선로·지중 약전류 전선로·지중 광섬유 케이블 선로·지중에 시설하는 수관 및 가스관과 기타 이와 유사한 것 및 이들에 부속하는 지중함 등을 말한다.

풀이 112 용어 정의
"지중 관로"란 지중 전선로·지중 약전류 전선로·지중 광섬유 케이블 선로·지중에 시설하는 수관 및 가스관과 이와 유사한 것 및 이들에 부속하는 지중함 등을 말한다.

정답 11. ② 12. ④

13 "지중 관로"에 포함되지 않는 것은?
산기 23-3

① 지중 전선로
② 지중 레일 선로
③ 지중 약전류 전선로
④ 지중 광섬유 케이블 선로

풀이 112 용어 정의
"지중 관로"란 지중 전선로 · 지중 약전류 전선로 · 지중 광섬유 케이블 선로 · 지중에 시설하는 수관 및 가스관과 이와 유사한 것 및 이들에 부속하는 지중함 등을 말한다.

14 고장보호에 대한 설명으로 틀린 것은?
기 22-1

① 고장보호는 일반적으로 직접접촉을 방지하는 것이다.
② 고장보호는 인축의 몸을 통해 고장전류가 흐르는 것을 방지하여야 한다.
③ 고장보호는 인축의 몸에 흐르는 고장전류를 위험하지 않는 값 이하로 제한하여야 한다.
④ 고장보호는 인축의 몸에 흐르는 고장전류의 지속시간을 위험하지 않은 시간까지로 제한하여야 한다.

풀이 113.2 감전에 대한 보호
　가. 기본보호
　　기본보호는 일반적으로 직접접촉을 방지하는 것으로 전기설비의 충전부에 인축이 접촉하여 일어날 수 있는 위험으로부터 보호되어야 한다.
　　① 인축의 몸을 통해 전류가 흐르는 것을 방지
　　② 인축의 몸에 흐르는 전류를 위험하지 않는 값 이하로 제한
　나. 고장보호
　　일반적으로 기본절연의 고장에 의한 간접접촉을 방지하는 것으로 노출도전부에 인축이 접촉하여 일어날 수 있는 위험으로부터 보호되어야 한다.
　　① 인축의 몸을 통해 고장전류가 흐르는 것을 방지
　　② 인축의 몸에 흐르는 고장전류를 위험하지 않는 값 이하로 제한
　　③ 인축의 몸에 흐르는 고장전류의 지속시간을 위험하지 않은 시간까지로 제한

정답 13. ② 14. ①

15 전선의 색상 중 틀린 것은?

산기 22-1, 산기 24-2

① L1 : 갈색
② L2 : 흑색
③ L3 : 적색
④ N : 청색

풀이 121.2 전선의 식별
1. 전선의 색상은 표 에 따른다.

상(문자)	색상
L1	갈색
L2	흑색
L3	회색
N	청색
보호도체	녹색-노란색

2. 색상 식별이 종단 및 연결 지점에서만 이루어지는 나도체 등은 전선 종단부에 색상이 반영구적으로 유지될 수 있는 도색, 밴드, 색 테이프 등의 방법으로 표시해야 한다.

16 사용전압이 고압인 전로의 전선으로 사용할 수 없는 케이블은?

기 17-2

① MI케이블
② 연피케이블
③ 비닐외장케이블
④ 폴리에틸렌외장케이블

풀이 122.5 고압 및 특고압케이블
사용전압이 고압인 전로(전기기계기구 안의 전로를 제외한다)의 전선으로 사용하는 케이블은 클로로프렌외장케이블 · 비닐외장케이블 · 폴리에틸렌외장케이블 · 콤바인 덕트 케이블 등을 사용하여야 한다.

정답 15. ③ 16. ①

17 전선의 접속법을 열거한 것 중 틀린 것은?

① 전선의 세기를 20[%] 이상 감소시키지 않는다.
② 접속 부분을 절연전선의 절연물과 동등 이상의 절연 효력이 있도록 충분히 피복한다.
③ 접속 부분은 접속관, 기타의 기구를 사용한다.
④ 두 개 이상의 전선을 병렬로 사용하는 경우 각 전선의 굵기는 동선 35[mm^2] 이상이어야 한다.

풀이 123 전선의 접속
전선을 접속하는 경우에는 전선의 전기저항을 증가시키지 아니하도록 접속 하여야 하며, 또한 다음에 따라야 한다.
가. 절연전선 상호·절연전선과 코드, 캡타이어 케이블과 접속하는 경우에는
  ① 전선의 세기를 20[%] 이상 감소시키지 아니할 것.
  ② 접속부분은 접속관 기타의 기구를 사용할 것.
  ③ 접속부분의 절연전선에 절연전선의 절연물과 동등 이상의 절연효력이 있는 것으로 충분히 피복할 것.
나. 코드 상호, 캡타이어 케이블 상호 또는 이들 상호를 접속하는 경우에는 코드 접속기·접속함 기타의 기구를 사용할 것.
  다만 공칭단면적이 10[mm^2] 이상인 캡타이어 케이블 상호를 규정에 준하여 접속하는 경우에는 기구를 사용하지 않을 수 있다.
다. 두 개 이상의 전선을 병렬로 사용하는 경우에는
  ① 병렬로 사용하는 각 전선의 굵기는 동선 50[mm^2] 이상 또는 알루미늄 70[mm^2] 이상으로 하고, 전선은 같은 도체, 같은 재료, 같은 길이 및 같은 굵기의 것을 사용할 것
  ② 같은 극의 각 전선의 터미널러그에 완전히 접속할 것
  ③ 병렬로 사용하는 전선에는 각각에 퓨즈를 설치하지 말 것

정답 17. ④

산기 24-2

18 전선의 접속법 중 두 개 이상의 전선을 병렬로 사용하는 경우에 대한 설명으로 틀린 것은?

① 병렬로 사용하는 각 전선의 굵기는 동선 50[mm^2] 이상 또는 알루미늄 70[mm^2] 이상이어야 한다.
② 같은 극의 각 전선의 터미널러그에 완전히 접속해야 한다.
③ 병렬로 사용하는 전선에는 각각에 퓨즈를 설치해야 한다.
④ 병렬로 사용하는 각 전선은 같은 도체, 같은 재료, 같은 길이 및 같은 굵기의 것을 사용해야 한다.

> 풀이 **123 전선의 접속**
> 전선을 접속하는 경우에는 전선의 전기저항을 증가시키지 아니하도록 접속 하여야 하며, 또한 다음에 따라야 한다.
> 가. 절연전선 상호·절연전선과 코드, 캡타이어 케이블과 접속하는 경우에는
>   ① 전선의 세기를 20[%] 이상 감소시키지 아니할 것.
>   ② 접속부분은 접속관 기타의 기구를 사용할 것.
>   ③ 접속부분의 절연전선에 절연전선의 절연물과 동등 이상의 절연효력이 있는 것으로 충분히 피복할 것.
> 나. 코드 상호, 캡타이어 케이블 상호 또는 이들 상호를 접속하는 경우에는 코드 접속기·접속함 기타의 기구를 사용할 것. 다만 공칭단면적이 10[mm^2] 이상인 캡타이어 케이블 상호를 규정에 준하여 접속하는 경우에는 기구를 사용하지 않을 수 있다.
> 다. 두 개 이상의 전선을 병렬로 사용하는 경우에는
>   ① 병렬로 사용하는 각 전선의 굵기는 동선 50[mm^2] 이상 또는 알루미늄 70[mm^2] 이상으로 하고, 전선은 같은 도체, 같은 재료, 같은 길이 및 같은 굵기의 것을 사용할 것
>   ② 같은 극의 각 전선의 터미널러그에 완전히 접속할 것
>   ③ **병렬로 사용하는 전선에는 각각에 퓨즈를 설치하지 말 것**

정답 18. ③

19 전로를 대지로부터 반드시 절연하여야 하는 것은?

① 시험용 변압기
② 저압 가공전선로의 접지측 전선
③ 전로의 중성점에 접지공사를 하는 경우의 접지점
④ 계기용변성기의 2차측 전로에 접지공사를 하는 경우의 접지점

풀이 131 전로의 절연 원칙
전로는 다음 이외에는 대지로부터 절연하여야 한다.
가. 저압전로에 접지공사를 하는 경우의 접지점
나. 전로의 중성점에 접지공사를 하는 경우의 접지점
다. 계기용변성기의 2차측 전로에 접지공사를 하는 경우의 접지점
라. 다중 접지를 하는 경우의 접지점
마. 변압기의 2차측 전로에 접지공사를 하는 경우의 접지점
바. 직류계통에 접지공사를 하는 경우의 접지점
사. 다음과 같이 절연할 수 없는 부분
　① 시험용 변압기, 전력선 반송용 결합 리액터, 전기울타리용 전원장치, 엑스선발생장치, 전기부식방지용 양극, 단선식 전기철도의 귀선 등 전로의 일부를 대지로부터 절연하지 아니하고 전기를 사용하는 것이 부득이한 것.
　② 전기욕기·전기로·전기보일러·전해조 등 대지로부터 절연하는 것이 기술상 곤란한 것.

20 전로를 대지로부터 절연을 하여야 하는 것은 다음 중 어느 것인가?

① 전기로
② 전기욕기
③ 전기다리미
④ 전해조

풀이 131 전로의 절연 원칙
전로는 다음 이외에는 대지로부터 절연하여야 한다.
가. 저압전로에 접지공사를 하는 경우의 접지점
나. 전로의 중성점에 접지공사를 하는 경우의 접지점
다. 계기용변성기의 2차측 전로에 접지공사를 하는 경우의 접지점
라. 다중 접지를 하는 경우의 접지점
마. 변압기의 2차측 전로에 접지공사를 하는 경우의 접지점
바. 직류계통에 접지공사를 하는 경우의 접지점
사. 다음과 같이 절연할 수 없는 부분
　① 시험용 변압기, 전력선 반송용 결합 리액터, 전기울타리용 전원장치, 엑스선발생장치, 전기부식방지용 양극, 단선식 전기철도의 귀선 등 전로의 일부를 대지로부터 절연하지 아니하고 전기를 사용하는 것이 부득이한 것.
　② **전기욕기·전기로**·전기보일러·**전해조** 등 대지로부터 절연하는 것이 기술상 곤란한 것.

21 저압 전로에서 정전이 어려운 경우 등 절연저항 측정이 곤란한 경우 저항성분의 누설전류가 몇 [mA] 이하이면 그 전로의 절연성능은 적합한 것으로 보는가?

① 1
② 2
③ 3
④ 4

풀이 132 전로의 절연저항 및 절연내력
가. 사용전압이 저압인 전로에서 정전이 어려운 경우 등 절연저항 측정이 곤란한 경우에는 누설전류를 1[mA] 이하로 유지하여야 한다.
나. 고압 및 특고압의 전로는 규정된 시험전압을 전로와 대지 사이(다심케이블은 심선 상호 간 및 심선과 대지 사이)에 연속하여 10분간 가하여 절연내력을 시험하였을 때에 이에 견디어야 한다.

22 최대 사용전압 7[kV] 이하 전로의 절연내력을 시험할 때 시험전압을 연속하여 몇 분간 가하였을 때 이에 견디어야 하는가?

① 5분
② 10분
③ 15분
④ 30분

풀이 132 전로의 절연저항 및 절연내력
고압 및 특고압의 전로는 시험전압을 전로와 대지 사이에 연속하여 10분간 가하여 절연내력을 시험하였을 때에 이에 견디어야 한다.

정답 21. ① 22. ②

23 6.6[kV] 지중전선로의 케이블을 직류전원으로 절연 내력시험을 하자면 시험전압은 직류 몇 [V]인가?

① 9900
② 14420
③ 16500
④ 19800

풀이 132 전로의 절연저항 및 절연내력

전로의 종류	접지 방식	시험전압 (최대사용 전압의 배수)	최저 시험전압
1. 7[kV] 이하		1.5배	
2. 7[kV] 초과 25[kV] 이하	다중접지	0.92배	
3. 7[kV] 초과 60[kV] 이하 (2란의 것 제외)		1.25배	10.5[kV]
4. 60[kV] 초과	비접지	1.25배	
5. 60[kV] 초과 (6란과 7란의 것 제외)	접지식	1.1배	75[kV]
6. 60[kV] 초과 (7란의 것 제외)	직접접지	0.72배	
7. 170[kV] 초과 (발전소 또는 변전소 혹은 이에 준하는 장소에 시설하는 것)	직접접지	0.64배	

※ 전로에 케이블을 사용하는 경우에는 직류로 시험할 수 있으며, 시험 전압은 교류의 경우의 2배가 된다.
∴ 시험 전압 = 6.6[kV] × 1.5 × 2 = 19.8[kV] = 19800[V]

24 기 16-1, 기 19-1, 산기 24-3

최대사용전압이 22900[V]인 3상 4선식 중성선 다중접지식 전로와 대지 사이의 절연내력 시험전압은 몇 [V] 인가?

① 32510
② 28752
③ 25229
④ 21068

풀이 132 전로의 절연저항 및 절연내력

전로의 종류	접지 방식	시험전압 (최대사용 전압의 배수)	최저 시험전압
1. 7[kV] 이하인 전로		1.5배	
2. 7[kV] 초과 25[kV] 이하	다중접지	0.92배	
3. 7[kV] 초과 60[kV] 이하 (2란의 것 제외)	비접지	1.25배	10.5[kV]
4. 60[kV] 초과	비접지	1.25배	
5. 60[kV] 초과 (6란과 7란의 것 제외)	접지식	1.1배	75[kV]
6. 60[kV] 초과 (7란의 것 제외)	직접접지	0.72배	
7. 170[kV] 초과 (발전소 또는 변전소 혹은 이에 준하는 장소에 시설하는 것)	직접접지	0.64배	

※ 전로에 케이블을 사용하는 경우에는 직류로 시험할 수 있으며, 시험 전압은 교류의 경우의 2배가 된다.

∴ 시험 전압 $= 22900 \times 0.92 = 21068[\text{V}]$

정답 24. ④

25 최대사용전압 22.9[kV]인 3상 4선식 다중접지방식의 지중 전선로의 절연내력시험을 직류로 할 경우 시험전압은 몇 [V] 인가?

① 16448
② 21068
③ 32796
④ 42136

풀이 132 전로의 절연저항 및 절연내력

전로의 종류	접지 방식	시험전압 (최대사용 전압의 배수)	최저 시험전압
1. 7[kV] 이하인 전로		1.5배	
2. 7[kV] 초과 25[kV] 이하	다중접지	0.92배	
3. 7[kV] 초과 60[kV] 이하 (2란의 것 제외)	비접지	1.25배	10.5[kV]
4. 60[kV] 초과	비접지	1.25배	
5. 60[kV] 초과 (6란과 7란의 것 제외)	접지식	1.1배	75[kV]
6. 60[kV] 초과 (7란의 것 제외)	직접접지	0.72배	
7. 170[kV] 초과 (발전소 또는 변전소 혹은 이에 준하는 장소에 시설하는 것)	직접접지	0.64배	

※ 전로에 케이블을 사용하는 경우에는 직류로 시험할 수 있으며, 시험 전압은 교류의 경우의 2배가 된다.

∴ 시험 전압 $= 22900 \times 0.92 \times 2 = 42136[V]$

정답 25. ④

26 최대사용전압이 23000[V]인 중성점 비접지식 전로의 절연내력 시험전압은 몇 [V] 인가?

① 16560   ② 21160
③ 25300   ④ 28750

풀이 132 전로의 절연저항 및 절연내력

전로의 종류	접지 방식	시험전압 (최대사용 전압의 배수)	최저 시험전압
1. 7[kV] 이하인 전로		1.5배	
2. 7[kV] 초과 25[kV] 이하	다중접지	0.92배	
3. 7[kV] 초과 60[kV] 이하 (2란의 것 제외)	비접지	1.25배	10.5[kV]
4. 60[kV] 초과	비접지	1.25배	
5. 60[kV] 초과 (6란과 7란의 것 제외)	접지식	1.1배	75[kV]
6. 60[kV] 초과 (7란의 것 제외)	직접접지	0.72배	
7. 170[kV] 초과 (발전소 또는 변전소 혹은 이에 준하는 장소에 시설하는 것)	직접접지	0.64배	

∴ 시험 전압 $= 23{,}000 \times 1.25 = 28{,}750[\text{V}]$

27 발전기, 전동기, 조상기, 기타 회전기(회전변류기 제외)의 절연내력 시험전압은 어느 곳에 가하는가?

① 권선과 대지 사이   ② 외함과 권선 사이
③ 외함과 대지 사이   ④ 회전자와 고정자 사이

풀이 133 회전기 및 정류기의 절연내력

종류		시험 전압	시험방법
회전기	발전기·전동기· 조상기·기타회전기 / 7[kV] 이하	1.5배 (최저 500[V])	권선과 대지 사이에 연속하여 10분간
	발전기·전동기· 조상기·기타회전기 / 7[kV] 초과	1.25배 (최저 10.5[kV])	
	회전 변류기	직류측의 최대사용전압의 1배 의 교류전압(최저 500[V])	

정답 26. ④ 27. ①

28 전동기의 절연내력시험은 권선과 대지 간에 계속하여 시험전압을 가 할 경우, 최소 몇 분간은 견디어야 하는가?

① 5
② 10
③ 20
④ 30

풀이 133 회전기 및 정류기의 절연내력

종류			시험 전압	시험방법
회전기	발전기·전동기·조상기·기타회전기	7[kV] 이하	1.5배 (최저 500[V])	권선과 대지 사이에 연속하여 10분간
		7[kV] 초과	1.25배 (최저 10.5[kV])	
	회전 변류기		직류측의 최대사용전압의 1배의 교류전압(최저 500[V])	

29 최대 사용 전압이 6600[V]인 3상 유도 전동기의 권선과 대지 사이의 절연내력 시험전압은 최대 사용전압의 몇 배인가?

① 1.75
② 1.0
③ 1.25
④ 1.5

풀이 133 회전기 및 정류기의 절연내력

종류			시험 전압	시험방법
회전기	발전기·전동기·조상기·기타회전기	7[kV] 이하	1.5배 (최저 500[V])	권선과 대지 사이에 연속하여 10분간
		7[kV] 초과	1.25배 (최저 10.5[kV])	
	회전 변류기		직류측의 최대사용전압의 1배의 교류전압(최저 500[V])	

정답 28. ② 29. ④

30 최대사용전압 440[V]인 전동기의 절연내력 시험전압은 몇 [V] 인가?

① 330
② 440
③ 500
④ 660

풀이 133 회전기 및 정류기의 절연내력

종 류		시험 전압	시험방법
회전기	발전기·전동기·조상기·기타회전기 7[kV] 이하	1.5배 (최저 500[V])	권선과 대지 사이에 연속하여 10분간
	발전기·전동기·조상기·기타회전기 7[kV] 초과	1.25배 (최저 10.5[kV])	
	회전 변류기	직류측의 최대사용전압의 1배의 교류전압(최저 500[V])	

따라서, 시험전압 = 440 × 1.5 = 660[V]

31 최대사용전압이 220[V]인 전동기의 절연내력시험을 하고자 할 때 시험 전압은 몇 [V]인가?

① 300
② 330
③ 450
④ 500

풀이 133 회전기 및 정류기의 절연내력

종 류		시험 전압	시험방법
회전기	발전기·전동기·조상기·기타회전기 7[kV] 이하	1.5배 (최저 500[V])	권선과 대지 사이에 연속하여 10분간
	발전기·전동기·조상기·기타회전기 7[kV] 초과	1.25배 (최저 10.5[kV])	
	회전 변류기	직류측의 최대사용전압의 1배의 교류전압(최저 500[V])	

시험 전압 = 220 × 1.5 = 330[V]이나, 500[V] 미만으로 되는 경우에는 500[V]이다.

정답 30. ④ 31. ④

32 최대사용전압이 7[kV]를 초과하는 회전기의 절연내력 시험은 최대사용전압의 몇 배의 전압 (10500[V] 미만으로 되는 경우에는 10500[V])에서 10분간 견디어야 하는가?

① 0.92　　　　　　　　② 1
③ 1.1　　　　　　　　　④ 1.25

풀이 133 회전기 및 정류기의 절연내력

종류		시험 전압	시험방법
회전기	발전기·전동기· 조상기·기타회전기 7[kV] 이하	1.5배 (최저 500[V])	권선과 대지 사이에 연속하여 10분간
	발전기·전동기· 조상기·기타회전기 7[kV] 초과	1.25배 (최저 10.5[kV])	
	회전 변류기	직류측의 최대사용전압의 1배의 교류전압(최저 500[V])	

33 최대사용전압이 10.5[kV]를 초과하는 교류의 회전기 절연내력을 시험하고자 한다. 이때 시험전압은 최대사용전압의 몇 배의 전압으로 하여야 하는가? (단, 회전변류기는 제외한다.)

① 1　　　　　　　　　② 1.1
③ 1.25　　　　　　　　④ 1.5

풀이 133 회전기 및 정류기의 절연내력

종류		시험 전압	시험방법
회전기	발전기·전동기· 조상기·기타회전기 7[kV] 이하	1.5배 (최저 500[V])	권선과 대지 사이에 연속하여 10분간
	발전기·전동기· 조상기·기타회전기 7[kV] 초과	1.25배 (최저 10.5[kV])	
	회전 변류기	직류측의 최대사용전압의 1배의 교류전압(최저 500[V])	

정답 32. ④　33. ③

34 60[kV] 초과인 정류기의 절연내력 시험은 직류측 최대 사용 전압의 몇 배의 직류전압을 직류 고전압측 단자와 대지사이에 연속하여 10분간 가하여 이에 견디어야 하는가?

① 1배
② 1.1배
③ 1.25배
④ 1.5배

풀이 133 회전기 및 정류기의 절연내력
표 133-1 회전기 및 정류기 시험전압

종류		시험 전압	시험 방법
정류기	최대사용전압 60[kV] 이하	직류측의 최대사용전압의 1배의 교류전압(500 V 미만으로 되는 경우에는 500 V)	충전부분과 외함 간에 연속하여 10분간 가한다.
	최대사용전압 60[kV] 초과	교류측의 최대사용전압의 1.1배의 교류전압 또는 직류측의 최대사용전압의 1.1배의 직류전압	교류측 및 직류고전압측단자와 대지 사이에 연속하여 10분간 가한다.

35 연료전지 및 태양전지 모듈의 절연내력시험을 하는 경우 충전부분과 대지사이에 어느 정도의 시험전압을 인가하여야 하는가? (단, 연속하여 10분간 가하여 견디는 것이어야 한다.)

① 최대 사용 전압의 1.5배의 직류 전압 또는 1.25배의 교류 전압
② 최대 사용 전압의 1.25배의 직류 전압 또는 1.25배의 교류 전압
③ 최대 사용 전압의 1.5배의 직류 전압 또는 1배의 교류 전압
④ 최대 사용 전압의 1.25배의 직류 전압 또는 1배의 교류 전압

풀이 134 연료전지 및 태양전지 모듈의 절연내력
연료전지 및 태양전지 모듈은 최대사용전압의 1.5배의 직류전압 또는 1배의 교류전압(500[V] 미만으로 되는 경우에는 500[V])을 충전부분과 대지사이에 연속하여 10분간 가하여 절연내력을 시험하였을 때에 이에 견디는 것이어야 한다.

정답 34. ② 35. ③

36 연료전지 및 태양전지 모듈의 절연내력시험을 하는 경우 충전부분과 대지 사이에 인가하는 시험전압은 얼마인가? (단, 연속하여 10분간 가하여 견디는 것이어야 한다.)

① 최대사용전압의 1.25배의 직류전압 또는 1배의 교류전압
(500[V] 미만으로 되는 경우에는 500 [V])

② 최대사용전압의 1.25배의 직류전압 또는 1.25배의 교류전압
(500[V] 미만으로 되는 경우에는 500[V])

③ 최대사용전압의 1.5배의 직류전압 또는 1배의 교류전압
(500[V] 미만으로 되는 경우에는 500 [V])

④ 최대사용전압의 1.5배의 직류전압 또는 1.25배의 교류전압
(500[V] 미만으로 되는 경우에는 500[V])

풀이 134 연료전지 및 태양전지 모듈의 절연내력
연료전지 및 태양전지 모듈은 최대사용전압의 1.5배의 직류전압 또는 1배의 교류전압(500[V] 미만으로 되는 경우에는 500[V])을 충전부분과 대지사이에 연속하여 10분간 가하여 절연내력을 시험하였을 때에 이에 견디는 것이어야 한다.

37 중성점 직접 접지식 전로에 접속되는 최대사용전압 161[kV]인 3상 변압기 권선(성형결선)의 절연내력시험을 할 때 접지시켜서는 안 되는 것은?

① 철심 및 외함
② 시험되는 변압기의 부싱
③ 시험되는 권선의 중성점 단자
④ 시험되지 않는 각 권선(다른 권선이 2개 이상 있는 경우에는 각 권선)의 임의의 1단자

풀이 135 변압기 전로의 절연내력

권선의 종류	시험 전압	시험 방법
최대 사용전압이 60[kV]를 초과하는 권선(성형결선의 것에 한한다)으로서 중성점 직접접지식전로에 접속하는 것.	최대 사용전압의 0.72배의 전압	시험되는 권선의 중성점단자, 다른 권선(다른 권선이 2개 이상 있는 경우에는 각 권선)의 임의의 1단자, 철심 및 외함을 접지하고 시험되는 권선의 중성점 단자이외의 임의의 1단자와 대지 사이에 시험전압을 연속하여 10분간 가한다.

정답 36. ③ 37. ②

38. 변압기 1차측 3300[V], 2차측 220[V]의 변압기 전로의 절연내력시험 전압은 각각 몇 [V]에서 10분간 견디어야 하는가?

기 22-3, 기 23-3

① 1차측 4950 [V], 2차측 500 [V]
② 1차측 4500 [V], 2차측 400 [V]
③ 1차측 4125 [V], 2차측 500 [V]
④ 1차측 3300 [V], 2차측 400 [V]

풀이 135 변압기 전로의 절연내력

권 선 의 종 류 (최대사용전압)	접지방식	시험 전압 (최대사용전압의 배수)	최저 시험전압
1. 7[kV] 이하		1.5배	500[V]
	다중접지	0.92배	500[V]
2. 7[kV] 초과 25[kV] 이하	다중접지	0.92배	
3. 7[kV] 초과 60[kV] 이하 (2란의 것 제외)		1.25배	10.5[kV]
4. 60[kV] 초과 (8란의 것 제외)	비접지	1.25	
5. 60[kV] 초과 (6란 및 8란의 것 제외)	접지식	1.1배	75 [kV]
6. 60[kV] 초과	직접접지	0.72배	
7. 170[kV] 초과	직접접지	0.64배	

즉, 1차 측 시험전압 $V_1 = 3300 \times 1.5 = 4950[V]$
2차 측 시험전압 $V_2 = 220 \times 1.5 = 330[V]$
이나 최저시험전압이 500[V] 이므로 2차 측 시험전압은 500[V]가 되어야 한다.

정답 38. ①

39 최대사용전압이 1차 22000[V], 2차 6600[V]의 권선으로서 중성점 비접지식 전로에 접속하는 변압기의 특고압측 절연내력 시험전압은?

① 24000[V]
② 27500[V]
③ 33000[V]
④ 44000[V]

풀이 135 변압기 전로의 절연내력

권 선 의 종 류 (최대사용전압)	접지방식	시험 전압 (최대사용전압의 배수)	최저 시험전압
1. 7[kV] 이하		1.5배	500[V]
	다중접지	0.92배	500[V]
2. 7[kV] 초과 25[kV] 이하	다중접지	0.92배	
3. 7[kV] 초과 60[kV] 이하 (2란의 것 제외)		1.25배	10.5[kV]
4. 60[kV] 초과 (8란의 것 제외)	비접지	1.25	
5. 60[kV] 초과 (6란 및 8란의 것 제외)	접지식	1.1배	75[kV]
6. 60[kV] 초과	직접접지	0.72배	
7. 170[kV] 초과	직접접지	0.64배	

25[kV]이하 다중접지방식이 아니므로 최대사용전압의 배수는 1.25배 이다.
∴ 시험전압 = 최대사용전압의 배수 × 최대사용전압
           = 1.25 × 22000 = 27500[V]

정답 39. ②

기 18-1, 산기 22-3

40 최대 사용전압 23[kV]의 권선으로 중성점접지식전로(중성선을 가지는 것으로 그 중성선에 다중접지를 하는 전로)에 접속되는 변압기는 몇 [V]의 절연내력 시험전압에 견디어야 하는가?

① 21160
② 25300
③ 38750
④ 34500

풀이 135 변압기 전로의 절연내력

권 선 의 종 류 (최대사용전압)	접지방식	시험 전압 (최대사용전압의 배수)	최저 시험전압
1. 7[kV] 이하		1.5배	500[V]
	다중접지	0.92배	500[V]
2. 7[kV] 초과 25[kV] 이하	다중접지	0.92배	
3. 7[kV] 초과 60[kV] 이하 (2란의 것 제외)		1.25배	10.5[kV]
4. 60[kV] 초과 (8란의 것 제외)	비접지	1.25	
5. 60[kV] 초과 (6란 및 8란의 것 제외)	접지식	1.1배	75[kV]
6. 60[kV] 초과	직접접지	0.72배	
7. 170[kV] 초과	직접접지	0.64배	

7[kV] 초과 25[kV] 이하의 다중접지방식이므로 시험전압 배수는 0.92
∴ 시험 전압 = $23 \times 0.92 = 21.16$[kV]

정답 40. ①

41. 최대사용전압이 3.3[kV]인 차단기 전로의 절연내력 시험전압은 몇 [V]인가?

① 3036　　② 4125
③ 4950　　④ 6600

풀이 136 기구 등의 전로의 절연내력

개폐기·차단기·전력용 커패시터·유도전압조정기·계기용변성기 기타의 기구의 전로 및 발전소·변전소·개폐소 또는 이에 준하는 곳에 시설하는 기계기구의 접속선 및 모선은 표에서 정하는 시험전압을 충전 부분과 대지 사이(다심케이블은 심선 상호 간 및 심선과 대지 사이)에 연속하여 10분간 가하여 절연내력을 시험하였을 때에 이에 견디어야 한다.

전로의 종류	접지 방식	시험전압 (최대사용 전압의 배수)	최저 시험전압
1. 7[kV] 이하인 전로		1.5배	500[V]
2. 7[kV] 초과 25[kV] 이하	다중접지	0.92배	
3. 7[kV] 초과 60[kV] 이하 (2란의 것 제외)		1.25배	10.5[kV]
4. 60[kV] 초과	비접지	1.25배	
5. 60[kV] 초과 (6란과 7란의 것 제외)	접지식	1.1배	75[kV]
6. 60[kV] 초과 (7란의 것 제외)	직접접지	0.72배	
7. 170[kV] 초과 (발전소 또는 변전소 혹은 이에 준하는 장소에 시설하는 것)	직접접지	0.64배	

∴ 시험 전압 = $3300 \times 1.5 = 4950[V]$

42. 하나 또는 복합하여 시설하여야 하는 접지극의 방법으로 틀린 것은?

① 지중 금속구조물
② 토양에 매설된 기초 접지극
③ 케이블의 금속외장 및 그 밖에 금속피복
④ 대지에 매설된 강화콘크리트의 용접된 금속보강재

풀이 142.2 접지극의 시설 및 접지저항

접지극은 다음의 방법 중 하나 또는 복합하여 시설하여야 한다.
가. 콘크리트에 매입 된 기초 접지극
나. 토양에 매설된 기초 접지극
다. 토양에 수직 또는 수평으로 직접 매설된 금속전극(봉, 전선, 테이프, 배관, 판 등)
라. 케이블의 금속외장 및 그 밖에 금속피복
마. 지중 금속구조물(배관 등)
바. 대지에 매설된 철근콘크리트의 용접된 금속 보강재. 다만, 강화콘크리트는 제외한다.

정답 41. ③　42. ④

43 접지공사의 접지극을 시설할 때 동결 깊이를 감안하여 지하 몇 [cm] 이상의 깊이로 매설하여야 하는가?

① 60　　　　　　　　② 75
③ 90　　　　　　　　④ 100

풀이 142.2 접지극의 시설 및 접지저항
접지극의 매설은 다음에 의한다.
가. 접지극은 지표면으로부터 지하 0.75[m] 이상으로 하되 동결 깊이를 감안하여 매설 깊이를 정해야 한다.
나. 접지도체를 철주 기타의 금속체를 따라서 시설하는 경우에는 접지극을 철주의 밑면으로부터 0.3[m] 이상의 깊이에 매설하는 경우 이외에는 접지극을 지중에서 그 금속체로부터 1[m] 이상 떼어 매설하여야 한다.

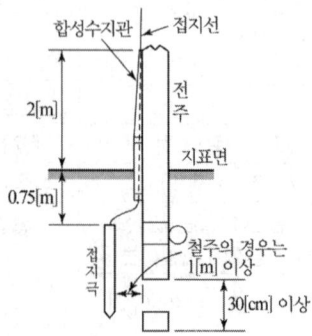

44 지중에 매설되어 있는 금속제 수도관로를 각종 접지공사의 접지극으로 사용하려면 대지와의 전기저항 값이 몇 [Ω] 이하의 값을 유지하여야 하는가?

① 1　　　　　　　　② 2
③ 3　　　　　　　　④ 5

풀이 142.2 접지극의 시설 및 접지저항
가. 지중에 매설되어 있고 대지와의 전기저항 값이 3[Ω] 이하의 값을 유지하고 있는 금속제 수도관로가 규정에 따르는 경우 접지극으로 사용이 가능하다.
나. 대지와의 사이에 전기저항 값이 2[Ω] 이하인 값을 유지하는 건축물·구조물의 철골 기타의 금속제는 접지공사의 접지극으로 사용할 수 있다.

정답　43. ②　44. ③

45 비접지식 고압 전로에 접속되는 변압기의 외함에 실시하는 접지 공사의 접지극으로 사용할 수 있는 건물 철골의 대지 전기 저항은 몇 [Ω] 이하인가?

① 2
② 3
③ 5
④ 10

풀이 142.2 접지극의 시설 및 접지저항
가. 지중에 매설되어 있고 대지와의 전기저항 값이 3[Ω] 이하의 값을 유지하고 있는 금속제 수도관로가 규정에 따르는 경우 접지극으로 사용이 가능하다.
나. 대지와의 사이에 전기저항 값이 2[Ω] 이하인 값을 유지하는 건축물·구조물의 철골 기타의 금속제는 접지공사의 접지극으로 사용할 수 있다.

46 금속제 수도관로를 접지공사의 접지극으로 사용하는 경우에 대한 사항이다. (㉠), (㉡), (㉢)에 들어갈 수치로 알맞은 것은?

> "접지선과 금속제 수도관로의 접속은 안지름 (㉠)[mm] 이상인 금속제 수도관의 부분 또는 이로부터 분기한 안지름(㉡)[mm] 미만인 금속제 수도관의 그 분기점으로부터 5[m] 이내의 부분에서 할 것. 다만, 금속제 수도관로와 대지간의 전기저항치가 (㉢)[Ω] 이하인 경우에는 분기점으로부터의 거리는 5[m]를 넘을 수 있다."

① ㉠ 75, ㉡ 75, ㉢ 2
② ㉠ 75, ㉡ 50, ㉢ 2
③ ㉠ 50, ㉡ 75, ㉢ 4
④ ㉠ 50, ㉡ 50, ㉢ 4

풀이 142.2 접지극의 시설 및 접지저항
지중에 매설되어 있고 대지와의 전기저항 값이 3[Ω] 이하의 값을 유지하고 있는 금속제 수도관로와 접지도체의 접속은 금속제 수도관로의 **안지름이 75[mm] 이상**인 부분 또는 여기에서 분기한 안지름 **75[mm] 미만**인 분기점으로부터 5[m] 이내의 부분에서 하여야 한다. 다만, 금속제 수도관로와 대지 사이의 **전기저항 값이 2[Ω] 이하**인 경우에는 분기점으로부터의 거리는 5[m]을 넘을 수 있다.

정답 45. ① 46. ①

47 접지공사에 사용하는 접지도체를 사람이 접촉할 우려가 있는 곳에 시설하는 경우, 「전기용품 및 생활용품 안전관리법」을 적용받는 합성수지관(두께 2[mm] 미만의 합성수지제 전선관 및 난연성이 없는 콤바인덕트관을 제외한다)으로 덮어야 하는 범위로 옳은 것은?

① 접지도체의 지하 30[cm]로부터 지표상 1[m]까지의 부분
② 접지도체의 지하 50[cm]로부터 지표상 1.2[m]까지의 부분
③ 접지도체의 지하 60[cm]로부터 지표상 1.8[m]까지의 부분
④ 접지도체의 지하 75[cm]로부터 지표상 2[m]까지의 부분

풀이 142.3.1 접지도체
접지도체는 지하 0.75[m] 부터 지표 상 2[m] 까지 부분은 합성수지관(두께 2[mm] 미만의 합성수지제 전선관 및 가연성 콤바인덕트관은 제외한다) 또는 이와 동등 이상의 절연효과와 강도를 가지는 몰드로 덮어야 한다.

48 큰 고장전류가 구리 소재의 접지도체를 통하여 흐르지 않을 경우 접지도체의 최소 단면적은 몇 [mm²] 이상이어야 하는가? (단, 접지도체에 피뢰시스템이 접속되지 않는 경우이다.)

① 0.75 ② 2.5
③ 6   ④ 16

풀이 142.3.1 접지도체
가. 접지도체의 최소 단면적은 다음과 같다.
　(1) 구리는 6[mm²] 이상
　(2) 철제는 50[mm²] 이상
나. 접지도체에 피뢰시스템이 접속되는 경우, 접지도체의 단면적
　(1) 구리는 16[mm²] 이상
　(2) 철제는 50[mm²] 이상

정답 47. ④ 48. ③

49 공통접지공사 적용시 선도체의 단면적이 16[mm²]인 경우 보호도체(PE)에 적합한 단면적은? (단, 보호도체의 재질이 선도체와 같은 경우)

① 4
② 6
③ 10
④ 16

풀이 142.3.2 보호도체

보호도체의 최소 단면적은 다음에 의한다.

선도체의 단면적 S (mm², 구리)	보호도체의 최소 단면적(mm², 구리)	
	보호도체의 재질	
	선도체와 같은 경우	선도체와 다른 경우
$S \leq 16$	S	$(k_1/k_2) \times S$
$16 < S \leq 35$	$16(a)$	$(k_1/k_2) \times 16$
$S > 35$	$S(a)/2$	$(k_1/k_2) \times (S/2)$

여기서, – k_1 : 상도체에 대한 k값
 – k_2 : 보호도체에 대한 k값
 – a : PEN 도체의 최소단면적은 중성선과 동일하게 적용한다.

50 구리 재질의 선도체 단면적이 35[mm²]인 경우, 보호도체의 재질이 선도체와 같다면 보호도체의 최소 단면적은 얼마인가?

① 10
② 16
③ 25
④ 35

풀이 142.3.2 보호도체

선도체의 단면적 S ([mm²], 구리)	보호도체의 최소 단면적([mm²], 구리)	
	보호도체의 재질이 선도체와 같은 경우	보호도체의 재질이 선도체와 다른 경우
$S \leq 16$	S	$(k_1/k_2) \times S$
$16 < S \leq 35$	$16^{(a)}$	$(k_1/k_2) \times 16$
$S > 35$	$S^{(a)}/2$	$(k_1/k_2) \times (S/2)$

여기서, • k_1 : 선도체에 대한 k값
• k_2 : 보호도체에 대한 k값
• a : PEN 도체의 최소단면적은 중성선과 동일하게 적용한다.

정답 49. ④ 50. ②

51 보호도체의 전기적 연속성에서 보호도체의 보호에 대한 내용으로 옳지 않은 것은?

① 접속부는 납땜으로 접속해야 한다.
② 보호도체를 접속하는 나사는 다른 목적으로 겸용해서는 안 된다.
③ 기계적인 손상, 화학적·전기화학적 열화, 전기역학적·열역학적 힘에 대해 보호되어야 한다.
④ 나사접속·클램프접속 등 보호도체 사이 또는 보호도체와 타 기기 사이의 접속은 전기적연속성 보장 및 기계적강도와 보호를 구비하여야 한다.

풀이 142.3.2 보호도체
보호도체의 전기적 연속성은 다음에 의한다.
가. 보호도체의 보호는 다음에 의한다.
  (1) 기계적인 손상, 화학적·전기화학적 열화, 전기역학적·열역학적 힘에 대해 보호되어야 한다.
  (2) 나사접속·클램프접속 등 보호도체 사이 또는 보호도체와 타 기기 사이의 접속은 전기적연속성 보장 및 기계적강도와 보호를 구비하여야 한다.
  (3) 보호도체를 접속하는 나사는 다른 목적으로 겸용해서는 안 된다.
  (4) 접속부는 납땜(soldering)으로 접속해서는 안 된다.

52 주택 등 저압 수용 장소에서 고정 전기설비에 TN-C-S 접지방식으로 접지공사 시 중성선 겸용 보호도체(PEN)를 알루미늄으로 사용 할 경우 단면적은 몇 [mm^2] 이상이어야 하는가?

① 2.5
② 6
③ 10
④ 16

풀이 142.4.2 주택 등 저압수용장소 접지
저압수용장소에서 계통접지가 TN-C-S 방식인 경우 중성선 겸용 보호도체(PEN)는 고정 전기설비에만 사용할 수 있고, 그 도체의 단면적이 구리는 10[mm^2] 이상, 알루미늄은 16[mm^2] 이상이어야 하며, 그 계통의 최고전압에 대하여 절연되어야 한다.

정답 51. ① 52. ④

53 접지 공사의 접지저항값을 $\frac{150}{I}[\Omega]$으로 정하고 있는데, 이 때 I에 해당되는 것은?

① 변압기의 고압측 또는 특고압측 전로의 1선 지락전류의 암페어 수
② 변압기의 고압측 또는 특고압측 전로의 단락사고 시 고장전류의 암페어 수
③ 변압기의 1차측과 2차측의 혼촉에 의한 단락전류의 암페어 수
④ 변압기의 1차와 2차에 해당되는 전류의 합

풀이 142.5 변압기 중성점 접지
변압기의 중성점접지 저항 값은 다음에 의한다.
가. 변압기의 고압·특고압측 전로 1선 지락전류로 150을 나눈 값과 같은 저항 값 이하
나. 사용전압이 35[kV] 이하의 특고압전로가 저압측 전로와 혼촉하고 저압전로의 대지전압이 150[V]를 초과하는 경우의 저항값은 다음에 의한다.
　① 1초 초과 2초 이내에 고압·특고압 전로를 자동으로 차단하는 장치를 설치할 때는 300을 나눈 값 이하
　② 1초 이내에 고압·특고압 전로를 자동으로 차단하는 장치를 설치할 때는 600을 나눈 값 이하

54 변압기의 고압측 전로와의 혼촉에 의하여 저압측 전로의 대지전압이 150[V]를 넘는 경우에 2초 이내에 고압전로를 자동 차단하는 장치가 되어 있는 6600/220[V] 배전선로에 있어서 1선 지락 전류가 2[A]이면 접지저항 값의 최대는 몇 [Ω]인가?

① 50　　　　　　② 75
③ 150　　　　　　④ 300

풀이 142.5 변압기 중성점 접지
변압기의 중성점접지 저항 값은 다음에 의한다.
가. 변압기의 고압·특고압측 전로 1선 지락전류로 150을 나눈 값 과 같은 저항 값 이하
$$R = \frac{150}{\text{변압기의 고압측 또는 특고압측의 1선 지락전류}}[\Omega]$$
나. 사용전압이 35[kV] 이하의 특고압전로가 저압측 전로와 혼촉하고 저압전로의 대지전압이 150[V]를 초과하는 경우는 저항 값은 다음에 의한다.
　① 1초 초과 2초 이내에 고압·특고압 전로를 자동으로 차단하는 장치를 설치할 때는 300을 나눈 값 이하
$$R = \frac{300}{\text{변압기의 고압측 또는 특고압측의 1선 지락전류}}[\Omega]$$
　② 1초 이내에 고압·특고압 전로를 자동으로 차단하는 장치를 설치할 때는 600을 나눈 값 이하
$$R = \frac{600}{\text{변압기의 고압측 또는 특고압측의 1선 지락전류}}[\Omega]$$
$$\therefore R = \frac{300}{\text{1선 지락 전류}} = \frac{300}{2} = 150[\Omega]$$

정답 53. ① 54. ③

55 혼촉 사고 시에 1초를 초과하고 2초 이내에 자동 차단되는 6.6[kV] 전로에 결합된 변압기 저압측의 전압이 220[V]인 경우 접지 저항값[Ω]은? (단, 고압측 1선 지락전류는 30 [A]라 한다.)

① 5 ② 10
③ 20 ④ 30

풀이 142.5 변압기 중성점 접지

변압기의 고압·특고압측 전로 또는 사용전압이 35[kV] 이하의 특고압전로가 저압측 전로와 혼촉하고 저압전로의 대지전압이 150[V]를 초과하는 경우는 저항 값은 다음에 의한다.

가. 1초 초과 2초 이내에 고압·특고압 전로를 자동으로 차단하는 장치를 설치할 때는 300을 나눈 값 이하

$$R = \frac{300}{\text{고압측 또는 특고압측의 1선 지락전류}} [\Omega]$$

나. 1초 이내에 고압·특고압 전로를 자동으로 차단하는 장치를 설치할 때는 600을 나눈 값 이하

$$R = \frac{600}{\text{고압측 또는 특고압측의 1선 지락전류}} [\Omega]$$

$$\therefore R = \frac{300}{1\text{선 지락 전류}} = \frac{300}{30} = 10[\Omega]$$

56 다음 ( )의 ㉠, ㉡에 들어갈 내용으로 옳은 것은?

전로에 시설하는 기계기구의 철대 및 금속제 외함에는 접지공사를 하여야 하나 저압용 기계기구에 전기를 공급하는 전로의 전원측에 절연변압기(2차 전압이 (㉠)[V] 이하이며, 정격용량이 (㉡) [kVA] 이하인 것에 한한다)를 시설하고 또한 그 절연변압기의 부하측 전로를 접지하지 않은 경우에는 접지를 생략할 수 있다.

① ㉠ 300, ㉡ 3
② ㉠ 300, ㉡ 5
③ ㉠ 500, ㉡ 3
④ ㉠ 500, ㉡ 5

풀이 142.7 기계기구의 철대 및 외함의 접지

전로에 시설하는 기계기구의 철대 및 금속제 외함에는 접지공사를 하여야 하나 다음의 어느 하나에 해당하는 경우에는 **접지를 생략 할 수 있다.**

가. 사용전압이 직류 300[V] 또는 교류 대지전압이 150 [V] 이하인 기계기구를 건조한 곳에 시설하는 경우
나. 철대 또는 외함의 주위에 적당한 절연대를 설치하는 경우
다. 외함이 없는 계기용변성기가 고무·합성수지 기타의 절연물로 피복한 것일 경우
라. 2중 절연구조로 되어 있는 기계기구를 시설하는 경우
마. 저압용 기계기구에 전기를 공급하는 전로의 전원측에 절연변압기(**2차 전압이 300[V] 이하이며, 정격용량이 3[kVA] 이하인 것에 한한다**)를 시설하고 또한 그 절연변압기의 부하측 전로를 접지하지 않은 경우
바. 물기 있는 장소 이외의 장소에 시설하는 저압용의 개별 기계기구에 전기를 공급하는 전로에 인체감전보호용 누전차단기(정격감도전류가 30[mA] 이하, 동작시간이 0.03[초] 이하의 전류동작형에 한한다)를 시설하는 경우

정답 55. ② 56. ①

57 〔기 21-2〕 돌침, 수평도체, 메시도체의 요소 중에 한 가지 또는 이를 조합한 형식으로 시설하는 것은?

① 접지극시스템
② 수뢰부시스템
③ 내부피뢰시스템
④ 인하도선시스템

풀이 152.1 수뢰부시스템
1. 수뢰부시스템의 선정은 돌침, 수평도체, 메시도체의 요소 중에 한 가지 또는 이를 조합한 형식으로 시설하여야 한다.
2. 수뢰부시스템의 배치는 다음에 의한다.
    가. 보호각법, 회전구체법, 메시법 중 하나 또는 조합된 방법으로 배치하여야 한다.
    나. 건축물·구조물의 뾰족한 부분, 모서리 등에 우선하여 배치한다.

정답 57. ②

CHAPTER 2 저압전기설비

1. 계통접지의 방식

1) 계통접지 구성
① TN 계통
② TT 계통
③ IT 계통
④ 기호 설명

기호	설명
⟋•	중성선(N), 중간도체(M)
⟋	보호도체(PE)
⟋•	중성선과 보호도체겸용(PEN)

2) TN 계통
전원측의 한 점을 직접접지하고 설비의 노출도전부를 보호도체로 접속시키는 방식
① TN-S 계통 : 계통 전체에 대해 별도의 중성선 또는 PE 도체를 사용하는 방식

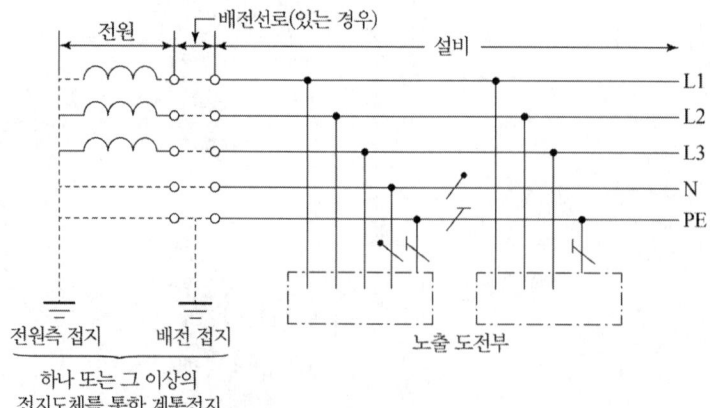

계통 내에서 별도의 중성선과 보호도체가 있는 TN-S 계통

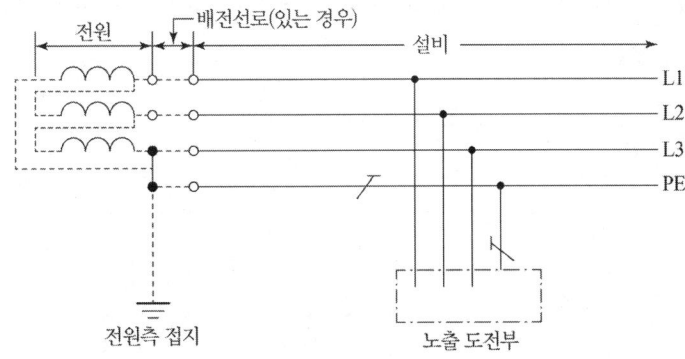

계통 내에서 별도의 접지된 선도체와 보호도체가 있는 TN-S 계통

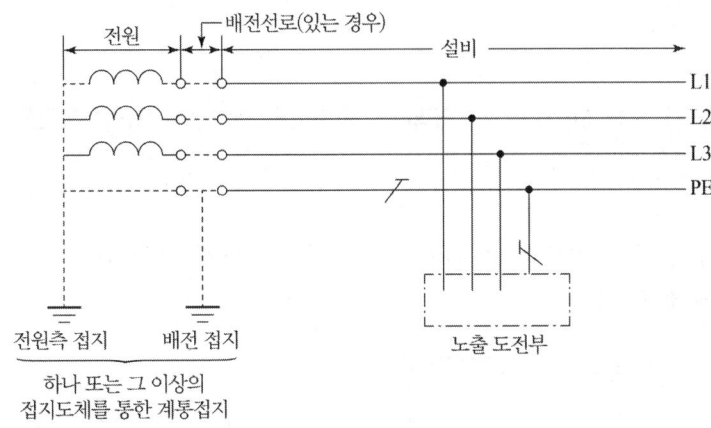

계통 내에서 접지된 보호도체는 있으나 중성선의 배선이 없는 TN-S 계통

② TN-C 계통 : 그 계통 전체에 대해 중성선과 보호도체의 기능을 동일도체로 겸용한 PEN 도체를 사용하는 방식

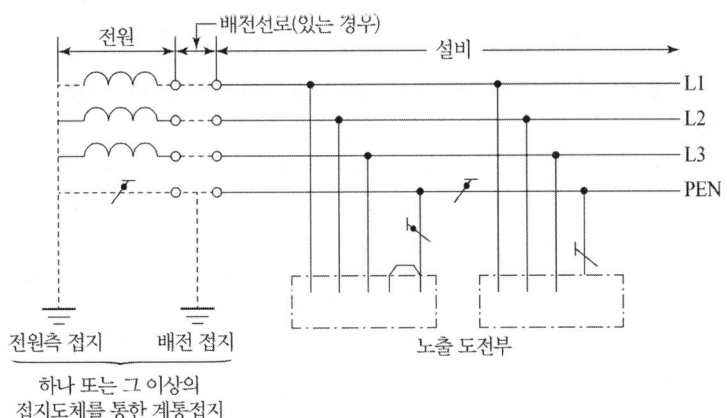

TN-C 계통

③ TN-C-S계통 : 계통의 일부분에서 PEN 도체를 사용하거나, 중성선과 별도의 PE 도체를 사용하는 방식

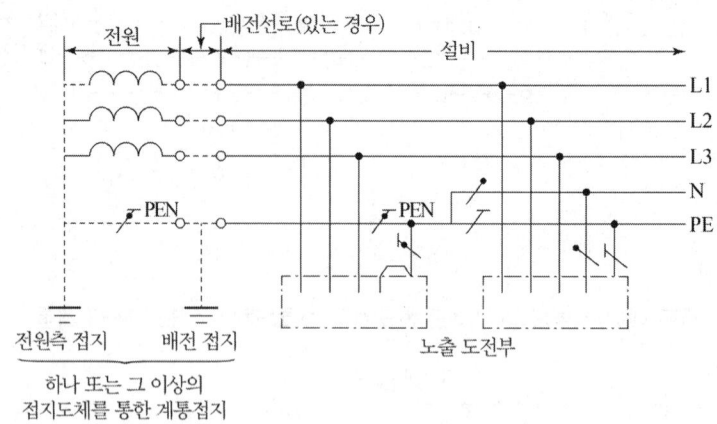

설비의 어느 곳에서 PEN이 PE와 N으로 분리된 3상 4선식 TN-C-S 계통

3) TT 계통

전원의 한 점을 직접 접지하고 설비의 노출도전부는 전원의 접지전극과 전기적으로 독립적인 접지극에 접속시킨 방식

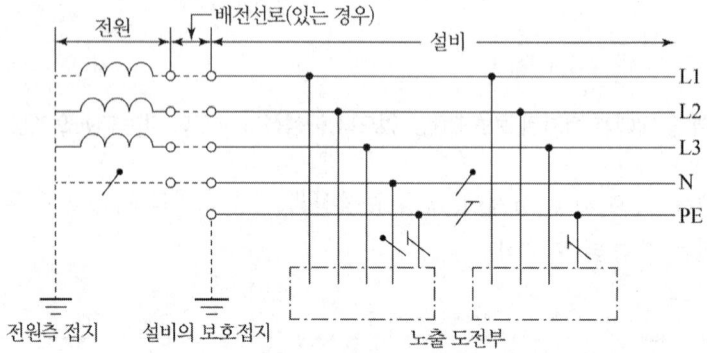

설비 전체에서 별도의 중성선과 보호도체가 있는 TT 계통

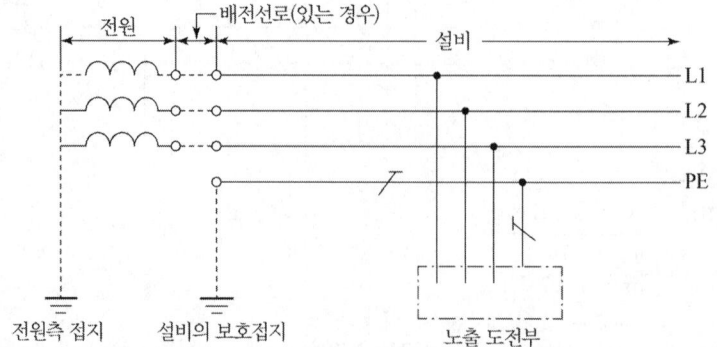

설비 전체에서 접지된 보호도체가 있으나 배전용 중성선이 없는 TT 계통

4) IT 계통

충전부 전체를 대지로부터 절연시키거나, 한 점을 임피던스를 통해 대지에 접속시킨 방식으로 전기설비의 노출도전부를 단독 또는 일괄적으로 계통의 PE 도체에 접속시킨다.

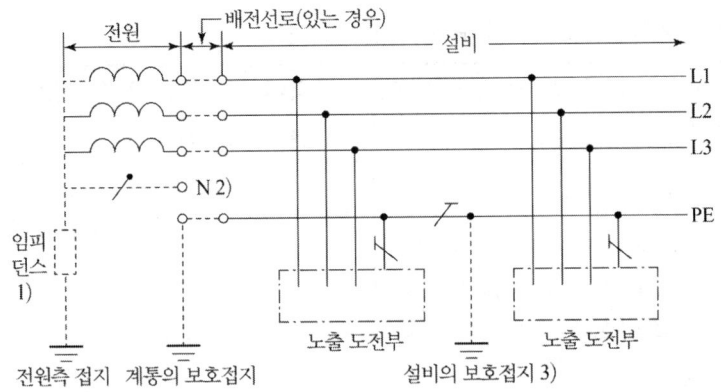

계통 내의 모든 노출도전부가 보호도체에 의해 접속되어 일괄 접지된 IT 계통

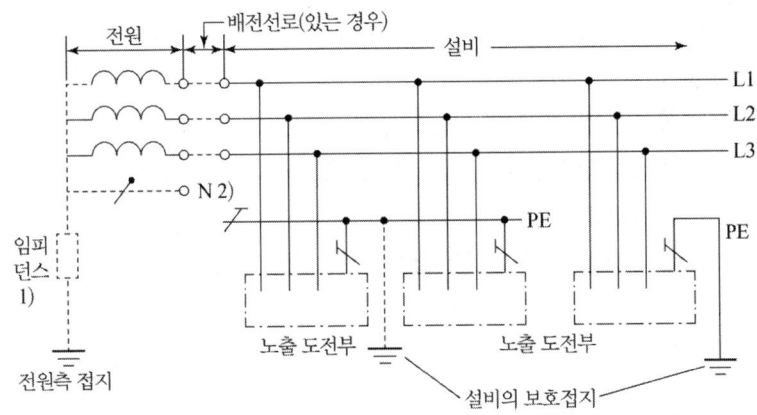

노출도전부가 조합으로 또는 개별로 접지된 IT 계통

2. 안전을 위한 보호

1) 감전에 대한 보호

① 고장시의 자동차단(32 [A] 이하 분기회로의 최대 차단시간)

계통	$50[V] < U_0 \leq 120[V]$		$120[V] < U_0 \leq 230[V]$		$230[V] < U_0 \leq 400[V]$		$U_0 > 400[V]$	
	교류	직류	교류	직류	교류	직류	교류	직류
TN	0.8초	[비고1]	0.4초	5초	0.2초	0.4초	0.1초	0.1초
TT	0.3초	[비고1]	0.2초	0.4초	0.07초	0.2초	0.04초	0.1초

U_0는 대지에서 공칭교류전압 또는 직류 선간전압이다.
[비고1] 차단은 감전보호 외에 다른 원인에 의해 요구될 수도 있다.

2) SELV와 PELV를 적용한 특별저압에 의한 보호

① 특별저압 계통에 의한 보호대책
  - SELV(Safety Extra-Low Voltage) : 비접지회로 보호수단
  - PELV(Protective Extra-Low Voltage) : 접지회로 보호수단

② 보호대책의 요구사항
  - 특별저압 계통의 전압한계는 교류 50[V] 이하, 직류 120[V] 이하
  - 모든 회로로부터 특별저압 계통을 보호 분리하고, 특별저압 계통과 다른 특별저압 계통간에는 기본절연을 함
  - SELV 계통과 대지간의 기본절연을 하여야 한다.

3) 과전류에 대한 보호

(1) 과부하 전류에 대한 보호

① 도체와 과부하 보호장치 사이의 협조

$$I_B \leq I_n \leq I_Z, \quad I_2 \leq 1.45 \times I_Z$$

- I_B : 회로의 설계전류
- I_Z : 케이블의 허용전류
- I_n : 보호장치의 정격전류
- I_2 : 보호장치가 규약시간 이내에 유효하게 동작하는 것을 보장하는 전류

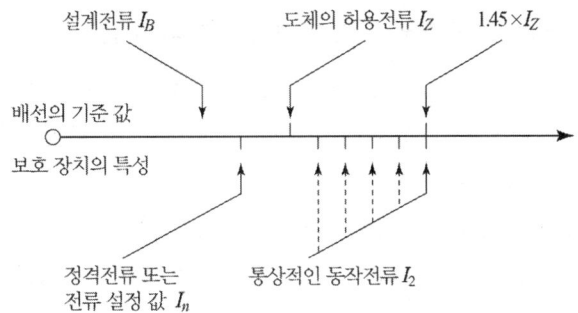

② 과부하 보호장치의 설치 위치 : 도체의 허용전류 값이 줄어드는 곳에 설치

(2) 단락보호장치의 설치위치

단락전류 보호장치는 분기점(O)에 설치해야 한다.
단, 분기회로의 단락보호장치 설치점(B)과 분기점(O) 사이에 다른 분기회로 또는 콘센트의 접속이 없는 경우

① 단락, 화재 및 인체에 대한 위험이 최소화될 경우
   분기 회로의 단락 보호장치 P_2는 분기점(O)으로 부터 3[m]까지 이동하여 설치할 수 있다.

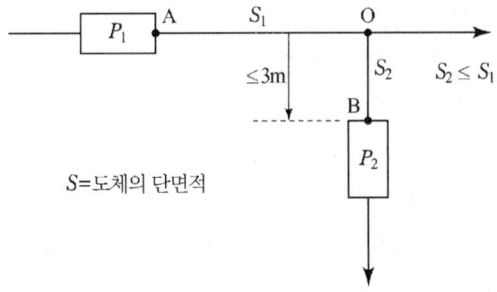

② 분기회로의 시작점(O)과 이 분기회로의 단락보호장치(P_2) 사이에 있는 도체가 전원측에 설치되는 보호장치(P_1)에 의해 단락보호가 되는 경우 P_2의 설치위치는 분기점(O)로부터 거리제한이 없이 설치할 수 있다.

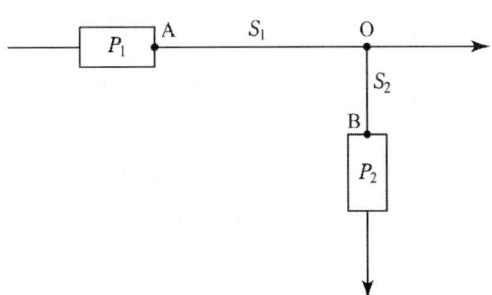

4) 저압전로 중의 전동기 보호용 과전류보호장치의 시설

옥내에 시설하는 전동기에는 전동기가 손상될 우려가 있는 과전류가 생겼을 때에 자동적으로 이를 저지하거나 이를 경보하는 장치를 하여야 한다. 다만, 다음의 어느 하나에 해당하는 경우에는 그러하지 아니하다.
① 전동기를 운전 중 상시 취급자가 감시할 수 있는 위치에 시설하는 경우
② 전동기의 구조나 부하의 성질로 보아 전동기가 손상될 수 있는 과전류가 생길 우려가 없는 경우
③ 단상전동기로써 그 전원측 전로에 시설하는 과전류 차단기의 정격전류가 16[A](배선용 차단기는 20[A]) 이하인 경우
④ 정격 출력이 0.2[kW] 이하인 것

3. 전선로

1) 구내 인입선

(1) 저압 인입선의 시설
① 전선은 절연 전선 또는 케이블일 것
② 전선이 절연전선인 경우
- 경간이 15[m] 초과 : 인장강도 2.30[kN] 이상의 것 또는 지름 2.6[mm] 이상의 인입용 비닐절연전선
- 경간이 15[m] 이하 : 인장강도 1.25[kN] 이상의 것 또는 지름 2[mm] 이상의 인입용 비닐절연전선

③ 옥외용 비닐 절연 전선은 사람이 쉽게 접촉할 수 없도록 시설
④ 전선의 높이

구 분	지상고	비고
도로(차도) 횡단 시	5[m] 이상 (교통에 지장이 없는 경우 : 3[m] 이상)	노면상
철도 또는 궤도 횡단 시	6.5[m] 이상	레일면상
횡단보도교 위	3[m] 이상	노면상
그 외의 경우	4[m] 이상 (교통에 지장이 없는 경우 : 2.5[m] 이상)	지표상

⑤ 저압가공인입선 조영물의 구분에 따른 이격거리
- 위쪽 : 2[m] (전선이 저압 절연전선인 경우는 1.0[m], 고압절연전선, 특고압 절연전선 또는 케이블인 경우는 0.5[m])
- 옆쪽 또는 아래쪽 : 0.3[m](전선이 고압절연전선, 특고압 절연전선 또는 케이블인 경우는 0.15[m])

(2) 저압 연접 인입선의 시설
① 인입선에서 분기하는 점으로부터 100[m]를 넘지 않는 지역이어야 한다.
② 폭 5[m]를 넘는 도로를 횡단하지 말 것
③ 옥내를 통과하지 아니할 것

2) 옥측 전선로

(1) 공사방법

애자공사(전개된 장소에 한한다.), 합성수지관공사, 금속관공사(목조 이외의 조영물), 버스덕트공사(목조 이외의 조영물), 케이블공사

(2) 애자공사에 의한 옥측전선로
① 전선은 4[mm^2] 이상의 연동 절연전선(OW, DV 제외)
② 전선의 지지점간의 거리 : 2[m] 이하
③ 저압 옥측전선로의 전선과 다른 시설물 사이의 이격거리

다른 시설물의 구분	접근 형태	이격 거리
조영물의 상부 조영재	위 쪽	2[m] (전선이 고압 절연전선, 특고압 절연전선 또는 케이블인 경우는 1[m])
	상부 조영재 이외의 부분 또는 조영물 이외의 시설물	0.6[m] (전선이 고압 절연전선, 특고압 절연전선 또는 케이블인 경우는 0.3[m])

④ 저압 옥측전선로의 전선과 식물 사이의 이격거리
- 0.2[m] 이상
- 전선이 고압 및 특고압 절연전선인 경우 : 전선을 식물에 접촉하지 않도록 시설

3) 옥상 전선로

① 전선 : 지름 2.6[mm]의 경동선 또는 절연전선(OW 포함)
② 전선의 지지점간의 거리(애자를 사용하여 지지) : 15[m] 이하

③ 조영재와의 이격 거리
- 2[m] 이상
- 전선이 고압 및 특고압 절연전선인 경우 : 1[m] 이상
④ 전선을 식물에 접촉하지 않도록 시설

4. 저압 가공전선로

1) 저압 가공전선의 굵기 및 종류

① 저압 가공전선은 나전선, 절연전선, 다심형전선 또는 케이블을 사용

전 압	조 건	전선의 굵기 및 인장강도
400 [V] 이하	절연전선	인장강도 2.3 [kN] 이상의 것 또는 지름 2.6 [mm] 이상의 경동선
	케이블 이외	인장강도 3.43 [kN] 이상의 것 또는 지름 3.2 [mm] 이상의 경동선
400 [V] 초과인 저압 (케이블 이외)	시가지에 시설	인장강도 8.01 [kN] 이상의 것 또는 지름 5 [mm] 이상의 경동선
	시가지 외에 시설	인장강도 5.26 [kN] 이상의 것 또는 지름 4 [mm] 이상의 경동선

② 사용전압이 400[V] 초과인 저압 가공전선에는 인입용 비닐절연전선을 사용해서는 안 된다.

2) 저압 가공전선의 높이

구분	지상고	비고
도로횡단 시	6 [m] 이상	지표상
철도 횡단 시	6.5 [m] 이상	레일면상
횡단보도교 위	3.5 [m] 이상 (저압 절연전선, 다심형 전선 또는 케이블인 경우 : 3 [m] 이상)	노면상
일반 장소	5 [m] 이상 (교통에 지장이 없는 경우 : 4 [m] 이상)	지표상

5. 배선 및 조명설비

1) 옥내 전로의 대지 전압의 제한

① 주택을 제외한 옥내전로 : 대지전압 300[V] 이하
② 주택의 옥내전로
- 사용전압 400[V] 이하일 것(대지전압 300[V] 이하)
- 전로의 입구에는 인체보호용 누전차단기를 설치할 것
- 정격 소비전력 3[kW] 이상의 기계기구는 전기를 공급하기 위한 전로에 전용의 개폐기 및 과전류 차단기를 시설

2) 저압 옥내배선의 사용전선

단면적 $2.5[mm^2]$ 이상의 연동선

3) 애자공사

전압		전선과 조영재와의 이격 거리	전선 상호 간격	전선 지지점간의 거리	
				조영재의 윗면 또는 옆면에 따라 시설	조영재에 따라 시설하지 않는 경우
저압	400[V] 이하	2.5[cm] 이상	6[cm] 이상	2[m] 이하	–
	400[V] 초과	건조한 장소 2.5[cm] 이상			6[m] 이하
		기타의 장소 4.5[cm] 이상			

4) 합성수지관공사

① 단선 사용시 전선 굵기 : $10[mm^2]$(알루미늄선은 $16[mm^2]$) 이하
② 관 상호간 및 박스 삽입깊이 : 바깥지름의 1.2배(접착제 사용시 0.8배)
③ 관의 지지점간의 거리 : 1.5[m] 이하

5) 금속관공사

① 단선 사용시 전선 굵기 : $10[mm^2]$(알루미늄선은 $16[mm^2]$) 이하
② 관의 두께
- 콘크리트 매설 : 1.2[mm] 이상
- 기타의 것 : 1[mm] 이상

6) 금속덕트공사

① 금속덕트에 넣을 수 있는 전선의 단면적 : 덕트 내부 단면적의 20[%]
   (제어회로 등은 50[%] 이하)
② 폭 50[mm] 초과, 두께 1.2[mm] 이상의 철판 또는 동등 이상의 금속제로 제작
③ 지지점간의 거리
   - 수평 : 3[m] 이하
   - 수직 : 6[m] 이하

7) 버스덕트공사

① 피더 버스 덕트 : 간선용의 덕트
② 플러그인 버스 덕트 : 플러그의 수구를 설치하여 쉽게 분기할 수 있는 덕트
③ 트롤리 버스 덕트 : 이동시킬 수 있는 구조

8) 점멸기구의 시설

① 관광숙박업 또는 숙박업(여인숙업 제외) : 객실 입구등은 1분 이내 소등
② 일반주택 및 아파트 각 호실 : 현관등은 3분 이내 소등

9) 수중조명등의 시설

① 사용전압
   - 1차측 전로의 사용전압 400[V] 이하
   - 2차측 전로의 사용전압 150[V] 이하
② 절연변압기의 2차측 배선 : 금속관 배선

10) 교통신호등

① 2차측 배선의 사용 전압 300[V] 이하
② 전선 : 케이블인 경우 이외에는 단면적 2.5[mm^2] 이상의 연동선
③ 조가용선 4[mm] 이상의 철선 2가닥
④ 건조물 이외 다른 시설물 등과 이격거리 0.6[m] (케이블 0.3[m]) 이상
⑤ 교통 신호등 회로의 인하선, 전선의 지표상 높이 : 2.5[m] 이상

6. 특수설비

1) 특수시설

종류	사용전압	전선굵기
전 기 울타리	• 1차측 250[V] 이하	• 2[mm] 이상의 경동선
	• 전선과 다른 시설물(가공 전선을 제외) 또는 수목과의 이격거리 0.3[m] 이상	
전 기 욕 기	• 전원 변압기 2차측 전로 10[V] 이하	• 2.5[mm^2] 이상의 연동선, 케이블
	• 전극간의 거리 1[m] 이상	
전극식 온천 온수기	• 사용전압 400[V] 이하	
	• 1차측에 개폐기 및 과전류 차단기를 시설한 절연변압기 시설 • 차폐장치와의 거리 　전극식 온천온수기 : 0.5[m] 이상 　욕탕 : 1.5[m] 이상	
전 기 온 상	• 대지전압 300[V] 이하	
	• 개폐기 및 과전류 차단기의 시설 • 발열선 온도 : 80[℃] 이하 유지	
유희용 전 차	• 1차측 400[V] 이하 • 2차측 직류 60[V], 교류 40[V] 이하 • 절연변압기 사용	
	• 전차내 승압기 사용시 2차 전압 150[V] 이하	
아크 용접기	• 1차 대지전압 300[V] 이하	
	• 전용개폐기를 시설한 절연변압기의 사용	
소세력 회 로	• 1차 대지전압 300[V] 이하 • 2차 사용전압 60[V] 이하	• 1.0[mm^2] 이상의 연동선 • 가공전선의 경우 1.2[mm] 이상의 경동선
전 기 부 식 방 지	• 전원장치 전로의 사용전압은 저압 • 전기부식방지 회로의 사용전압은 직류 60[V] 이하 • 지중매설 양극의 매설깊이 0.75[m] 이상 • 수중의 양극과 주위 1[m] 이내 임의의 점 사이의 전위차는 10[V]를 넘지 아니할 것	

2) 특수장소

종류		내용
분진	폭연성 분진	• 금속관공사 • 케이블공사(캡타이어케이블 제외) • 무기물 절연 케이블은 노출로 설치 가능
	가연성 분진	• 금속관공사(5턱 이상 나사조임)) • 케이블공사(캡타이어케이블 제외) • 합성수지관공사(관을 삽입하는 깊이 : 관의 바깥지름의 1.2배, 접착제를 사용하는 경우는 0.8배)
위험물 등		• 금속관공사, 케이블공사, 합성수지관공사 • 이동전선은 접속점이 없는 0.6/1 [kV] EP 고무 절연 클로로프렌 캡타이어 케이블 또는 0.6/1 [kV] 비닐 절연 비닐캡타이어 케이블을 사용
화약류 저장소 등		• 금속관공사 또는 케이블공사(캡타이어 케이블 제외) • 전로에 대지전압은 300[V] 이하일 것. • 전기기계기구는 전폐형의 것일 것.
전시회, 쇼 및 공연장		• 사용전압은 400[V] 이하일 것. • 배전용 케이블은 1.5[mm^2] 이상
터널, 갱도	사람이 상시 통행	• 합성수지관공사, 금속관공사, 금속제가요전선관 공사, 케이블공사 및 애자공사 • 공칭단면적 2.5[mm^2]의 연동선을 사용하여 애자공사에 의하여 시설하고 또한 이를 노면상 2.5[m] 이상의 높이로 할 것. • 터널의 입구에 가까운 곳에 전용 개폐기를 시설할 것.
	전구선 또는 이동전선	• 전구선은 단면적 0.75[mm^2] 이상의 300/300[V] 편조 고무코드 또는 0.6/1[kV] EP 고무 절연 클로로프렌 캡타이어 케이블일 것. • 이동전선은 300/300[V] 편조 고무코드, 비닐 코드 또는 캡타이어 케이블일 것.
이동식 숙박차량 정박지, 야영지		• 표준전압은 220/380[V] 이하 • 지중케이블은 매설 깊이를 차량 기타 중량물의 압력을 받을 우려가 있는 장소에는 1.0[m] 이상, 기타 장소에는 0.6[m] 이상 • 가공케이블 또는 가공절연전선은 차량이 이동하는 모든 지역에서 지표상 6[m], 다른 모든 지역에서는 4[m] 이상
마리나		• TN 계통을 사용 시 TN-S 계통만을 사용 • 표준전압은 220/380[V] 이하

의료장소			
		접지	장소
	그룹 0	TT 또는 TN 계통	장착부를 사용하지 않는 의료장소
	그룹 1	TT 또는 TN 계통	장착부를 환자의 신체 외부 또는 심장 부위를 제외한 환자의 신체 내부에 삽입시켜 사용하는 의료장소
	그룹 2	의료 IT계통	장착부를 환자의 심장 부위에 삽입 또는 접촉시켜 사용하는 의료장소

	• 절환시간 0.5초 이내에 비상전원을 공급하는 장치 또는 기기
	  − 0.5초 이내에 전력공급이 필요한 생명유지장치
	  − 그룹 1 또는 그룹 2의 의료장소의 수술등, 내시경, 수술실 테이블, 기타 필수 조명		

종류	내 용

	• 비단락보증 절연변압기
	   – 2차측 정격전압은 교류 250[V] 이하
	   – 공급방식 및 정격출력은 단상 2선식, 10[kVA] 이하
	• 인접하는 의료장소와의 바닥 면적 합계가 50[mm^2] 이하인 경우에는 등전위본딩 바를 공용할 수 있다.

엘리베이터· 덤웨이터 등	• 사용전압 400[V] 이하인 옥내배선, 이동전선 및 비닐 리프트 케이블 또는 고무 리프트 케이블 사용

CHAPTER. 2 저압전기설비

출제예상문제

01 기 21-1
저압전로의 보호도체 및 중성선의 접속방식에 따른 접지계통의 분류가 아닌 것은?

① IT 계통　　　　　　　② TN 계통
③ TT 계통　　　　　　　④ TC 계통

풀이 203.1 계통접지 구성
1. 저압전로의 보호도체 및 중성선의 접속 방식에 따라 접지계통은 다음과 같이 분류한다.
　　가. TN 계통　　나. TT 계통　　다. IT 계통
2. 계통접지에서 사용되는 문자의 정의는 다음과 같다.
　　가. 제1문자 - 전원계통과 대지의 관계
　　　　T : 한 점을 대지에 직접 접속
　　　　I : 모든 충전부를 대지와 절연시키거나 높은 임피던스를 통하여 한 점을 대지에 직접 접속
　　나. 제2문자 - 전기설비의 노출도전부와 대지의 관계
　　　　T : 노출도전부를 대지로 직접 접속. 전원계통의 접지와는 무관
　　　　N : 노출도전부를 전원계통의 접지점(교류 계통에서는 통상적으로 중성점, 중성점이 없을 경우는 선도체)에 직접 접속
　　다. 그 다음 문자(문자가 있을 경우) - 중성선과 보호도체의 배치
　　　　S : 중성선 또는 접지된 선도체 외에 별도의 도체에 의해 제공되는 보호 기능
　　　　C : 중성선과 보호 기능을 한 개의 도체로 겸용(PEN 도체)

02 산기 23-3
KS C IEC 60364에서 충전부 전체를 대지로부터 절연시키거나 한 점에 임피던스를 삽입하여 대지에 접속시키고, 전기기기의 노출 도전성 부분 단독 또는 일괄적으로 접지 하거나 또는 계통접지로 접속하는 접지계통을 무엇이라 하는가?

① TT 계통　　　　　　　② IT 계통
③ TN-C 계통　　　　　　④ TN-S 계통

풀이 203.1 계통접지 구성
IT 계통 : 충전부 전체를 대지로부터 절연, 한 점을 임피던스를 통해 대지에 접속시킨다. 전기설비의 노출도전부를 단독 또는 일괄적으로 계통의 PE 도체에 접속시킨다. 배전계통에서 추가접지가 가능하다.

정답 01. ④　02. ②

03 금속제 외함을 가진 저압의 기계기구로서 사람이 쉽게 접촉될 우려가 있는 곳에 시설하는 경우 전기를 공급받는 전로에 지락이 생겼을 때 자동적으로 전로를 차단하는 장치를 설치하여야 하는 기계기구의 사용전압이 몇 [V]를 초과하는 경우인가?

① 30
② 50
③ 100
④ 150

풀이 211.2.3 누전차단기의 시설
금속제 외함을 가지는 사용전압이 50[V]를 초과하는 저압의 기계 기구로서 사람이 쉽게 접촉할 우려가 있는 곳에 시설하는 것에 전기를 공급하는 전로에는 전원의 자동차단에 의한 저압전로의 보호대책으로 누전차단기를 시설하여야 한다.

04 과전류차단기로 저압전로에 사용하는 범용의 퓨즈(「전기용품 및 생활용품 안전관리법」에서 규정하는 것을 제외한다)의 정격전류가 16[A]인 경우 용단전류는 정격전류의 몇 배인가? (단, 퓨즈(gG)인 경우이다.)

① 1.25
② 1.5
③ 1.6
④ 1.9

풀이 212.3.4 보호장치의 특성
1. 과전류 보호장치는 KS C 또는 KS C IEC 관련 표준(배선차단기, 누전차단기, 퓨즈 등의 표준)의 동작특성에 적합하여야 한다.
2. 과전류차단기로 저압전로에 사용하는 범용의 퓨즈는 표에 적합한 것이어야 한다.

표. 퓨즈(gG)의 용단특성

정격전류의 구분	시간	정격전류의 배수	
		불용단전류	용단전류
4[A] 이하	60분	1.5배	2.1배
4[A] 초과 16[A] 미만	60분	1.5배	1.9배
16[A] 이상 63[A] 이하	60분	1.25배	1.6배
63[A] 초과 160[A] 이하	120분	1.25배	1.6배
160[A] 초과 400[A] 이하	180분	1.25배	1.6배
400[A] 초과	240분	1.25배	1.6배

정답 03. ② 04. ③

기 17-1, 산기 23-1

05 과전류차단기로 저압전로에 사용하는 80[A] 퓨즈를 수평으로 붙이고, 정격전류의 1.6배 전류를 통한 경우에 몇 분 안에 용단되어야 하는가? (단, IEC 표준을 도입한 과전류차단기로 저압전로에 사용하는 퓨즈는 제외한다.)

① 30분 ② 60분
③ 120분 ④ 180분

풀이 212.3.4 보호장치의 특성
1. 과전류 보호장치는 KS C 또는 KS C IEC 관련 표준(배선차단기, 누전차단기, 퓨즈등의 표준)의 동작특성에 적합하여야 한다.
2. 과전류차단기로 저압전로에 사용하는 범용의 퓨즈는 표 에 적합한 것이어야 한다.

정격전류의 구분	시간	정격전류의 배수	
		불용단전류	용단전류
4[A] 이하	60분	1.5배	2.1배
4[A] 초과 16[A] 미만	60분	1.5배	1.9배
16[A] 이상 63[A] 이하	60분	1.25배	1.6배
63[A] 초과 160[A] 이하	120분	1.25배	1.6배
160[A] 초과 400[A] 이하	180분	1.25배	1.6배
400[A] 초과	240분	1.25배	1.6배

기 19-1

06 과전류차단기로 저압전로에 사용하는 50[A] 퓨즈를 붙인 경우 이 퓨즈는 정격전류의 몇 배의 전류에 견딜 수 있어야 하는가?

① 1.1 ② 1.25
③ 1.6 ④ 2

풀이 212.3.4 보호장치의 특성
1. 과전류 보호장치는 KS C 또는 KS C IEC 관련 표준(배선차단기, 누전차단기, 퓨즈등의 표준)의 동작특성에 적합하여야 한다.
2. 과전류차단기로 저압전로에 사용하는 범용의 퓨즈는 표 에 적합한 것이어야 한다.

표. 퓨즈(gG)의 용단특성

정격전류의 구분	시간	정격전류의 배수	
		불용단전류	용단전류
4[A] 이하	60분	1.5배	2.1배
4[A] 초과 16[A] 미만	60분	1.5배	1.9배
16[A] 이상 63[A] 이하	60분	1.25배	1.6배
63[A] 초과 160[A] 이하	120분	1.25배	1.6배
160[A] 초과 400[A] 이하	180분	1.25배	1.6배
400[A] 초과	240분	1.25배	1.6배

정답 05. ③ 06. ②

07 정격전류가 63[A] 이하인 경우 산업용 배선차단기의 동작 전류는 정격전류의 몇 배 인가?

① 1.05

② 1.13

③ 1.3

④ 1.45

풀이 212.3.4 보호장치의 특성

과전류트립 동작시간 및 특성(산업용 배선차단기)

정격전류의 구분	시 간	정격전류의 배수 (모든 극에 통전)	
		부동작 전류	동작 전류
63[A] 이하	60분	1.05배	1.3배
63[A] 초과	120분	1.05배	1.3배

08 주택용 배선차단기의 순시트립범위에 해당하지 않은 것은? 단, 여기서 I_n은 차단기 정격전류이다.

① $3I_n$ 초과 ~ $5I_n$ 이하

② $5I_n$ 초과 ~ $10I_n$ 이하

③ $10I_n$ 초과 ~ $20I_n$ 이하

④ $20I_n$ 초과 ~ $30I_n$ 이하

풀이 212.3.4 보호장치의 특성

순시트립에 따른 구분(주택용 배선차단기)

형	순시트립범위
B	$3I_n$ 초과 ~ $5I_n$ 이하
C	$5I_n$ 초과 ~ $10I_n$ 이하
D	$10I_n$ 초과 ~ $20I_n$ 이하

[비고] 1. B, C, D : 순시트립전류에 따른 차단기 분류
2. I_n : 차단기 정격전류

09 주택용 배선용 차단기의 정격전류를 I_n이라고 할 때, 순시트립에 따른 구분에서 순시트립범위가 $10I_n$ 초과 ~ $20I_n$ 이하인 것은 차단기 분류에서 어떤 형 인가?

① A형 ② B형
③ C형 ④ D형

풀이 212.3.4 보호장치의 특성

순시트립에 따른 구분(주택용 배선용 차단기)

형	순시트립범위
B	$3I_n$ 초과 ~ $5I_n$ 이하
C	$5I_n$ 초과 ~ $10I_n$ 이하
D	$10I_n$ 초과 ~ $20I_n$ 이하

[비고] 1. B, C, D : 순시트립전류에 따른 차단기 분류.
2. I_n : 차단기 정격전류

10 보호장치의 통상적인 동작전류는 도체 허용전류의 몇 배 이하여야 하는가?

① 1.1 ② 1.25
③ 1.45 ④ 1.5

풀이 212.4.1 도체와 과부하 보호장치 사이의 협조

과부하에 대해 케이블(전선)을 보호하는 장치의 동작특성은 다음의 조건을 충족해야 한다.

$$I_B \leq I_n \leq I_Z, \quad I_2 \leq 1.45 \times I_Z$$

I_B : 회로의 설계전류(선도체를 흐르는 설계전류 또는 함유율이 높은 영상분 고조파, 특히 제3고조파가 지속적으로 흐르는 경우 중성선에 흐르는 전류이다.)
I_Z : 케이블의 허용전류
I_n : 보호장치의 정격전류(사용현장에 적합하게 조정된 전류의 설정 값)
I_2 : 보호장치가 규약시간 이내에 유효하게 동작하는 것을 보장하는 전류

정답 09. ④ 10. ③

11 기 17-2, 기 18-1, 기 23-2, 산기 24-3

저압 옥내간선에서 분기하여 전기사용 기계기구에 이르는 저압 옥내전로는 분기점에서 전선의 길이가 몇 [m] 이하인 곳에 과전류 차단기를 설치하여야 하는가? 단, 단락의 위험과 화재 및 인체에 대한 위험성이 최소화 되도록 시설된 경우

① 2
② 3
③ 4
④ 5

[풀이] 212.4.2 과부하 보호장치의 설치 위치

가. 과부하 보호장치는 전로 중 도체의 단면적, 특성, 설치방법, 구성의 변경으로 도체의 허용전류 값이 줄어드는 곳(이하 분기점이라 함)에 설치해야 한다.

나. 과부하 보호장치는 분기점(O)에 설치해야 하나, 분기점(O)점과 분기회로의 과부하 보호장치(P_2) 설치점 사이의 배선 부분에 다른 분기회로나 콘센트 회로가 접속되어 있지 않고, 다음 중 하나를 충족하는 경우에는 변경이 있는 배선에 설치할 수 있다.

① 분기회로에 대한 단락보호가 이루어지고 있는 경우 : 분기회로의 보호장치 P_2는 분기회로의 분기점(O)으로부터 부하 측으로 거리에 구애 받지 않고 이동하여 설치할 수 있다.

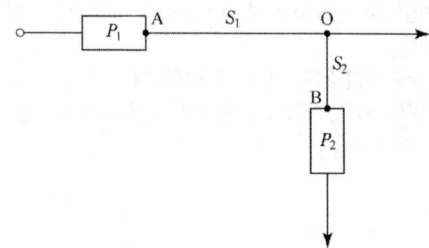

② 단락의 위험과 화재 및 인체에 대한 위험성이 최소화 되도록 시설된 경우 : 분기회로의 보호장치(P_2)는 분기회로의 분기점(O)으로부터 3[m]까지 이동하여 설치할 수 있다.

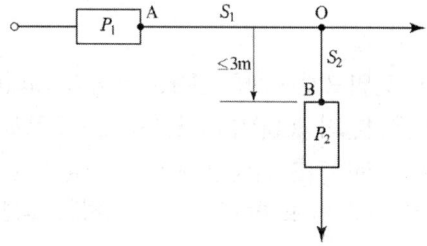

정답 11. ②

12 회로의 전원 측에 설치된 1개의 보호장치에 의한 단락보호가 효과적이지 못하다면, 병렬도체가 3가닥 이상인 경우 단락보호장치는 어디에 설치하여야 하는가?

① 각 병렬도체의 전원 측
② 각 병렬도체의 부하 측
③ 각 병렬도체의 전원 측과 부하측
④ 회로의 부하측

풀이 212.5.4 병렬도체의 단락보호
1. 여러 개의 병렬도체를 사용하는 회로의 전원 측에 1개의 단락보호장치가 설치되어있는 조건에서, 어느 하나의 도체에서 발생한 단락고장이라도 효과적인 동작이 보증되는 경우, 해당 보호장치 1개를 이용하여 그 병렬도체 전체의 단락보호장치로 사용할 수 있다.
2. 1개의 보호장치에 의한 단락보호가 효과적이지 못하면, 다음 중 1가지 이상의 조치를 취해야 한다.
   가. 배선은 기계적인 손상 보호와 같은 방법으로 병렬도체에서의 단락위험을 최소화할 수 있는 방법으로 설치하고, 화재 또는 인체에 대한 위험을 최소화 할 수 있는 방법으로 설치하여야 한다.
   나. 병렬도체가 2가닥인 경우 단락보호장치를 각 병렬도체의 전원측에 설치해야 한다.
   다. 병렬도체가 3가닥 이상인 경우 단락보호장치는 각 병렬도체의 전원 측과 부하 측에 설치해야 한다.

13 저압 옥내전로의 인입구에 가까운 곳으로서 쉽게 개폐할 수 있는 곳에 개폐기를 시설하여야 한다. 그러나 사용전압이 400[V] 이하인 옥내전로로서 다른 옥내전로에 접속하는 길이가 몇 [m] 이하인 경우는 개폐기를 생략할 수 있는가? (단, 정격전류가 16[A] 이하인 과전류 차단기 또는 정격전류가 16[A]를 초과하고 20[A] 이하인 배선용 차단기로 보호되고 있는 것에 한한다.)

① 15
② 20
③ 25
④ 30

풀이 212.6.2 저압 옥내전로 인입구에서의 개폐기의 시설
가. 저압 옥내전로에는 인입구에 가까운 곳으로서 쉽게 개폐할 수 있는 곳에 개폐기를 각 극에 시설하여야 한다.
나. 사용전압이 400[V] 이하인 옥내 전로로서 다른 옥내전로(정격전류가 16[A] 이하인 과전류 차단기 또는 정격전류가 16[A]를 초과하고 20[A] 이하인 배선용 차단기로 보호되고 있는 것에 한한다)에 접속하는 길이 15[m] 이하의 전로에서 전기의 공급을 받는 것은 개폐기를 생략 할 수 있다.

정답 12. ③ 13. ①

14 전동기의 과부하 보호 장치의 시설에서 전원측 전로에 시설한 배선용 차단기의 정격 전류가 몇 [A] 이하의 것이면 이 전로에 접속하는 단상전동기에는 과부하 보호 장치를 생략할 수 있는가?

① 15
② 20
③ 30
④ 50

풀이 212.6.3 저압전로 중의 전동기 보호용 과전류보호장치의 시설
옥내에 시설하는 전동기에는 전동기가 손상될 우려가 있는 과전류가 생겼을 때에 자동적으로 이를 저지하거나 이를 경보하는 장치를 하여야 한다. 다만, 다음의 어느 하나에 해당하는 경우에는 그러하지 아니하다.
가. 전동기를 운전 중 상시 취급자가 감시할 수 있는 위치에 시설하는 경우
나. 전동기의 구조나 부하의 성질로 보아 전동기가 손상될 수 있는 과전류가 생길 우려가 없는 경우
다. 단상전동기로써 그 전원측 전로에 시설하는 과전류 차단기의 정격전류가 16[A] (배선용 차단기는 20[A]) 이하인 경우
라. 정격 출력이 0.2[kW] 이하의 전동기

15 옥내에 시설하는 전동기가 과전류로 손상될 우려가 있을 경우 자동적으로 이를 저지하거나 경보하는 장치를 하여야 한다. 정격출력이 몇 [kW] 이하인 전동기에는 이와 같은 과부하 보호장치를 시설하지 않아도 되는가?

① 0.2
② 0.75
③ 3
④ 5

풀이 212.6.3 저압전로 중의 전동기 보호용 과전류보호장치의 시설
옥내에 시설하는 전동기에는 전동기가 손상될 우려가 있는 과전류가 생겼을 때에 자동적으로 이를 저지하거나 이를 경보하는 장치를 하여야 한다. 다만, 다음의 어느 하나에 해당하는 경우에는 그러하지 아니하다.
가. 전동기를 운전 중 상시 취급자가 감시할 수 있는 위치에 시설하는 경우
나. 전동기의 구조나 부하의 성질로 보아 전동기가 손상될 수 있는 과전류가 생길 우려가 없는 경우
다. 단상전동기로써 그 전원측 전로에 시설하는 과전류 차단기의 정격전류가 16[A](배선용 차단기는 20[A]) 이하인 경우
라. 정격 출력이 0.2[kW] 이하의 전동기

정답 14. ② 15. ①

16 옥내에 시설하는 전동기가 소손되는 것을 방지하기 위한 과부하 보호 장치를 하지 않아도 되는 것은?

① 정격 출력이 7.5[kW] 이상인 경우
② 정격 출력이 0.2[kW] 이하인 경우
③ 정격 출력이 2.5[kW]이며, 과전류 차단기가 없는 경우
④ 전동기 출력이 4[kW]이며, 취급자가 감시할 수 없는 경우

풀이 212.6.3 저압전로 중의 전동기 보호용 과전류보호장치의 시설
옥내에 시설하는 전동기에는 전동기가 손상될 우려가 있는 과전류가 생겼을 때에 자동적으로 이를 저지하거나 이를 경보하는 장치를 하여야 한다. 다만, 다음의 어느 하나에 해당하는 경우에는 그러하지 아니하다.
가. 전동기를 운전 중 상시 취급자가 감시할 수 있는 위치에 시설하는 경우
나. 전동기의 구조나 부하의 성질로 보아 전동기가 손상될 수 있는 과전류가 생길 우려가 없는 경우
다. 단상전동기로써 그 전원측 전로에 시설하는 과전류 차단기의 정격전류가 16[A](배선용 차단기는 20[A]) 이하인 경우
라. 정격 출력이 0.2[kW] 이하의 전동기

17 옥내에 시설하는 전동기에 과부하 보호장치의 시설을 생략할 수 없는 경우는?

① 정격 출력이 0.75[kW]인 전동기
② 타인이 출입할 수 없고, 전동기가 손상할 정도의 과전류가 생길 우려가 없는 경우
③ 전동기가 단상의 것으로 전원측 전로에 시설하는 배선용 차단기의 정격전류가 20[A] 이하인 경우
④ 전동기를 운전 중 상시 취급자가 감시할 수 있는 위치에 시설한 경우

풀이 212.6.3 저압전로 중의 전동기 보호용 과전류보호장치의 시설
옥내에 시설하는 전동기에는 전동기가 손상될 우려가 있는 과전류가 생겼을 때에 자동적으로 이를 저지하거나 이를 경보하는 장치를 하여야 한다. 다만, 다음의 어느 하나에 해당하는 경우에는 그러하지 아니하다.
가. 전동기를 운전 중 상시 취급자가 감시할 수 있는 위치에 시설하는 경우
나. 전동기의 구조나 부하의 성질로 보아 전동기가 손상될 수 있는 과전류가 생길 우려가 없는 경우
다. 단상전동기로써 그 전원측 전로에 시설하는 과전류 차단기의 정격전류가 16[A](배선용 차단기는 20[A]) 이하인 경우
라. 정격 출력이 0.2[kW] 이하의 전동기

정답 16. ② 17. ①

18 저압 가공인입선에 사용하지 않는 전선은?

① 나전선
② 절연전선
③ 인입용 비닐절연전선
④ 케이블

> **풀이** 221.1.1 저압 인입선의 시설
> 저압 가공인입선은 다음에 따라 시설하여야 한다.
> 가. 전선은 **절연전선 또는 케이블**일 것.
> 나. 전선이 절연전선인 경우
> ① 경간이 15[m] 초과 : 인장강도 2.30[kN] 이상의 것 또는 지름 2.6[mm] 이상의 인입용 비닐절연전선일 것.
> ② 경간이 15[m] 이하 : 인장강도 1.25[kN] 이상의 것 또는 지름 2[mm] 이상의 인입용 비닐절연전선일 것.
> 다. 전선이 옥외용 비닐 절연 전선인 경우에는 사람이 접촉할 우려가 없도록 시설할 것.

19 저압 가공인입선 시설 시 도로를 횡단하여 시설하는 경우 노면상 높이는 몇 [m] 이상으로 하여야 하는가?

① 4
② 4.5
③ 5
④ 5.5

> **풀이** 221.1.1 저압 인입선의 시설
> 저압 가공인입선의 높이
> 가. 도로(차도와 보도의 구별이 있는 도로인 경우에는 차도)를 횡단하는 경우 : 노면상 5[m] (기술상 부득이한 경우에 교통에 지장이 없을 때에는 3[m]) 이상
> 나. 철도 또는 궤도를 횡단하는 경우 : 레일면상 6.5[m] 이상
> 다. 횡단보도교 위에 시설하는 경우 : 노면상 3[m] 이상

정답 18. ① 19. ③

20 저압 연접 인입선은 인입선에서 분기하는 점으로부터 몇 [m]를 초과하는 지역에 미치지 아니하도록 시설하여야 하는가?

① 10[m] ② 20[m]
③ 100[m] ④ 200[m]

풀이 221.1.2 연접 인입선의 시설
저압 연접인입선은 다음에 따라 시설하여야 한다.
가. 인입선에서 분기하는 점으로부터 100[m]를 초과하는 지역에 미치지 아니할 것.
나. 폭 5[m]를 초과하는 도로를 횡단하지 아니할 것.
다. 옥내를 통과하지 아니할 것.

21 저압 연접인입선은 폭 몇 [m]를 초과하는 도로를 횡단하지 않아야 하는가?

① 5 ② 6
③ 7 ④ 8

풀이 221.1.2 연접 인입선의 시설
저압 연접인입선은 다음에 따라 시설하여야 한다.
가. 인입선에서 분기하는 점으로부터 100[m]를 초과하는 지역에 미치지 아니할 것.
나. 폭 5[m]를 초과하는 도로를 횡단하지 아니할 것.
다. 옥내를 통과하지 아니할 것.

22 저압 옥측전선로에서 목조의 조영물에 시설할 수 있는 공사 방법은?

① 금속관 공사
② 버스덕트공사
③ 합성수지관공사
④ 케이블공사(무기물절연(MI) 케이블을 사용하는 경우)

풀이 221.2 옥측전선로
저압 옥측전선로는 다음의 공사방법에 의할 것.
가. 애자공사(전개된 장소에 한한다.)
나. 합성수지관공사
다. 금속관공사(목조 이외의 조영물에 시설하는 경우에 한한다)
라. 버스덕트공사[목조 이외의 조영물(점검할 수 없는 은폐된 장소는 제외한다)에 시설하는 경우에 한한다]
마. 케이블공사(연피 케이블·알루미늄피 케이블 또는 무기물 절연 케이블을 사용하는 경우에는 목조 이외의 조영물에 시설하는 경우에 한한다)

정답 20. ③ 21. ① 22. ③

23 저압 옥측전선로의 시설로 잘못된 것은?

① 철골주 조영물에 버스덕트공사로 시설
② 합성수지관공사로 시설
③ 목조 조영물에 금속관공사로 시설
④ 전개된 장소에 애자공사로 시설

> **풀이** 221.2 옥측전선로
> 저압 옥측전선로는 다음의 공사방법에 의할 것.
> 가. 애자공사(전개된 장소에 한한다.)
> 나. 합성수지관공사
> 다. 금속관공사(목조 이외의 조영물에 시설하는 경우에 한한다)
> 라. 버스덕트공사[목조 이외의 조영물(점검할 수 없는 은폐된 장소는 제외한다)에 시설하는 경우에 한한다]
> 마. 케이블공사(연피 케이블·알루미늄피 케이블 또는 무기물 절연 케이블을 사용하는 경우에는 목조 이외의 조영물에 시설하는 경우에 한한다)

24 사용전압이 400[V] 이하인 저압 옥측전선로를 애자공사에 의해 시설하는 경우 전선 상호 간의 간격은 몇 [m] 이상이어야 하는가? (단, 비나 이슬에 젖지 않는 장소에 사람이 쉽게 접촉될 우려가 없도록 시설한 경우이다.)

① 0.025
② 0.045
③ 0.06
④ 0.12

> **풀이** 221.2 옥측전선로
> 애자공사에 의한 저압 옥측전선로는 다음에 의하고 또한 사람이 쉽게 접촉될 우려가 없도록 시설할 것
> 가. 전선의 단면적은 4[mm^2] 이상의 연동 절연전선(옥외용 비닐절연전선 및 인입용 절연전선은 제외한다.)일 것.
> 나. 전선 상호 간의 간격 및 전선과 조영재 사이의 이격거리
>
> | 전 압 | 전선 상호 간의 간격 | | 전선과 조영재 사이의 이격거리 | |
> | --- | --- | --- | --- | --- |
> | | 사용전압 400[V] 이하인 경우 | 사용전압 400[V] 초과인 경우 | 사용전압 400[V] 이하인 경우 | 사용전압 400[V] 초과인 경우 |
> | 비나 이슬에 젖지 않는 장소 | 0.06[m] 이상 | 0.06[m] 이상 | 0.025[m] 이상 | 0.025[m] 이상 |
> | 비나 이슬에 젖는 장소 | 0.06[m] 이상 | 0.12[m] 이상 | 0.025[m] 이상 | 0.045[m] 이상 |
>
> 다. 전선의 지지점 간의 거리는 2[m] 이하일 것.
> 라. 애자는 절연성·난연성 및 내수성이 있는 것일 것.

정답 23. ③ 24. ③

25 애자공사에 의한 저압 옥측전선로는 사람이 쉽게 접촉될 우려가 없도록 시설하고, 전선의 지지점 간의 거리는 몇 [m] 이하이어야 하는가?

① 1
② 1.5
③ 2
④ 3

풀이 221.2 옥측전선로

애자공사에 의한 저압 옥측전선로는 다음에 의하고 또한 사람이 쉽게 접촉될 우려가 없도록 시설할 것

가. 전선의 단면적은 4[mm^2] 이상의 연동 절연전선(옥외용 비닐절연전선 및 인입용 절연전선은 제외한다.)일 것.
나. 전선 상호 간의 간격 및 전선과 조영재 사이의 이격거리

전 압	전선 상호 간의 간격		전선과 조영재 사이의 이격거리	
	사용전압 400[V] 이하인 경우	사용전압 400[V] 초과인 경우	사용전압 400[V] 이하인 경우	사용전압 400[V] 초과인 경우
비나 이슬에 젖지 않는 장소	0.06[m] 이상	0.06[m] 이상	0.025[m] 이상	0.025[m] 이상
비나 이슬에 젖는 장소	0.06[m] 이상	0.12[m] 이상	0.025[m] 이상	0.045[m] 이상

다. 전선의 지지점 간의 거리는 2[m] 이하일 것.
라. 애자는 절연성·난연성 및 내수성이 있는 것일 것.

26 저압 옥상전선로에 시설하는 전선은 지름 몇 [mm]의 경동선 또는 이와 동등 이상의 세기 및 굵기의 것이어야 하는가?

① 1.6
② 2.0
③ 2.6
④ 3.2

풀이 221.3 옥상전선로

전선은 인장강도 2.30[kN] 이상의 것 또는 지름 2.6[mm] 이상의 경동선을 사용할 것.

27 저압 옥상전선로를 전개된 장소에 시설하는 내용으로 틀린 것은?

① 전선은 절연전선일 것
② 전선은 단면적 2.5[mm²] 이상의 경동선의 것
③ 전선과 그 저압 옥상전선로를 시설하는 조영재와의 이격거리는 2[m] 이상일 것
④ 전선은 조영재에 내수성이 있는 애자를 사용하여 지지하고 그 지지점 간의 거리는 15[m] 이하일 것

풀이 221.3 옥상전선로
저압 옥상전선로는 전개된 장소에 다음에 따르고 또한 위험의 우려가 없도록 시설하여야 한다.
가. 전선은 인장강도 2.30[kN] 이상의 것 또는 지름 2.6[mm] 이상의 경동선을 사용할 것.
나. 전선은 절연전선(OW전선을 포함한다.) 또는 이와 동등 이상의 절연효력이 있는 것을 사용할 것.
다. 전선은 조영재에 견고하게 붙인 지지주 또는 지지대에 절연성·난연성 및 내수성이 있는 애자를 사용하여 지지하고 또한 그 지지점 간의 거리는 15[m] 이하일 것.
라. 전선과 그 저압 옥상 전선로를 시설하는 조영재와의 이격거리는 2[m](전선이 고압절연전선, 특고압 절연전선 또는 케이블인 경우에는 1[m]) 이상일 것.
마. 저압 옥상전선로의 전선은 상시 부는 바람 등에 의하여 식물에 접촉하지 아니하도록 시설하여야 한다.

28 저압 옥상전선로의 시설기준으로 틀린 것은?

① 전개된 장소에 위험의 우려가 없도록 시설할 것
② 전선은 지름 2.6[mm] 이상의 경동선을 사용할 것
③ 전선은 절연전선(옥외용 비닐절연전선은 제외)을 사용할 것
④ 전선은 상시 부는 바람 등에 의하여 식물에 접촉하지 아니하도록 시설하여야 한다.

풀이 221.3 옥상전선로
저압 옥상전선로는 전개된 장소에 다음에 따르고 또한 위험의 우려가 없도록 시설하여야 한다.
가. 전선은 인장강도 2.30[kN] 이상의 것 또는 지름 2.6[mm] 이상의 경동선을 사용할 것.
나. 전선은 절연전선(OW전선[옥외용비닐절연전선] 을 포함한다.) 또는 이와 동등 이상의 절연효력이 있는 것을 사용할 것.
다. 전선은 조영재에 견고하게 붙인 지지주 또는 지지대에 절연성·난연성 및 내수성이 있는 애자를 사용하여 지지하고 또한 그 지지점 간의 거리는 15[m] 이하일 것.
라. 전선과 그 저압 옥상 전선로를 시설하는 조영재와의 이격거리는 2[m](전선이 고압절연전선, 특고압 절연전선 또는 케이블인 경우에는 1[m]) 이상일 것.
마. 저압 옥상전선로의 전선은 상시 부는 바람 등에 의하여 식물에 접촉하지 아니하도록 시설하여야 한다.

정답 27. ② 28. ③

29 전개된 장소에서 저압 옥상전선로의 시설기준으로 적합하지 않은 것은?

① 전선은 절연전선을 사용하였다.
② 전선 지지점 간의 거리를 20[m]로 하였다.
③ 전선은 지름 2.6[mm]의 경동선을 사용하였다.
④ 저압 절연전선과 그 저압 옥상 전선로를 시설하는 조영재와의 이격거리를 2[m]로 하였다.

풀이 221.3 옥상전선로
저압 옥상전선로는 전개된 장소에 다음에 따르고 또한 위험의 우려가 없도록 시설하여야 한다.
가. 전선은 인장강도 2.30[kN] 이상의 것 또는 지름 2.6[mm] 이상의 경동선을 사용할 것.
나. 전선은 절연전선(OW전선을 포함한다.) 또는 이와 동등 이상의 절연효력이 있는 것을 사용할 것.
다. 전선은 조영재에 견고하게 붙인 지지주 또는 지지대에 절연성·난연성 및 내수성이 있는 애자를 사용하여 지지하고 또한 그 지지점 간의 거리는 15[m] 이하일 것.
라. 전선과 그 저압 옥상 전선로를 시설하는 조영재와의 이격거리는 2[m](전선이 고압절연전선, 특고압 절연전선 또는 케이블인 경우에는 1[m]) 이상일 것.
마. 저압 옥상전선로의 전선은 상시 부는 바람 등에 의하여 식물에 접촉하지 아니하도록 시설하여야 한다.

30 저압 옥상전선로의 시설에 대한 설명으로 틀린 것은?

① 전선은 절연전선을 사용한다.
② 전선은 지름 2.6[mm] 이상의 경동선을 사용한다.
③ 전선은 상시 부는 바람 등에 의하여 식물에 접촉하지 않도록 시설한다.
④ 전선과 옥상 전선로를 시설하는 조영재와의 이격거리를 0.5[m]로 한다.

풀이 221.3 옥상전선로
저압 옥상전선로는 전개된 장소에 다음에 따르고 또한 위험의 우려가 없도록 시설하여야 한다.
가. 전선은 인장강도 2.30[kN] 이상의 것 또는 지름 2.6[mm] 이상의 경동선을 사용할 것.
나. 전선은 절연전선(OW전선을 포함한다.) 또는 이와 동등 이상의 절연효력이 있는 것을 사용할 것.
다. 전선은 조영재에 견고하게 붙인 지지주 또는 지지대에 절연성·난연성 및 내수성이 있는 애자를 사용하여 지지하고 또한 그 지지점 간의 거리는 15[m] 이하일 것.
라. 전선과 그 저압 옥상 전선로를 시설하는 조영재와의 이격거리는 2[m](전선이 고압절연전선, 특고압 절연전선 또는 케이블인 경우에는 1[m]) 이상일 것.
마. 저압 옥상전선로의 전선은 상시 부는 바람 등에 의하여 식물에 접촉하지 아니하도록 시설하여야 한다.

정답 29. ② 30. ④

31 저압 옥상전선로의 전선과 식물사이의 이격거리는 일반적으로 어떻게 규정하고 있는가?

① 20[cm] 이상 이격거리를 두어야 한다.
② 30[cm] 이상 이격거리를 두어야 한다.
③ 특별한 규정이 없다.
④ 바람 등에 의하여 접촉하지 않도록 한다.

풀이 221.3 옥상전선로
저압 옥상전선로의 전선은 상시 부는 바람 등에 의하여 식물에 접촉하지 아니하도록 시설하여야 한다.

32 저압 가공전선으로 사용할 수 없는 것은?

① 케이블
② 절연전선
③ 다심형 전선
④ 나동복 강선

풀이 222.5 저압 가공전선의 굵기 및 종류
가. 저압 가공전선은 나전선(중성선 또는 다중접지된 접지측 전선으로 사용하는 전선에 한한다), 절연전선, 다심형 전선 또는 케이블을 사용하여야 한다.
나. 사용전압이 400[V] 초과인 저압 가공전선에는 인입용 비닐절연전선을 사용하여서는 안 된다.

33 사용전압이 400[V]를 초과하는 저압가공전선에 사용 할 수 없는 전선은?

① 인입용 비닐절연전선
② 나전선(중성선 또는 다중접지된 접지측 전선으로 사용하는 전선에 한한다)
③ 케이블
④ 다심형 전선

풀이 222.5 저압 가공전선의 굵기 및 종류
가. 저압 가공전선은 나전선(중성선 또는 다중접지된 접지측 전선으로 사용하는 전선에 한한다), 절연전선, 다심형 전선 또는 케이블을 사용하여야 한다.
나. 사용전압이 400[V] 초과인 저압 가공전선에는 인입용 비닐절연전선을 사용하여서는 안 된다.

정답 31. ④ 32. ④ 33. ①

34 사용전압이 220[V]인 가공전선을 절연전선으로 사용하는 경우 그 최소 굵기는 지름 몇 [mm]인가?

① 2
② 2.6
③ 3.2
④ 4

풀이 222.5 저압 가공전선의 굵기 및 종류

전 압	조 건	전선의 굵기 및 인장강도
400 [V] 이하	절연전선	인장강도 2.3[kN] 이상의 것 또는 지름 2.6[mm] 이상의 경동선
	케이블 이외	인장강도 3.43[kN] 이상의 것 또는 지름 3.2[mm] 이상의 경동선
400 [V] 초과인 저압 (케이블 이외)	시가지에 시설	인장강도 8.01[kN] 이상의 것 또는 지름 5[mm] 이상의 경동선
	시가지 외에 시설	인장강도 5.26[kN]이상의 것 또는 지름 4[mm] 이상의 경동선

35 사용전압이 400[V] 이하인 저압 가공전선은 케이블인 경우를 제외하고는 지름이 몇 [mm] 이상이어야 하는가?

① 3.2
② 3.6
③ 4.0
④ 5.0

풀이 222.5 저압 가공전선의 굵기 및 종류
가. 저압 가공전선은 나전선(중성선 또는 다중접지된 접지측 전선으로 사용하는 전선에 한한다), 절연전선, 다심형 전선 또는 케이블을 사용하여야 한다.
나. 전선의 굵기

전 압	조 건	전선의 굵기 및 인장강도
400[V] 이하	절연전선	인장강도 2.3[kN] 이상의 것 또는 지름 2.6[mm] 이상의 경동선
	케이블 이외	인장강도 3.43[kN] 이상의 것 또는 지름 3.2[mm] 이상의 경동선
400[V] 초과인 저압 (케이블 이외)	시가지에 시설	인장강도 8.01[kN] 이상의 것 또는 지름 5[mm] 이상의 경동선
	시가지 외에 시설	인장강도 5.26[kN]이상의 것 또는 지름 4[mm] 이상의 경동선

정답 34. ② 35. ①

36 철도 또는 궤도를 횡단하는 저고압 가공전선의 높이는 레일면상 몇 [m] 이상인가?

① 5.5 ② 6.5
③ 7.5 ④ 8.5

풀이 332.5 고압 가공전선의 높이, 222.7 저압 가공전선의 높이
저·고압 가공전선의 높이는 다음에 따라야 한다.

설치장소		가공전선의 높이
도로횡단(번잡하지 않은 도로 제외)		지표상 6[m] 이상
철도 또는 궤도 횡단		레일면상 6.5[m] 이상
횡단보도교 위	저압	노면상 3.5[m] 이상 (단, 절연전선의 경우 3[m] 이상)
	고압	노면상 3.5[m] 이상
일반장소		지표상 5[m] 이상. 단, 저압의 경우 절연전선 또는 케이블을 사용하여 교통에 지장이 없도록 하여 옥외조명용에 공급하는 경우 4[m]까지 감할 수 있다.
다리의 하부 기타 이와 유사한 장소		저압의 전기철도용 급전선은 지표상 3.5[m]까지로 감할 수 있다.

37 옥외용 비닐절연전선을 사용한 저압가공전선이 횡단보도교 위에 시설되는 경우에 그 전선의 노면상 높이는 몇 [m] 이상으로 하여야 하는가?

① 2.5 ② 3.0
③ 3.5 ④ 4.0

풀이 332.5 고압 가공전선의 높이, 222.7 저압 가공전선의 높이
저·고압 가공전선의 높이는 다음에 따라야 한다.

설치장소		가공전선의 높이
도로횡단(번잡하지 않은 도로 제외)		지표상 6[m] 이상
철도 또는 궤도 횡단		레일면상 6.5[m] 이상
횡단보도교 위	저압	노면상 3.5[m] 이상 (단, 절연전선의 경우 3[m] 이상)
	고압	노면상 3.5[m] 이상

정답 36. ② 37. ②

38 저압 및 고압 가공전선의 높이에 대한 기준으로 틀린 것은?

① 철도를 횡단하는 경우는 레일면상 6.5[m] 이상이다.
② 횡단 보도교 위에 시설하는 경우는 저압의 경우는 그 노면 상에서 3[m] 이상이다.
③ 횡단 보도교 위에 시설하는 경우는 고압의 경우는 그 노면 상에서 3.5[m] 이상이다.
④ 다리의 하부 기타 이와 유사한 장소에 시설하는 저압의 전기철도용 급전선은 지표상 3.5[m] 까지로 감할 수 있다.

풀이 332.5 고압 가공전선의 높이, 222.7 저압 가공전선의 높이
저·고압 가공전선의 높이는 다음에 따라야 한다.

설치장소		가공전선의 높이
도로횡단(번잡하지 않은 도로 제외)		지표상 6[m] 이상
철도 또는 궤도 횡단		레일면상 6.5[m] 이상
횡단보도교 위	저압	노면상 3.5[m] 이상 (단, 절연전선의 경우 3[m] 이상)
	고압	노면상 3.5[m] 이상
일반장소		지표상 5[m] 이상. 단, 저압의 경우 절연전선 또는 케이블을 사용하여 교통에 지장이 없도록 하여 옥외조명용에 공급하는 경우 4[m]까지 감할 수 있다.
다리의 하부 기타 이와 유사한 장소		저압의 전기철도용 급전선은 지표상 3.5[m]까지로 감할 수 있다.

39 저압 가공전선로의 지지물이 목주인 경우 풍압하중의 몇 배의 하중에 견디는 강도를 가지는 것이어야 하는가?

① 1.2
② 1.5
③ 2
④ 3

풀이 333.10 특고압 가공전선로의 목주 시설
332.7 고압 가공전선로의 지지물의 강도
222.8 저압 가공전선로의 지지물의 강도
지지물이 목주인 경우 안전율 및 말구의 지름

전압의 종별	안전율	말구의 지름
저 압	1.2	-
고 압	1.3	0.12 [m] 이상
특고압	1.5	0.12 [m] 이상

정답 38. ② 39. ①

40 저압 가공전선이 상부 조영재 위쪽에서 접근하는 경우 전선과 상부 조영재간의 이격거리 [m]는 얼마 이상이어야 하는가? (단, 특고압 절연전선 또는 케이블인 경우이다.)

① 0.8
② 1.0
③ 1.2
④ 2.0

풀이 332.11 고압 가공전선과 건조물의 접근
222.11 저압 가공전선과 건조물의 접근
저압 가공전선 또는 고압 가공전선이 건조물과 접근 상태로 시설되는 경우에는 다음에 따라야 한다.
가. 고압 가공전선로는 고압 보안공사에 의할 것.
나. 저·고압 가공전선과 건조물의 조영재 사이의 이격거리는 표에서 정한 값 이상일 것.

	사용 전압 부분 공작물의 종류		저압[m]	고압[m]
건조물	상부 조영재 위쪽	일반적인 경우	2	2
		전선이 고압절연전선	1	2
		전선이 케이블인 경우	1	1
	기타 조영재 또는 상부조영재의 옆쪽 또는 아래쪽	일반적인 경우	1.2	1.2
		전선이 고압절연전선	0.4	1.2
		전선이 케이블인 경우	0.4	0.4
		사람이 쉽게 접근할 수 없도록 시설한 경우	0.8	0.8

정답 40. ②

41 저압 가공전선이 건조물의 상부 조영재 옆쪽으로 접근하는 경우 저압 가공전선과 건조물의 조영재 사이의 이격거리는 몇 [m] 이상이어야 하는가? (단, 전선에 사람이 쉽게 접촉할 우려가 없도록 시설한 경우와 전선이 고압 절연전선, 특고압 절연전선 또는 케이블인 경우는 제외한다.)

① 0.6
② 0.8
③ 1.2
④ 2.0

풀이 332.11 고압 가공전선과 건조물의 접근
222.11 저압 가공전선과 건조물의 접근
저압 가공전선 또는 고압 가공전선이 건조물과 접근 상태로 시설되는 경우에는 다음에 따라야 한다.
가. 고압 가공전선로는 고압 보안공사에 의할 것.
나. 저·고압 가공전선과 건조물의 조영재 사이의 이격거리는 표에서 정한 값 이상일 것.

사용 전압 부분 공작물의 종류			저압[m]	고압[m]
건조물	상부 조영재 위쪽	일반적인 경우	2	2
		전선이 고압절연전선	1	2
		전선이 케이블인 경우	1	1
	기타 조영재 또는 상부조영재의 옆쪽 또는 아래쪽	일반적인 경우	1.2	1.2
		전선이 고압절연전선	0.4	1.2
		전선이 케이블인 경우	0.4	0.4
		사람이 쉽게 접근할 수 없도록 시설한 경우	0.8	0.8

41. ③

42 저압가공전선이 건조물의 상부 조영재 옆쪽에서 접근하는 경우 저압가공전선과 건조물의 조영재사이의 이격거리[m]는 얼마 이상이어야 하는가? (단, 전선이 케이블인 경우이다.)

① 0.4
② 0.8
③ 1
④ 1.2

풀이 ▶ 332.11 고압 가공전선과 건조물의 접근
222.11 저압 가공전선과 건조물의 접근
저압 가공전선 또는 고압 가공전선이 건조물과 접근 상태로 시설되는 경우에는 다음에 따라야 한다.
가. 고압 가공전선로는 고압 보안공사에 의할 것.
나. 저·고압 가공전선과 건조물의 조영재 사이의 이격거리는 표에서 정한 값 이상일 것.

	사용 전압 부분 공작물의 종류		저압[m]	고압[m]
건조물	상부 조영재 위쪽	일반적인 경우	2	2
		전선이 고압절연전선	1	2
		전선이 케이블인 경우	1	1
	기타 조영재 또는 상부조영재의 옆쪽 또는 아래쪽	일반적인 경우	1.2	1.2
		전선이 고압절연전선	0.4	1.2
		전선이 케이블인 경우	0.4	0.4
		사람이 쉽게 접근할 수 없도록 시설한 경우	0.8	0.8

43 저압 가공전선이 가공약전류 전선과 접근하여 시설될 때 저압 가공전선과 가공약전류 전선 사이의 이격거리는 몇 [cm] 이상이어야 하는가?

① 40
② 50
③ 60
④ 80

풀이 ▶ 332.13 고압 가공전선과 가공약전류전선 등의 접근 또는 교차
222.13 저압 가공전선과 가공약전류전선 등의 접근 또는 교차

가공 약전류 전선	저압 가공전선		고압 가공전선	
	저압 절연전선	고압 절연전선 또는 케이블	절연전선	케이블
일반	0.6[m]	0.3[m]	0.8[m]	0.4[m]
절연전선 또는 통신용 케이블인 경우	0.3[m]	0.15[m]		

정답 42. ① 43. ③

44 저압 가공전선이 안테나와 접근상태로 시설될 때 상호 간의 이격거리는 몇 [cm] 이상이어야 하는가? (단, 전선이 고압 절연전선, 특고압 절연전선 또는 케이블이 아닌 경우이다.)

① 60
② 80
③ 100
④ 120

풀이 222.14 저압 가공전선과 안테나의 접근 또는 교차
저압 가공전선 또는 고압 가공전선이 안테나와 접근상태로 시설되는 경우에는 다음에 따라야 한다.
가. 고압 가공전선로는 고압 보안공사에 의할 것.
나. 가공전선과 안테나 사이의 이격거리

사용 전압 부분 공작물의 종류		저압	고압
안테나	일반적인 경우	0.6[m]	0.8[m]
	전선이 고압절연전선	0.3[m]	0.8[m]
	전선이 케이블인 경우	0.3[m]	0.4[m]

45 저압 가공전선이 다른 저압 가공전선과 접근상태로 시설 되거나 교차하여 시설되는 경우에 저압 가공전선 상호간의 이격거리는 몇 [cm] 이상이어야 하는가? (단, 한 쪽의 전선이 고압 절연전선이라고 한다.)

① 30
② 60
③ 80
④ 100

풀이 222.16 저압 가공전선 상호 간의 접근 또는 교차
저압 가공전선이 다른 저압 가공전선과 접근상태로 시설되거나 교차하여 시설되는 경우 이격거리

전선의 종류구분	다른 저압 가공전선	
	전선 상호 간	지지물
저압 절연전선	0.6[m]	0.3[m]
어느 한 쪽의 전선이 고압·특고압 절연전선 또는 케이블	0.3[m]	

정답 44. ① 45. ①

46 저압가공전선 상호 간을 접근 또는 교차하여 시설하는 경우 전선 상호 간 이격거리 및 하나의 저압 가공전선과 다른 저압, 가공전선로의 지지물 사이의 이격거리는 각각 몇 [cm] 이상이어야 하는가? (단, 어느 한 쪽의 전선이 고압 절연전선, 특고압 절연전선 또는 케이블이 아닌 경우이다.)

① 전선 상호 간 : 30[cm], 전선과 지지물 간 : 30[cm]
② 전선 상호 간 : 30[cm], 전선과 지지물 간 : 60[cm]
③ 전선 상호 간 : 60[cm], 전선과 지지물 간 : 30[cm]
④ 전선 상호 간 : 60[cm], 전선과 지지물 간 : 60[cm]

풀이 222.16 저압 가공전선 상호 간의 접근 또는 교차
저압 가공전선이 다른 저압 가공전선과 접근상태로 시설되거나 교차하여 시설되는 경우 이격거리

전선의 종류구분	다른 저압 가공전선	
	전선 상호 간	지지물
저압 절연전선	0.6[m]	0.3[m]
어느 한 쪽의 전선이 고압·특고압절연전선 또는 케이블	0.3[m]	

47 농사용 저압 가공전선로의 시설 기준으로 틀린 것은?

① 사용전압이 저압일 것
② 전선로의 경간은 40[m] 이하일 것
③ 저압 가공전선의 인장강도는 1.38[kN] 이상일 것
④ 저압 가공전선의 지표상 높이는 3.5[m] 이상일 것

풀이 222.22 농사용 저압 가공전선로의 시설
가. 사용전압은 저압일 것.
나. 저압 가공전선은 인장강도 1.38[kN] 이상의 것 또는 지름 2[mm] 이상의 경동선일 것.
다. 저압 가공전선의 지표상 높이는 3.5[m] 이상일 것. 다만, 저압 가공전선을 사람이 쉽게 출입하지 못하는 곳에 시설하는 경우에는 3[m]까지로 감할 수 있다.
라. 목주의 굵기는 말구 지름이 0.09[m] 이상일 것.
마. 전선로의 지지점 간 거리는 30[m] 이하일 것.

정답 46. ③ 47. ②

기 21-3

48 농사용 저압 가공전선로의 지지점 간 거리는 몇 [m] 이하이어야 하는가?

① 30 　　　　　　　　　　② 50
③ 60 　　　　　　　　　　④ 100

풀이 222.22 농사용 저압 가공전선로의 시설
　가. 사용전압은 저압일 것.
　나. 저압 가공전선은 인장강도 1.38[kN] 이상의 것 또는 지름 2[mm] 이상의 경동선일 것.
　다. 저압 가공전선의 지표상의 높이는 3.5[m] 이상일 것. 다만, 저압 가공전선을 사람이 쉽게 출입하지 못하는 곳에 시설하는 경우에는 3[m]까지로 감할 수 있다.
　라. 목주의 굵기는 말구 지름이 0.09[m] 이상일 것.
　마. 전선로의 지지점 간 거리는 30[m] 이하일 것.

산기 23-3

49 방직공장의 구내 도로에 220[V] 조명등용 가공전선로를 시설하고자 한다. 전선로의 경간은 몇 [m] 이하이어야 하는가?

① 20 　　　　　　　　　　② 30
③ 40 　　　　　　　　　　④ 50

풀이 222.23 구내에 시설하는 저압 가공전선로
　가. 전선은 지름 2[mm] 이상의 경동선의 절연전선 일 것.
　　다만, 경간이 10[m] 이하인 경우에 한하여 공칭단면적 4[mm²] 이상의 연동 절연전선을 사용할 수 있다.
　나. 전선로의 경간은 30[m] 이하일 것
　다. 1구내에만 시설하는 사용전압이 400[V] 이하인 저압 가공전선로의 높이
　　① 도로(폭이 5[m]이하)를 횡단하는 경우 : 4[m] 이상
　　② 도로를 횡단하지 않는 경우 : 3[m] 이상의 높이일 것

산기 23-3

50 전로의 사용전압이 FELV, 500[V] 이하인 저압 전로는 시험전압 DC 500[V]로 측정 하였을 때 절연저항 값은 몇 [MΩ] 이상이 되어야 하는가?

① 0.5 　　　　　　　　　　② 1
③ 1.5 　　　　　　　　　　④ 2

풀이 222.24 저압 직류 가공전선로

전로의 사용전압[V]	DC 시험전압[V]	절연저항[MΩ]
SELV 및 PELV	250	0.5
FELV, 500[V]이하	500	1.0
500[V] 초과	1,000	1.0

정답 48. ① 49. ② 50. ②

51 저압 옥내배선에 사용하는 연동선의 최소 굵기는 몇 [mm²]인가?

① 1.5 ② 2.5
③ 4.0 ④ 6.0

풀이 231.3 저압 옥내배선의 사용전선
가. 저압 옥내배선의 전선 : 단면적 2.5[mm²] 이상의 연동선
나. 옥내배선의 사용 전압이 400[V] 이하인 경우는 다음에 의하여 시설할 수 있다.
① 전광표시 장치 또는 제어 회로
  • 단면적 1.5[mm²] 이상의 연동선
  • 단면적 0.75[mm²] 이상인 다심케이블 또는 다심 캡타이어 케이블을 사용하고 또한 과전류가 생겼을 때에 자동적으로 전로에서 차단하는 장치를 시설
② 진열장 또는 이와 유사한 것의 내부 배선 : 단면적 0.75[mm²] 이상인 코드 또는 캡타이어케이블

52 전광표시 장치에 사용하는 저압 옥내배선을 금속관공사로 시설할 경우 연동선의 단면적은 몇 [mm²] 이상 사용하여야 하는가?

① 0.75 ② 1.25
③ 1.5   ④ 2.5

풀이 231.3 저압 옥내배선의 사용전선
가. 저압 옥내배선의 전선 : 단면적 2.5[mm²] 이상의 연동선
나. 옥내배선의 사용 전압이 400[V] 이하인 경우는 다음에 의하여 시설할 수 있다.
① 전광표시 장치 또는 제어 회로
  • 단면적 1.5[mm²] 이상의 연동선
  • 단면적 0.75[mm²] 이상인 다심케이블 또는 다심 캡타이어 케이블을 사용하고 또한 과전류가 생겼을 때에 자동적으로 전로에서 차단하는 장치를 시설
② 진열장 또는 이와 유사한 것의 내부 배선 : 단면적 0.75[mm²] 이상인 코드 또는 캡타이어케이블

정답 51. ② 52. ③

53 옥내배선의 사용 전압이 400[V] 이하일 때 전광표시 장치, 기타 이와 유사한 장치 또는 제어 회로 등의 배선에 다심케이블을 시설하는 경우 배선의 단면적은 몇 [mm^2] 이상인가? (단, 배선에 과전류가 생긴 경우 자동 차단 장치를 시설한 경우 이다.)

① 0.75　　　　　　　　　　② 1.5
③ 1　　　　　　　　　　　④ 2.5

풀이 231.3 저압 옥내배선의 사용전선
　가. 저압 옥내배선의 전선 : 단면적 2.5[mm^2] 이상의 연동선
　나. 옥내배선의 사용 전압이 400[V] 이하인 경우는 다음에 의하여 시설할 수 있다.
　　① 전광표시 장치 또는 제어 회로
　　　• 단면적 1.5[mm^2] 이상의 연동선
　　　• 단면적 0.75[mm^2] 이상인 다심케이블 또는 다심 캡타이어 케이블을 사용하고 또한 과전류가 생겼을 때에 자동적으로 전로에서 차단하는 장치를 시설
　　② 진열장 또는 이와 유사한 것의 내부 배선 : 단면적 0.75[mm^2] 이상인 코드 또는 캡타이어케이블

54 진열장 내의 배선으로 사용전압 400[V] 이하에 사용하는 코드 또는 캡타이어 케이블의 최소 단면적은 몇 [mm^2] 인가?

① 1.25　　　　　　　　　　② 1.0
③ 0.75　　　　　　　　　　④ 0.5

풀이 231.3 저압 옥내배선의 사용전선
　가. 저압 옥내배선의 전선 : 단면적 2.5[mm^2] 이상의 연동선
　나. 옥내배선의 사용 전압이 400[V] 이하인 경우는 다음에 의하여 시설할 수 있다.
　　① 전광표시 장치 또는 제어 회로
　　　• 단면적 1.5[mm^2] 이상의 연동선
　　　• 단면적 0.75[mm^2] 이상인 다심 캡타이어 케이블 또는 다심 캡타이어 케이블을 사용하고 또한 과전류가 생겼을 때에 자동적으로 전로에서 차단하는 장치를 시설
　　② 진열장 또는 이와 유사한 것의 내부 배선 : 단면적 0.75[mm^2] 이상인 코드 또는 캡타이어케이블

정답 53. ① 54. ③

55 저압 옥내배선에 적용하는 사용전선의 내용 중 틀린 것은?

① 단면적 2.5[mm^2] 이상의 연동선이어야 한다.
② 무기물 절연 케이블로 옥내배선을 하려면 케이블 단면적은 2[mm^2] 이상이어야 한다.
③ 진열장 등 사용전압이 400[V] 이하인 경우 0.75[mm^2] 이상인 코드 또는 캡타이어 케이블을 사용할 수 있다.
④ 전광표시장치 또는 제어회로에 사용전압이 400[V] 이하인 경우 사용하는 배선은 단면적 1.5[mm^2] 이상의 연동선을 사용하고 합성수지관 공사로 할 수 있다.

풀이 231.3.1 저압 옥내배선의 사용전선
가. 저압 옥내배선의 전선 : 단면적 2.5[mm^2] 이상의 연동선
나. 옥내배선의 사용 전압이 400[V] 이하인 경우는 다음에 의하여 시설할 수 있다.
  ① 전광표시 장치 또는 제어 회로
   • 단면적 1.5[mm^2] 이상의 연동선
   • 단면적 0.75[mm^2] 이상인 다심케이블 또는 다심 캡타이어 케이블을 사용하고 또한 과전류가 생겼을 때에 자동적으로 전로에서 차단하는 장치를 시설
  ② 진열장 또는 이와 유사한 것의 내부 배선 : 단면적 0.75[mm^2] 이상인 코드 또는 캡타이어케이블

56 옥내에 시설하는 저압전선에 나전선을 사용할 수 있는 경우는?

① 버스덕트 공사에 의하여 시설하는 경우
② 금속덕트 공사에 의하여 시설하는 경우
③ 합성수지관 공사에 의하여 시설하는 경우
④ 후강전선관 공사에 의하여 시설하는 경우

풀이 231.4 나전선의 사용 제한
옥내에 시설하는 저압전선에는 나전선을 사용하여서는 아니 된다. 다만, 다음중 어느 하나에 해당하는 경우에는 그러하지 아니하다.
가. 애자공사에 의하여 전개된 곳에 다음의 전선을 시설하는 경우
  ① 전기로용 전선
  ② 전선의 피복 절연물이 부식하는 장소에 시설하는 전선
나. 버스덕트공사에 의하여 시설하는 경우
다. 라이팅덕트공사에 의하여 시설하는 경우
라. 접촉 전선을 시설하는 경우

정답 55. ② 56. ①

57 옥내의 저압전선으로 나전선 사용이 허용되지 않는 경우는?

① 라이팅덕트공사에 의하여 시설하는 경우
② 버스덕트공사에 의하여 시설하는 경우
③ 애자공사에 의하여 전개된 곳에 시설하는 경우
④ 금속관공사에 의하여 시설하는 경우

> **풀이** 231.4 나전선의 사용 제한
> 옥내에 시설하는 저압전선에는 나전선을 사용하여서는 아니 된다. 다만, 다음중 어느 하나에 해당하는 경우에는 그러하지 아니하다.
> 가. 애자공사에 의하여 전개된 곳에 다음의 전선을 시설하는 경우
>   ① 전기로용 전선
>   ② 전선의 피복 절연물이 부식하는 장소에 시설하는 전선
> 나. 버스덕트공사에 의하여 시설하는 경우
> 다. 라이팅덕트공사에 의하여 시설하는 경우
> 라. 접촉 전선을 시설하는 경우

58 옥내에 시설하는 저압 전선으로 나전선을 사용할 수 있는 배선공사는?

① 합성수지관공사
② 금속관공사
③ 버스덕트공사
④ 플로어덕트공사

> **풀이** 231.4 나전선의 사용 제한
> 옥내에 시설하는 저압전선에는 나전선을 사용하여서는 아니 된다. 다만, 다음중 어느 하나에 해당하는 경우에는 그러하지 아니하다.
> 가. 애자공사에 의하여 전개된 곳에 다음의 전선을 시설하는 경우
>   ① 전기로용 전선
>   ② 전선의 피복 절연물이 부식하는 장소에 시설하는 전선
> 나. 버스덕트공사에 의하여 시설하는 경우
> 다. 라이팅덕트공사에 의하여 시설하는 경우
> 라. 접촉 전선을 시설하는 경우

정답 57. ④ 58. ③

기 16-1, 기 21-2

59 옥내 배선공사 중 반드시 절연전선을 사용하지 않아도 되는 공사방법은? (단, 옥외용 비닐절연전선은 제외한다.)

① 금속관공사
② 버스덕트공사
③ 합성수지관공사
④ 플로어덕트공사

풀이 **231.4 나전선의 사용 제한**
옥내에 시설하는 저압전선에는 나전선을 사용하여서는 아니 된다. 다만, 다음 중 어느 하나에 해당하는 경우에는 그러하지 아니하다.
가. 애자공사에 의하여 전개된 곳에 다음의 전선을 시설하는 경우
　① 전기로용 전선
　② 전선의 피복 절연물이 부식하는 장소에 시설하는 전선
나. 버스덕트공사에 의하여 시설하는 경우
다. 라이팅덕트공사에 의하여 시설하는 경우
라. 접촉 전선을 시설하는 경우

기 17-1, 기 22-3

60 옥내의 저압전선으로 나전선 사용이 허용되지 않는 경우는?

① 금속관공사에 의하여 시설하는 경우
② 버스덕트공사에 의하여 시설하는 경우
③ 리이팅딕트공사에 의하여 시설하는 경우
④ 애자공사에 의하여 전개된 곳에 전기로용 전선을 시설하는 경우

풀이 **231.4 나전선의 사용 제한**
옥내에 시설하는 저압전선에는 나전선을 사용하여서는 아니 된다. 다만, 다음중 어느 하나에 해당하는 경우에는 그러하지 아니하다.
가. 애자공사에 의하여 전개된 곳에 다음의 전선을 시설하는 경우
　① 전기로용 전선
　② 전선의 피복 절연물이 부식하는 장소에 시설하는 전선
나. 버스덕트공사에 의하여 시설하는 경우
다. 라이팅덕트공사에 의하여 시설하는 경우
라. 접촉 전선을 시설하는 경우

정답 59. ② 60. ①

61 옥내배선에서 나전선을 사용할 수 없는 것은?

① 전선의 피복 전열물이 부식하는 장소의 전선
② 취급자 이외의 자가 출입할 수 없도록 설비한 장소의 전선
③ 전용의 개폐기 및 과전류 차단기가 시설된 전기기계기구의 저압전선
④ 애자공사에 의하여 전개된 장소에 시설하는 경우로 전기로용 전선

풀이 231.4 나전선의 사용 제한
옥내에 시설하는 저압전선에는 나전선을 사용하여서는 아니 된다. 다만, 다음중 어느 하나에 해당하는 경우에는 그러하지 아니하다.
가. 애자공사에 의하여 전개된 곳에 다음의 전선을 시설하는 경우
　　① **전기로용 전선**
　　② 전선의 **피복 절연물이 부식하는 장소**에 시설하는 전선
나. **버스덕트공사**에 의하여 시설하는 경우
다. **라이팅덕트공사**에 의하여 시설하는 경우
라. **접촉 전선**을 시설하는 경우

62 옥내에 시설하는 저압전선으로 나전선을 절대로 사용할 수 없는 경우는?

① 금속덕트공사에 의하여 시설하는 경우
② 버스덕트공사에 의하여 시설하는 경우
③ 애자공사에 의하여 전개된 곳에 전기로용 전선을 시설하는 경우
④ 유희용 전차에 전기를 공급하기 위하여 접촉전선을 사용하는 경우

풀이 231.4 나전선의 사용 제한
옥내에 시설하는 저압전선에는 나전선을 사용하여서는 아니 된다. 다만, 다음중 어느 하나에 해당하는 경우에는 그러하지 아니하다.
가. 애자공사에 의하여 전개된 곳에 다음의 전선을 시설하는 경우
　　① **전기로용 전선**
　　② 전선의 **피복 절연물이 부식하는 장소**에 시설하는 전선
나. **버스덕트공사**에 의하여 시설하는 경우
다. **라이팅덕트공사**에 의하여 시설하는 경우
라. **접촉 전선**을 시설하는 경우

정답 61. ③ 62. ①

63 백열전등 또는 방전등에 전기를 공급하는 옥내전로의 대지전압은 몇 [V] 이하이어야 하는가? (단, 백열전등 또는 방전등 및 이에 부속하는 전선은 사람이 접촉할 우려가 없도록 시설한 경우이다.)

① 60　　　　　　　　② 110
③ 220　　　　　　　　④ 300

풀이 231.6 옥내전로의 대지 전압의 제한
백열전등 또는 방전등에 전기를 공급하는 옥내의 전로의 대지전압은 300[V] 이하여야 한다.

64 사무실 건물의 조명설비에 사용되는 백열전등 또는 방전등에 전기를 공급하는 옥내전로의 대지전압은 몇 [V] 이하인가?

① 250　　　　　　　　② 300
③ 350　　　　　　　　④ 400

풀이 231.6 옥내전로의 대지 전압의 제한
백열전등 또는 방전등에 전기를 공급하는 옥내의 전로의 대지전압은 300[V] 이하이어야 한다.

65 주택의 옥내를 통과하여 그 주택 이외의 장소에 전기를 공급하기 위한 옥내배선을 공사하는 방법이다. 사람이 접촉 할 우려가 없는 은폐된 장소에서 시행하는 공사 종류가 아닌 것은? (단, 주택의 옥내전로의 대지전압은 300[V]이다.)

① 금속관공사　　　　② 케이블공사
③ 금속덕트공사　　　④ 합성수지관공사

풀이 231.6 옥내전로의 대지 전압의 제한
주택의 옥내를 통과하여 그 주택 이외의 장소에 전기를 공급하기 위한 옥내배선은 사람이 접촉할 우려가 없는 은폐된 장소에 합성수지관 공사, 금속관 공사 또는 케이블 공사에 의하여 시설하여야 한다.

정답 63. ④　64. ②　65. ③

66 저압 옥내배선 합성수지관공사 시 연선이 아닌 경우 사용할 수 있는 전선의 최대 단면적은 몇 [mm²]인가? (단, 알루미늄선은 제외한다.)

① 4
② 6
③ 10
④ 16

풀이 232.11 합성수지관공사
가. 전선은 절연전선(옥외용 비닐 절연전선을 제외한다)일 것.
나. 전선은 연선일 것. 다만, 다음의 것은 적용하지 않는다.
① 짧고 가는 합성수지관에 넣은 것.
② 단면적 10[mm²](알루미늄선은 단면적 16[mm²]) 이하의 것.

67 일반 주택의 저압 옥내배선을 점검하였더니 다음과 같이 시설되어 있었을 경우 시설기준에 적합하지 않은 것은?

① 합성수지관의 지지점 간의 거리를 2[m]로 하였다.
② 합성수지관 안에서 전선의 접속점이 없도록 하였다.
③ 금속관공사에 옥외용 비닐절연전선을 제외한 절연전선을 사용하였다.
④ 인입구에 가까운 곳으로서 쉽게 개폐할 수 있는 곳에 개폐기를 각 극에 시설하였다.

풀이 232.11 합성수지관공사
관의 지지점 간의 거리는 1.5[m] 이하로 하고, 또한 그 지지점은 관의 끝·관과 박스의 접속점 및 관 상호 간의 접속점 등에 가까운 곳에 시설할 것.

68 합성수지관 및 부속품의 시설에 대한 설명으로 틀린 것은?

① 관의 지지점 간의 거리는 1.5[m] 이하로 할 것
② 합성수지제 가요전선관 상호 간은 직접 접속할 것
③ 접착제를 사용하여 관 상호 간을 삽입하는 깊이는 관의 바깥지름의 0.8배 이상으로 할 것
④ 접착제를 사용하지 않고 관 상호 간을 삽입하는 깊이는 관의 바깥지름의 1.2배 이상으로 할 것

풀이 232.11.3 합성수지관 및 부속품의 시설
합성수지제 휨(가요) 전선관 상호 간은 직접 접속하지 말 것.

정답 66. ③ 67. ① 68. ②

기 17-2, 기 23-3, 산기 22-2, 산기 24-1

69 금속관공사에서 절연부싱을 사용하는 가장 주된 목적은?

① 관의 끝이 터지는 것을 방지
② 관내 해충 및 이물질 출입 방지
③ 관의 단구에서 조영재의 접촉 방지
④ 관의 단구에서 전선 피복의 손상 방지

풀이 232.12 금속관공사
관의 끝 부분에는 전선의 피복을 손상하지 아니하도록 적당한 구조의 부싱을 사용할 것. 다만, 금속관공사로부터 애자공사로 옮기는 경우에는 그 부분의 관의 끝부분에는 절연부싱 또는 이와 유사한 것을 사용하여야 한다.

기 23-2, 산기 23-3, 산기 25-3

70 금속제 가요전선관공사에 의한 저압 옥내배선으로 틀린 것은?

① 2종 금속제 가요전선관을 사용하였다.
② 전선으로 옥외용 비닐 절연전선을 사용하였다.
③ 규격에 적당한 지름 4[mm²]의 단선을 사용하였다.
④ 접지공사를 하였다.

풀이 232.13 금속제 가요전선관공사
가. 전선은 절연전선(옥외용 비닐 절연전선을 제외한다)일 것.
나. 전선은 연선일 것. 다만, 단면적 10[mm²](알루미늄선은 단면적 16[mm²]) 이하인 것은 그러하지 아니하다.
다. 가요전선관 안에는 전선에 접속점이 없도록 할 것.
라. 가요전선관은 2종 금속제 가요전선관일 것.
마. 규정에 준하여 접지공사를 할 것.

정답 69. ④ 70. ②

71 금속제가요전선관공사에 의한 저압 옥내배선 시설에 대한 설명으로 틀린 것은?

① 옥외용 비닐전선을 제외한 절연전선을 사용한다.
② 가요전선관은 2종 금속제 가요전선관일 것
③ 중량물의 압력 또는 기계적 충격을 받을 우려가 없도록 시설한다.
④ 옥내배선의 사용전압이 400[V] 이하인 경우에는 접지공사를 하지 않아도 된다.

풀이 232.13 금속제가요전선관공사
가. 전선은 절연전선(옥외용 비닐 절연전선을 제외한다)일 것.
나. 전선은 연선일 것. 다만, 단면적 10[mm^2](알루미늄선은 단면적 16[mm^2]) 이하인 것은 그러하지 아니하다.
다. 가요전선관 안에는 전선에 접속점이 없도록 할 것.
라. 가요전선관은 2종 금속제 가요전선관일 것
마. 가요전선관배선에는 접지공사를 할 것.

72 옥내 저압배선을 금속제가요전선관공사에 의해 시공하고자 할 때 전선을 단선으로 사용한다면 그 단면적은 최대 몇 [mm^2] 이하이어야 하는가?

① 2.5
② 4
③ 6
④ 10

풀이 232.13 금속제 가요전선관공사
가. 전선은 절연전선(옥외용 비닐 절연전선을 제외한다)일 것.
나. 전선은 연선일 것. 다만, 단면적 10[mm^2](알루미늄선은 단면적 16[mm^2]) 이하인 것은 그러하지 아니하다.
다. 가요전선관 안에는 전선에 접속점이 없도록 할 것.
라. 가요전선관은 2종 금속제 가요전선관일 것

정답 71. ④ 72. ④

73 금속제가요전선관공사에 대한 설명 중 틀린 것은?

① 가요전선관 안에서는 전선의 접속점이 없어야 한다.
② 1종 금속제 가요전선관을 사용 하여야 한다.
③ 가요전선관 내에 수용되는 전선은 연선이어야 하며 단면적 10[mm^2] 이하는 단선을 사용하여도 무방하다.
④ 가요전선관 내에 수용되는 전선은 옥외용 비닐 절연전선을 제외하고는 절연전선이어야 한다.

풀이 232.13 금속제가요전선관공사
    가. 전선은 절연전선(옥외용 비닐 절연전선을 제외한다)일 것.
    나. 전선은 연선일 것. 다만, 단면적 10[mm^2](알루미늄선은 단면적 16[mm^2]) 이하인 것은 그러하지 아니하다.
    다. 가요전선관 안에는 전선에 접속점이 없도록 할 것.
    라. 가요전선관은 2종 금속제 가요전선관일 것

74 금속제 가요전선관 공사에 의한 저압 옥내배선의 시설기준으로 틀린 것은?

① 가요전선관 안에는 전선에 접속점이 없도록 한다.
② 옥외용 비닐절연전선을 제외한 절연전선을 사용한다.
③ 점검할 수 없는 은폐된 장소에는 1종 가요전선관을 사용할 수 있다.
④ 2종 금속제 가요전선관을 사용하는 경우에 습기 많은 장소에 시설하는 때에는 비닐피복 2종 가요전선관으로 한다.

풀이 232.13 금속제 가요전선관공사
    가. 전선은 절연전선(옥외용 비닐 절연전선을 제외한다)일 것.
    나. 전선은 연선일 것. 다만, 단면적 10[mm^2](알루미늄선은 단면적 16[mm^2]) 이하인 것은 그러하지 아니하다.
    다. 가요전선관 안에는 전선에 접속점이 없도록 할 것.
    라. 가요전선관은 2종 금속제 가요전선관일 것.

정답 73. ② 74. ③

75. 가요전선관 및 부속품의 시설에 대한 내용이다. 다음 ( )에 들어갈 내용으로 옳은 것은?

> 1종 금속제 가요전선관에는 단면적 ( )[mm²] 이상의 나연동선을 전체 길이에 걸쳐 삽입 또는 첨가하여 그 나연동선과 1종 금속제가요전선관을 양쪽 끝에서 전기적으로 완전하게 접속할 것. 다만, 관의 길이가 4[m] 이하인 것을 시설하는 경우에는 그러하지 아니하다.

① 0.75
② 1.5
③ 2.5
④ 4

풀이 ▶ **232.13.3 가요전선관 및 부속품의 시설**
1종 금속제 가요전선관에는 단면적 2.5[mm²] 이상의 나연동선을 전체 길이에 걸쳐 삽입 또는 첨가하여 그 나연동선과 1종 금속제가요전선관을 양쪽 끝에서 전기적으로 완전하게 접속할 것. 다만, 관의 길이가 4[m] 이하인 것을 시설하는 경우에는 그러하지 아니하다.

76. 다음 중 케이블트렌치에 적합한 구조가 아닌 것은?

① 케이블트렌치의 바닥 및 측면에는 방수처리하고 물이 고이지 않도록 할 것
② 케이블트렌치는 외부에서 고형물이 들어가지 않도록 IP2X 이상으로 시설할 것
③ 케이블트렌치의 뚜껑, 받침대 등 금속재는 방식처리를 하지 않도록 할 것
④ 케이블트렌치 굴곡부 안쪽의 반경은 통과하는 전선의 허용곡률반경 이상이어야 하고 배선의 절연피복을 손상시킬 수 있는 돌기가 없는 구조일 것

풀이 ▶ **232.24 케이블트렌치는 다음에 적합한 구조이어야 한다.**
가. 케이블트렌치의 바닥 또는 측면에는 전선의 하중에 충분히 견디고 전선에 손상을 주지 않는 받침대를 설치할 것
나. 케이블트렌치의 뚜껑, 받침대 등 금속재는 내식성의 재료이거나 방식처리를 할 것
다. 케이블트렌치 굴곡부 안쪽의 반경은 통과하는 전선의 허용곡률반경 이상이어야 하고 배선의 절연피복을 손상시킬 수 있는 돌기가 없는 구조일 것
라. 케이블트렌치의 뚜껑은 바닥 마감면과 평평하게 설치하고 장비의 하중 또는 통행 하중 등 충격에 의하여 변형되거나 파손되지 않도록 할 것
마. 케이블트렌치의 바닥 및 측면에는 방수처리하고 물이 고이지 않도록 할 것
바. 케이블트렌치는 외부에서 고형물이 들어가지 않도록 IP2X 이상으로 시설할 것

정답 75. ③ 76. ③

2장 저압전기설비   97

기 19-1, 기 22-3, 산기 23-3, 산기 25-1

77 금속덕트공사에 의한 저압 옥내배선에서, 금속 덕트에 넣은 전선의 단면적의 합계는 덕트 내부 단면적의 얼마이하이어야 하는가?

① 20[%] 이하   ② 30[%] 이하
③ 40[%] 이하   ④ 50[%] 이하

풀이 232.31 금속덕트공사
금속덕트에 넣은 전선의 단면적(절연피복의 단면적을 포함한다)의 합계는 덕트의 내부 단면적의 20[%](전광표시 기타 이와 유사한 장치 또는 제어회로 등의 배선만을 넣는 경우에는 50[%]) 이하일 것.

기 18-1

78 금속덕트공사에 의한 저압 옥내배선공사시설에 대한 설명으로 틀린 것은?

① 덕트에 접지공사를 한다.
② 금속 덕트는 두께 1.0[mm] 이상인 철판으로 제작하고 덕트 상호간에 완전하게 접속한다.
③ 덕트를 조영재에 붙이는 경우 덕트 지지점간의 거리를 3[m] 이하로 견고하게 붙인다.
④ 금속 덕트에 넣은 전선의 단면적의 합계가 덕트의 내부 단면적의 20[%] 이하가 되도록 한다.

풀이 232.31 금속덕트공사
가. 전선은 절연전선(옥외용 비닐절연전선을 제외한다)일 것.
나. 금속덕트에 넣은 전선의 단면적(절연피복의 단면적을 포함한다)의 합계는 덕트의 내부 단면적의 20[%](전광표시 장치, 기타 이와 유사한 장치 또는 제어회로 등의 배선만을 넣는 경우에는 50[%]) 이하일 것.
다. 덕트 상호 간은 견고하고 또한 전기적으로 완전하게 접속할 것.
라. 덕트를 조영재에 붙이는 경우에는 덕트의 지지점 간의 거리를 3[m](수직으로 붙이는 경우에는 6[m]) 이하로 할 것.
마. 덕트의 끝부분은 막을 것.
바. 폭이 50[mm]를 초과하고 또한 두께가 1.2[mm] 이상인 철판 또는 금속제의 것.
사. 덕트는 접지공사를 할 것.

정답 77. ① 78. ②

79 금속덕트공사에 의한 저압 옥내배선 공사 시설 기준에 적합하지 않는 것은?

① 금속 덕트에 넣은 전선의 단면적의 합계가 덕트의 내부 단면적의 20[%] 이하가 되게 하였다.
② 덕트 상호 및 덕트와 금속관과는 전기적으로 완전하게 접속했다.
③ 덕트를 조영재에 붙이는 경우 덕트의 지지점간의 거리를 4[m] 이하로 견고하게 붙였다.
④ 덕트에는 접지공사를 한다.

풀이 232.31 금속덕트공사
가. 전선은 절연전선(옥외용 비닐절연전선을 제외한다)일 것.
나. 금속덕트에 넣은 전선의 단면적(절연피복의 단면적을 포함한다)의 합계는 덕트의 내부 단면적의 20[%](전광표시 장치 기타 이와 유사한 장치 또는 제어회로 등의 배선만을 넣는 경우에는 50[%]) 이하일 것.
다. 금속덕트 안에는 전선에 접속점이 없도록 할 것.
라. 덕트 상호 간은 견고하고 또한 전기적으로 완전하게 접속할 것.
마. **덕트를 조영재에 붙이는 경우에는 덕트의 지지점 간의 거리를 3[m]**(취급자 이외의 자가 출입할 수 없도록 설비한 곳에서 수직으로 붙이는 경우에는 6[m]) 이하로 할 것.
바. 덕트는 접지공사를 할 것.

80 금속덕트공사에 적당하지 않은 것은?

① 전선은 절연전선을 사용한다.
② 덕트의 끝부분은 항시 개방시킨다.
③ 덕트 안에는 전선의 접속점이 없도록 한다.
④ 덕트의 안쪽 면 및 바깥 면에는 산화방지를 위하여 아연도금을 한다.

풀이 232.31 금속덕트공사
가. 전선은 절연전선(옥외용 비닐절연전선을 제외한다)일 것.
나. 금속덕트에 넣은 전선의 단면적(절연피복의 단면적을 포함한다)의 합계는 덕트의 내부 단면적의 20[%](전광표시 장치 기타 이와 유사한 장치 또는 제어회로 등의 배선만을 넣는 경우에는 50[%]) 이하일 것.
다. 금속덕트 안에는 전선에 접속점이 없도록 할 것. 다만, 전선을 분기하는 경우에는 그 접속점을 쉽게 점검할 수 있는 때에는 그러하지 아니하다.
라. 덕트를 조영재에 붙이는 경우에는 덕트의 지지점 간의 거리를 3[m](수직으로 붙이는 경우에는 6[m]) 이하로 할 것.
마. 덕트의 끝부분은 막을 것.
바. 폭이 50[mm]를 초과하고 또한 두께가 1.2[mm] 이상인 철판 또는 금속제의 것.
사. 안쪽 면 및 바깥 면에는 산화 방지를 위하여 아연도금 또는 이와 동등 이상의 효과를 가지는 도장을 한 것일 것.
아. 덕트는 접지공사를 할 것.

정답 79. ③ 80. ②

81 플로어덕트 공사에 의한 저압 옥내배선 공사 시 시설기준으로 틀린 것은?

① 덕트의 끝부분은 막을 것
② 옥외용 비닐절연전선을 사용할 것
③ 덕트 안에는 전선에 접속점이 없도록 할 것
④ 덕트 및 박스 기타의 부속품은 물이 고이는 부분이 없도록 시설하여야 한다.

> **풀이** 232.32 플로어덕트공사
> 가. 전선은 절연전선(옥외용 비닐 절연전선을 제외한다)일 것.
> 나. 전선은 연선일 것. 다만, 단면적 10[mm²](알루미늄선은 단면적 16[mm²]) 이하인 것은 그러하지 아니하다.
> 다. 플로어덕트 안에는 전선에 접속점이 없도록 할 것. 다만, 전선을 분기하는 경우에 접속점을 쉽게 점검할 수 있을 때에는 그러하지 아니하다.
> 라. 덕트 상호 간 및 덕트와 박스 및 인출구와는 견고하고 또한 전기적으로 완전하게 접속할 것.
> 마. 박스 및 인출구는 마루 위로 돌출하지 아니하도록 시설하고 또한 물이 스며들지 아니하도록 밀봉할 것.
> 바. 덕트의 끝부분은 막을 것.
> 사. 덕트는 접지공사를 할 것.

82 플로어덕트공사에 의한 저압 옥내배선에서 연선을 사용하지 않아도 되는 전선(동선)의 단면적은 최대 몇 [mm²]인가?

① 2
② 4
③ 6
④ 10

> **풀이** 232.32 플로어덕트공사
> 플로어덕트공사에 의한 저압 옥내 배선은 다음 각호에 의하여 시설한다.
> 가. 전선은 절연전선(옥외용 비닐 절연전선을 제외한다)일 것.
> 나. 전선은 연선일 것. 다만, 단면적 10[mm²](알루미늄선은 단면적 16[mm²]) 이하인 것은 그러하지 아니하다.
> 다. 플로어덕트 안에는 전선에 접속점이 없도록 할 것. 다만, 전선을 분기하는 경우에 접속점을 쉽게 점검할 수 있을 때에는 그러하지 아니하다.

정답 81. ② 82. ④

83 플로어덕트공사에 의한 저압 옥내배선에서 단선을 사용하여도 되는 전선(동선)의 단면적은 최대 몇 [mm²]인가?

① 2.5[mm²] ② 4[mm²]
③ 6[mm²] ④ 10[mm²]

> **풀이** 232.32 플로어덕트공사
> 플로어덕트공사에 의한 저압 옥내 배선은 다음 각호에 의하여 시설한다.
> 가. 전선은 절연전선(옥외용 비닐 절연전선을 제외한다)일 것.
> 나. 전선은 연선일 것. 다만, 단면적 10[mm²](알루미늄선은 단면적 16[mm²]) 이하인 것은 그러하지 아니하다.
> 다. 플로어덕트 안에는 전선에 접속점이 없도록 할 것. 다만, 전선을 분기하는 경우에 접속점을 쉽게 점검할 수 있을 때에는 그러하지 아니하다.

84 케이블을 지지하기 위하여 사용하는 금속제 케이블 트레이의 종류가 아닌 것은?

① 사다리형 ② 통풍 밀폐형
③ 펀칭형 ④ 바닥 밀폐형

> **풀이** 232.41 케이블트레이공사
> 케이블트레이공사는 케이블을 지지하기 위하여 사용하는 금속재 또는 불연성 재료로 제작된 유닛 또는 유닛의 집합체 및 그에 부속하는 부속재 등으로 구성된 견고한 구조물을 말하며 사다리형, 펀칭형, 메시형, 바닥밀폐형 기타 이와 유사한 구조물을 포함하여 적용한다.

85 케이블트레이 공사에 사용할 수 없는 케이블은?

① 연피 케이블
② 난연성 케이블
③ 캡타이어 케이블
④ 알루미늄피 케이블

> **풀이** 232.41 케이블트레이공사
> 전선은 연피케이블, 알루미늄피 케이블 등 난연성 케이블 또는 기타 케이블(적당한 간격으로 연소방지 조치를 하여야 한다) 또는 금속관 혹은 합성수지관 등에 넣은 절연전선을 사용하여야 한다.

정답 83. ④ 84. ② 85. ③

86 케이블 트레이공사 적용 시 적합한 사항은?

① 난연성 케이블을 사용한다.
② 케이블 트레이의 안전율은 2.0 이상으로 한다.
③ 케이블 트레이 안에서 전선접속은 허용하지 않는다.
④ 사용전압이 400[V] 미만인 경우 접지공사를 하지 않는다.

풀이 232.41 케이블트레이공사
가. 전선은 연피케이블, 알루미늄피 케이블 등 난연성 케이블 또는 기타 케이블(적당한 간격으로 연소방지 조치를 하여야 한다) 또는 금속관 혹은 합성수지관 등에 넣은 절연전선을 사용하여야 한다.
나. 케이블트레이 안에서 전선을 접속하는 경우에는 전선 접속부분에 사람이 접근할 수 있고 또한 그 부분이 측면 레일 위로 나오지 않도록 하고 그 부분을 절연처리하여야 한다.
다. 케이블 트레이의 안전율은 1.5 이상으로 하여야 한다.
라. 금속재의 것은 적절한 방식처리를 한 것이거나 내식성 재료의 것이어야 한다.
마. 비금속제 케이블 트레이는 난연성 재료의 것이어야 한다.
바. 금속제 케이블 트레이 계통은 기계적 및 전기적으로 완전하게 접속하여야 하며 금속제 트레이는 접지공사를 하여야 한다.

87 케이블 트레이공사에 사용하는 케이블트레이의 시설기준으로 틀린 것은?

① 케이블 트레이 안전율은 1.3 이상이어야 한다.
② 비금속제 케이블 트레이는 난연성 재료의 것이어야 한다.
③ 전선의 피복 등을 손상시킬 돌기 등이 없이 매끈해야 한다.
④ 금속제 트레이에 접지공사를 하여야 한다.

풀이 232.41 케이블트레이공사
가. 전선은 연피케이블, 알루미늄피 케이블 등 난연성 케이블 또는 기타 케이블(적당한 간격으로 연소방지 조치를 하여야 한다) 또는 금속관 혹은 합성수지관 등에 넣은 절연전선을 사용하여야 한다.
나. 케이블 트레이의 안전율은 1.5 이상으로 하여야 한다.
다. 금속재의 것은 적절한 방식처리를 한 것이거나 내식성 재료의 것이어야 한다.
라. 비금속제 케이블 트레이는 난연성 재료의 것이어야 한다.
마. 금속제 케이블 트레이 계통은 기계적 및 전기적으로 완전하게 접속하여야 하며 금속제 트레이는 접지공사를 하여야 한다.

정답 86. ① 87. ①

88. 케이블 트레이공사에 사용하는 케이블 트레이에 대한 기준으로 틀린 것은?

① 안전율은 1.5 이상으로 하여야 한다.
② 비금속제 케이블 트레이는 수밀성 재료의 것이어야 한다.
③ 금속제 케이블 트레이 계통은 기계적 및 전기적으로 완전하게 접속하여야 한다.
④ 금속제 케이블 트레이는 접지공사를 하여야 한다.

풀이 232.41 케이블트레이공사
케이블트레이공사는 케이블을 지지하기 위하여 사용하는 금속재 또는 불연성 재료로 제작된 유닛 또는 유닛의 집합체 및 그에 부속하는 부속재 등으로 구성된 견고한 구조물을 말하며 사다리형, 펀칭형, 메시형, 바닥밀폐형 기타 이와 유사한 구조물을 포함하여 적용한다.
가. 케이블 트레이의 안전율은 1.5 이상으로 하여야 한다.
나. 금속재의 것은 적절한 방식처리를 한 것이거나 내식성 재료의 것이어야 한다.
다. 비금속제 케이블 트레이는 난연성 재료의 것이어야 한다.
라. 금속제 케이블 트레이 계통은 기계적 및 전기적으로 완전하게 접속하여야 하며 금속제 트레이는 접지공사를 하여야 한다.

89. 케이블트레이공사에 사용하는 케이블 트레이에 적합하지 않은 것은?

① 비금속제 케이블 트레이는 난연성 재료가 아니어도 된다.
② 금속재의 것은 적절한 방식처리를 한 것이거나 내식성 재료의 것이어야 한다.
③ 금속제 케이블 트레이 계통은 기계적 및 전기적으로 완전하게 접속하여야 한다.
④ 케이블 트레이가 방화구획의 벽 등을 관통하는 경우에 관통부는 불연성의 물질로 충전하여야 한다.

풀이 232.41 케이블트레이공사
케이블트레이공사는 케이블을 지지하기 위하여 사용하는 금속재 또는 불연성 재료로 제작된 유닛 또는 유닛의 집합체 및 그에 부속하는 부속재 등으로 구성된 견고한 구조물을 말하며 사다리형, 펀칭형, 메시형, 바닥밀폐형 기타 이와 유사한 구조물을 포함하여 적용한다.
가. 케이블 트레이의 안전율은 1.5 이상으로 하여야 한다.
나. 금속재의 것은 적절한 방식처리를 한 것이거나 내식성 재료의 것이어야 한다.
다. 비금속제 케이블 트레이는 난연성 재료의 것이어야 한다.
라. 금속제 케이블 트레이 계통은 기계적 및 전기적으로 완전하게 접속하여야 하며 금속제 트레이는 접지공사를 하여야 한다.

정답 88. ② 89. ①

90 애자공사에 의한 저압 옥내배선 시설 중 틀린 것은?

기 18-2

① 전선은 인입용 비닐 절연전선일 것
② 전선 상호 간의 간격은 6[cm] 이상일 것
③ 전선의 지지점 간의 거리는 전선을 조영재의 윗면에 따라 붙일 경우에는 2[m] 이하일 것
④ 전선과 조영재 사이의 이격거리는 사용전압이 400[V] 이하인 경우에는 2.5[cm] 이상일 것

풀이 232.56 애자공사

가. 전선의 종류 : 절연 전선. 단, 옥외용 비닐 절연 전선(OW) 및 인입용 비닐 절연 전선(DV)은 제외한다.

나. 이격 거리

전압		전선과 조영재와의 이격 거리		전선 상호 간격	전선 지지점간의 거리	
					조영재의 윗면 또는 옆면에 따라 시설	조영재에 따라 시설하지 않는 경우
저압	400[V] 이하	2.5[cm] 이상		6[cm] 이상	2[m] 이하	-
	400[V] 초과	건조한 장소	2.5[cm] 이상			6[m] 이하
		기타의 장소	4.5[cm] 이상			

91 애자공사에 의한 저압 옥내배선 시 전선 상호간의 간격은 몇 [cm] 이상인가?

기 16-2, 산기 25-1

① 2　　　　　　　　　② 4
③ 6　　　　　　　　　④ 8

풀이 232.56 애자공사

가. 전선의 종류 : 절연 전선. 단, 옥외용 비닐 절연 전선(OW) 및 인입용 비닐 절연 전선(DV)은 제외한다.

나. 이격 거리

전압		전선과 조영재와의 이격 거리		전선 상호 간격	전선 지지점간의 거리	
					조영재의 윗면 또는 옆면에 따라 시설	조영재에 따라 시설하지 않는 경우
저압	400[V] 이하	2.5[cm] 이상		6[cm] 이상	2[m] 이하	-
	400[V] 초과	건조한 장소	2.5[cm] 이상			6[m] 이하
		기타의 장소	4.5[cm] 이상			

정답 90. ①　91. ③

92 사용전압이 400[V] 이하인 저압 옥측전선로를 애자공사에 의해 시설하는 경우 전선 상호 간의 간격은 몇 [m] 이상이어야 하는가? (단, 비나 이슬에 젖지 않는 장소에 사람이 쉽게 접촉될 우려가 없도록 시설한 경우이다.)

① 0.025
② 0.045
③ 0.06
④ 0.12

풀이 232.56 애자공사

가. 전선의 종류 : 절연 전선. 단, 옥외용 비닐 절연 전선(OW) 및 인입용 비닐 절연 전선(DV)은 제외한다.

나. 이격 거리

전 압		전선과 조영재와의 이격 거리	전선 상호 간격	전선 지지점간의 거리	
				조영재의 윗면 또는 옆면에 따라 시설	조영재에 따라 시설하지 않는 경우
저압	400[V] 이하	2.5[cm] 이상	6[cm] 이상	2[m] 이하	−
	400[V] 초과	건조한 장소 2.5[cm] 이상			6[m] 이하
		기타의 장소 4.5[cm] 이상			

93 건조한 장소에 시설하는 애자공사로 사용전압이 440[V]인 경우 전선과 조영재와의 이격거리는 최소 몇 [cm] 이상이어야 하는가?

① 2.5
② 3.5
③ 4.5
④ 5.5

풀이 232.56 애자공사

가. 전선은 절연전선(옥외용 비닐 절연전선 및 인입용 비닐 절연전선을 제외한다)일 것.

나. 이격거리

전 압		전선과 조영재와의 이격 거리	전선 상호 간격	전선 지지점간의 거리	
				조영재의 윗면 또는 옆면에 따라 시설	조영재에 따라 시설하지 않는 경우
저압	400[V] 이하	2.5[cm] 이상	6[cm] 이상	2[m] 이하	−
	400[V] 초과	건조한 장소 2.5[cm] 이상			6[m] 이하
		기타의 장소 4.5[cm] 이상			

정답 92. ③ 93. ①

94 애자공사를 습기가 많은 장소에 시설하는 경우 전선과 조영재 사이의 이격거리는 몇 [cm] 이상이어야 하는가? (단, 사용전압은 440[V]인 경우이다.)

① 2.0　　　　　　　　② 2.5
③ 4.5　　　　　　　　④ 6.0

풀이 232.56 애자공사
가. 전선의 종류 : 절연 전선. 단, 옥외용 비닐 절연 전선(OW) 및 인입용 비닐 절연 전선(DV)은 제외한다.
나. 이격 거리

전압		전선과 조영재와의 이격 거리		전선 상호 간격	전선 지지점간의 거리	
					조영재의 윗면 또는 옆면에 따라 시설	조영재에 따라 시설하지 않는 경우
저압	400[V] 이하	2.5[cm] 이상		6[cm] 이상	2[m] 이하	–
	400[V] 초과	건조한 장소	2.5[cm] 이상			6[m] 이하
		기타의 장소	4.5[cm] 이상			

95 애자공사에 의한 저압 옥내배선을 시설할 때 전선의 지지점간의 거리는 전선을 조영재의 윗면 또는 옆면에 따라 붙일 경우 몇 [m] 이하인가?

① 1.5　　　　　　　　② 2
③ 2.5　　　　　　　　④ 3

풀이 232.56 애자공사
가. 전선의 종류 : 절연 전선. 단, 옥외용 비닐 절연 전선(OW) 및 인입용 비닐 절연 전선(DV)은 제외한다.
나. 이격 거리

전압		전선과 조영재와의 이격 거리		전선 상호 간격	전선 지지점간의 거리	
					조영재의 윗면 또는 옆면에 따라 시설	조영재에 따라 시설하지 않는 경우
저압	400[V] 이하	2.5[cm] 이상		6[cm] 이상	2[m] 이하	–
	400[V] 초과	건조한 장소	2.5[cm] 이상			6[m] 이하
		기타의 장소	4.5[cm] 이상			

정답 94. ③　95. ②

96 버스덕트공사에 대한 설명 중 옳은 것은?

① 버스덕트 끝부분을 개방 할 것
② 덕트를 수직으로 붙이는 경우 지지점간 거리는 12[m] 이하로 할 것
③ 덕트를 조용재에 붙이는 경우 덕트의 지지점간 거리는 6[m] 이하로 할 것
④ 덕트에 접지공사를 할 것

풀이 **232.61 버스덕트공사**
가. 덕트 상호 간 및 전선 상호 간은 견고하고 또한 전기적으로 완전하게 접속할 것.
나. 덕트를 조영재에 붙이는 경우에는 덕트의 지지점 간의 거리를 3[m](수직으로 붙이는 경우에는 6[m]) 이하로 하고 또한 견고하게 붙일 것.
다. 덕트(환기형의 것을 제외한다)의 끝부분은 막을 것.
라. 덕트(환기형의 것을 제외한다)의 내부에 먼지가 침입하지 아니하도록 할 것.
마. 덕트는 접지공사를 할 것.

97 버스 덕트 공사에 의한 저압 옥내배선 시설공사에 대한 설명으로 틀린 것은?

① 덕트(환기형의 것을 제외)의 끝부분은 막지 말 것
② 덕트에 접지공사를 할 것
③ 덕트(환기형이 것을 제외)의 내부에 먼지가 침입하지 아니하도록 할 것
④ 덕트 상호 간 및 전선 상호 간은 견고하고 또한 전기적으로 완전하게 접속할 것

풀이 **232.61 버스덕트공사**
가. 덕트 상호 간 및 전선 상호 간은 견고하고 또한 전기적으로 완전하게 접속할 것.
나. 덕트를 조영재에 붙이는 경우에는 덕트의 지지점 간의 거리를 3[m](수직으로 붙이는 경우에는 6[m]) 이하로 하고 또한 견고하게 붙일 것.
다. 덕트(환기형의 것을 제외한다)의 끝부분은 막을 것.
라. 덕트(환기형의 것을 제외한다)의 내부에 먼지가 침입하지 아니하도록 할 것.
마. 덕트는 접지공사를 할 것.

정답 96. ④ 97. ①

98 라이팅덕트공사에 의한 저압 옥내배선 공사 시설 기준으로 틀린 것은?

① 덕트의 끝부분은 막을 것
② 덕트는 조영재에 견고하게 붙일 것
③ 덕트는 조영재를 관통하여 시설할 것
④ 덕트의 지지점 간의 거리는 2[m] 이하로 할 것

> **풀이** 232.71 라이팅덕트공사
> 가. 덕트는 조영재에 견고하게 붙일 것.
> 나. 덕트의 지지점 간의 거리는 2 [m] 이하로 할 것.
> 다. 덕트의 끝부분은 막을 것.
> 라. 덕트의 개구부는 아래로 향하여 시설할 것.
> 마. 덕트는 조영재를 관통하여 시설하지 아니할 것.
> 바. 덕트를 사람이 용이하게 접촉할 우려가 있는 장소에 시설하는 경우에는 전로에 지락이 생겼을 때에 자동적으로 전로를 차단하는 장치를 시설할 것.

99 사용전압이 440[V]인 이동기중기용 접촉전선을 애자공사에 의하여 옥내의 전개된 장소에 시설하는 경우 사용하는 전선으로 옳은 것은?

① 인장강도가 3.44[kN] 이상인 것 또는 지름 2.6[mm]의 경동선으로 단면적이 8[mm^2] 이상인 것
② 인장강도가 3.44[kN] 이상인 것 또는 지름 3.2[mm]의 경동선으로 단면적이 18[mm^2] 이상인 것
③ 인장강도가 11.2[kN] 이상인 것 또는 지름 6[mm]의 경동선으로 단면적이 28[mm^2] 이상인 것
④ 인장강도가 11.2[kN] 이상인 것 또는 지름 8[mm]의 경동선으로 단면적이 18[mm^2] 이상인 것

> **풀이** 232.81 옥내에 시설하는 저압 접촉전선 배선
> 전선은 인장강도 11.2[kN] 이상의 것 또는 지름 6[mm]의 경동선으로 단면적이 28[mm^2] 이상인 것일 것. 다만, 사용전압이 400[V] 이하인 경우에는 인장강도 3.44[kN] 이상의 것 또는 지름 3.2[mm]이상의 경동선으로 단면적이 8[mm^2] 이상인 것을 사용할 수 있다.

정답 98. ③ 99. ③

산기 24-3
100 제작자에 의해 다른 정보가 주어지지 않은 경우 모든 방향에서 가연성 재료와 스포트라이트나 프로젝터와 의 최소 이격 거리에 대한 설명 중 옳지 않은 것은?

① 정격용량 100[W] 이하: 0.3[m]
② 정격용량 100[W] 초과 300[W] 이하: 0.8[m]
③ 정격용량 300[W] 초과 500[W] 이하: 1.0[m]
④ 정격용량 500[W] 초과: 1.0[m] 초과

> **풀이** 234.1.3 열 영향에 대한 주변의 보호
> 제작자에 의해 다른 정보가 주어지지 않으면, 스포트라이트나 프로젝터는 모든 방향에서 가연성 재료로부터 다음의 최소 거리를 두고 설치하여야 한다.
> (1) **정격용량 100[W] 이하 : 0.5[m]**
> (2) 정격용량 100[W] 초과 300[W] 이하 : 0.8[m]
> (3) 정격용량 300[W] 초과 500[W] 이하 : 1.0[m]
> (4) 정격용량 500[W] 초과 : 1.0[m] 초과

산기 22-3
101 옥내에 시설하는 사용전압 400[V] 이하의 이동전선으로 사용할 수 없는 전선은?

① 면절연전선
② 고무코드전선
③ 용접용케이블
④ 고무절연 클로로프렌 캡타이어 케이블

> **풀이** 234.3 코드 및 이동전선
> 가. 조명용 전원코드 또는 이동전선은 단면적 0.75[mm^2] 이상의 코드 또는 캡타이어케이블을 용도에 따라서 선정하여야 한다.
> 나. 옥내에서 조명용 전원코드 또는 이동전선을 습기가 많은 장소에 시설할 경우에는 고무코드(사용전압이 400[V] 이하인 경우에 한함) 또는 0.6/1 [kV] EP 고무 절연 클로로프렌캡타이어케이블로서 단면적이 0.75[mm^2] 이상인 것이어야 한다.

정답 100. ① 101. ①

기 21-2, 산기 25-2

102 아파트 세대 욕실에 "비데용 콘센트"를 시설하고자 한다. 다음의 시설방법 중 적합하지 않은 것은?

① 콘센트는 접지극이 없는 것을 사용한다.
② 습기가 많은 장소에 시설하는 콘센트는 방습장치를 하여야 한다.
③ 콘센트를 시설하는 경우에는 절연변압기(정격용량 3[kVA] 이하인 것에 한한다.)로 보호된 전로에 접속하여야 한다.
④ 콘센트를 시설하는 경우에는 인체감전보호용 누전차단기(정격감도전류 15[mA] 이하, 동작시간 0.03초 이하의 전류동작형의 것에 한한다.)로 보호된 전로에 접속하여야 한다.

> **풀이** 234.5 콘센트의 시설
> 욕조나 샤워시설이 있는 욕실 또는 화장실 등 인체가 물에 젖어있는 상태에서 전기를 사용하는 장소에 콘센트를 시설하는 경우에는 다음에 따라 시설하여야 한다.
> 가. 인체감전보호용 누전차단기(정격감도전류 15[mA] 이하, 동작시간 0.03[초] 이하의 전류동작형의 것에 한한다) 또는 절연변압기(정격용량 3[kVA] 이하인 것에 한한다)로 보호된 전로에 접속하거나, 인체감전보호용 누전차단기가 부착된 콘센트를 시설하여야 한다.
> 나. 콘센트는 접지극이 있는 방적형 콘센트를 사용하여 규정에 준하여 접지하여야 한다.

기 18-2, 기 22-2

103 샤워시설이 있는 욕실 등 인체가 물에 젖어있는 상태에서 전기를 사용하는 장소에 콘센트를 시설할 경우 인체감전보호용 누전차단기의 정격감도전류는 몇 [mA] 이하인가?

① 5
② 10
③ 15
④ 30

> **풀이** 234.5 콘센트의 시설
> 욕조나 샤워시설이 있는 욕실 또는 화장실 등 인체가 물에 젖어있는 상태에서 전기를 사용하는 장소에 콘센트를 시설하는 경우에는 다음에 따라 시설하여야한다.
> 가. 인체감전보호용 누전차단기(정격감도전류 15[mA] 이하, 동작시간 0.03[초] 이하의 전류동작형의 것에 한한다) 또는 절연변압기(정격용량 3[kVA] 이하인 것에 한한다)로 보호된 전로에 접속하거나, 인체감전보호용 누전차단기가 부착된 콘센트를 시설하여야 한다.
> 나. 콘센트는 접지극이 있는 방적형 콘센트를 사용하여 규정에 준하여 접지하여야 한다.

정답 102. ① 103. ③

104 점멸기의 시설에서 센서등(타임스위치 포함)을 시설하여야 하는 곳은?

① 공장 ② 상점
③ 사무실 ④ 아파트 현관

풀이 234.6 점멸기의 시설
다음의 경우에는 센서등(타임스위치 포함)을 시설하여야 한다.
가. 관광숙박업 또는 숙박업(여인숙업을 제외한다)에 이용되는 객실의 입구등은 1분 이내에 소등되는 것.
나. 일반주택 및 아파트 각 호실의 현관등은 3분 이내에 소등되는 것.

105 일반 주택 및 아파트 각 호실의 현관등은 몇 분 이내에 소등 되도록 타임스위치를 시설하여야 하는가?

① 3 ② 4
③ 5 ④ 6

풀이 234.6 점멸기의 시설
다음의 경우에는 센서등(타임스위치 포함)을 시설하여야 한다.
가. 관광숙박업 또는 숙박업(여인숙업을 제외한다)에 이용되는 객실의 입구등은 1분 이내에 소등되는 것.
나. 일반주택 및 아파트 각 호실의 현관등은 3분 이내에 소등되는 것.

106 관광숙박업 또는 숙박업을 하는 객실의 입구등에 조명용 전등을 설치할 때는 몇 분 이내에 소등되는 타임스위치를 시설하여야 하는가?

① 1 ② 3
③ 5 ④ 10

풀이 234.6 점멸기의 시설
다음의 경우에는 센서등(타임스위치 포함)을 시설하여야 한다.
가. 관광숙박업 또는 숙박업(여인숙업을 제외한다)에 이용되는 객실의 입구등은 1분 이내에 소등되는 것.
나. 일반주택 및 아파트 각 호실의 현관등은 3분 이내에 소등되는 것.

정답 104. ④ 105. ① 106. ①

107 진열장 내의 배선에 사용전압 400[V] 이하에 사용하는 캡타이어 케이블의 단면적은 최소 몇 [mm²]인가?

① 1.25
② 1.0
③ 0.75
④ 0.5

풀이 234.8 진열장 또는 이와 유사한 것의 내부 배선
  가. 사용전압 : 400[V] 이하
  나. 전선의 굵기 : 단면적 0.75[mm²] 이상
  다. 전선의 종류 : 코드 또는 캡타이어 케이블

108 전주외등에 사용하는 조명기구로서 적합하지 않은 것은?

① 기구의 부착밴드 및 부착용 부속금구류는 쉽게 뗄 수 없는 것일 것.
② 기구는 「전기용품 및 생활용품 안전관리법」에 적합한 것.
③ 기구는 전구를 쉽게 갈아 끼울 수 있는 구조일 것.
④ 기구의 인출선은 도체단면적이 0.75[mm²] 이상일 것.

풀이 234.10 전주외등
  234.10.2 조명기구 및 부착금구
  조명기구(이하 "기구"라 한다) 및 부착금구는 다음에 적합하여야 한다.
  1. 기구는 「전기용품 및 생활용품 안전관리법」또는 「산업표준화법」에 적합한 것.
  2. 기구는 광원의 손상을 방지하기 위하여 원칙적으로 갓 또는 글로브가 붙은 것.
  3. 기구는 전구를 쉽게 갈아 끼울 수 있는 구조일 것.
  4. 기구의 인출선은 도체단면적이 0.75[mm²] 이상일 것.
  5. 기구의 부착밴드 및 부착용 부속금구류는 아연도금하여 방식 처리한 강판제 또는 스테인레스제이고, 또한 쉽게 부착할 수도 있고 뗄 수도 있는 것일 것.
  6. 가로등, 보안등에 LED 등기구를 사용하는 경우에는 KS C 7658(LED 가로등 및 보안등기구의 안전 및 성능요구사항)에 적합한 것을 시설할 것.

정답 107. ③ 108. ①

기 21-3

109 전주외등의 시설 시 사용하는 공사방법으로 틀린 것은?

① 애자공사　　　　② 케이블공사
③ 금속관공사　　　④ 합성수지관공사

> 풀이　234.10 전주외등
> 234.10.1 적용범위
> 　이 규정은 대지전압 300[V] 이하의 형광등, 고압방전등, LED등 등을 배전선로의 지지물 등에 시설하는 경우에 적용한다.
> 234.10.2 배선
> 　배선은 단면적 2.5[mm²] 이상의 절연전선 또는 이와 동등 이상의 절연효력이 있는 것을 사용하고 다음 배선방법 중에서 시설하여야 한다.
> 　1. 케이블공사
> 　2. 합성수지관공사
> 　3. 금속관공사

기 18-3

110 1[kV] 이하인 방전등용 안정기를 저압의 옥내배선과 직접 접속하여 시설할 경우 옥내전로의 대지전압은 최대 몇 [V] 인가?

① 100　　　　② 150
③ 300　　　　④ 450

> 풀이　234.11 1[kV] 이하 방전등
> 　관등회로의 사용전압이 1[kV] 이하인 방전등을 시설할 경우 방전등에 전기를 공급하는 전로의 대지전압은 300[V] 이하로 하여야 하며 다음에 따른다. 다만, 대지전압이 150[V] 이하의 것은 적용하지 않는다.
> 　가. 방전등은 사람이 접촉될 우려가 없도록 시설할 것.
> 　나. 방전등용 안정기는 옥내배선과 직접 접속하여 시설할 것.

산기 22-3

111 사용전압이 1[kV] 이하인 방전등에 전기를 공급하는 옥내전로의 대지전압은 몇 [V] 이하이어야 하는가?

① 150　　　　② 220
③ 300　　　　④ 600

> 풀이　234.11 1[kV] 이하 방전등
> 　관등회로의 사용전압이 1[kV] 이하인 방전등을 옥내에 시설할 경우 방전등에 전기를 공급하는 전로의 대지전압은 300[V] 이하로 하여야 한다.

정답　109. ①　110. ③　111. ③

112 옥내에 시설하는 사용 전압이 400[V] 초과 1000[V] 이하인 전개된 장소로서 건조한 장소가 아닌 기타의 장소의 관등회로 배선공사로서 적합한 것은?

① 애자공사
② 금속몰드공사
③ 금속덕트공사
④ 합성수지몰드공사

풀이 234.11 1[kV] 이하 방전등

관등회로의 사용전압이 400[V] 초과이고, 1[kV] 이하인 배선은 그 시설장소에 따라 합성수지관공사 · 금속관공사 · 가요전선관공사나 케이블공사 또는 표 중 어느 한 방법에 의하여야 한다.

표. 관등회로의 배선방식

시설장소의 구분		배선방법
전개된 장소	건조한 장소	애자공사 · 합성수지몰드공사 또는 금속몰드공사
	기타의 장소	애자공사
점검할 수 있는 은폐된 장소	건조한 장소	금속몰드공사

113 관등회로의 사용전압이 400[V] 초과이고, 1[kV] 이하인 배선은 애자공사일 경우 전선 상호간의 거리가 몇 [cm] 이상 이어야 하는가?

① 3
② 6
③ 9
④ 12

풀이 234.11.4 관등회로의 배선

관등회로의 사용전압이 400[V] 초과이고, 1[kV] 이하인 배선은 애자공사일 경우 전선에 사람이 쉽게 접촉될 우려가 없도록 다음 표에 의하여 시설하여야 한다.

애자공사의 시설

공사 방법	전선 상호 간의 거리	전선과 조영재의 거리	전선 지지점간의 거리	
			관등회로의 전압이 400[V] 초과 600[V] 이하의 것.	관등회로의 전압이 600[V] 초과 1[kV] 이하의 것.
애자공사	60[mm] 이상	25[mm] 이상 (습기가 많은 장소는 45[mm] 이상)	2[m] 이하	1[m] 이하

정답 112. ① 113. ②

114 방전등용 변압기의 2차 단락전류나 관등회로의 동작전류가 몇 [mA] 이하인 방전등을 시설하는 경우 방전등용 안정기의 외함 및 방전등용 전등기구의 금속제 부분에 옥내 방전등 공사의 접지공사를 하지 않아도 되는가? 단, 방전등용 안정기를 외함에 넣고 또한 그 외함과 방전등용 안정기를 넣을 방전등용 전등기구를 전기적으로 접속하지 않도록 시설한다고 한다.

① 25[mA]　　② 50[mA]
③ 75[mA]　　④ 100[mA]

풀이 234.11.5 접지
1. 방전등용 안정기의 외함 및 전등기구의 금속제부분에는 규정에 준하여 접지공사를 하여야 한다.
2. 상기의 접지공사는 다음에 해당될 경우는 생략할 수 있다.
　가. 관등회로의 사용전압이 대지전압 150[V] 이하의 것을 건조한 장소에서 시공할 경우
　나. 관등회로의 사용전압이 400[V] 이하 또는 변압기의 정격 2차 단락전류 혹은 회로의 동작전류가 50[mA] 이하의 것으로 안정기를 외함에 넣고, 이것을 조명기구와 전기적으로 접속되지 않도록 시설할 경우

115 네온방전등의 관등회로의 전선을 애자공사에 의해 자기 또는 유리제 등의 애자로 견고하게 지지하여 조영재의 아랫면 또는 옆면에 부착한 경우 전선 상호 간의 이격거리는 몇 [mm] 이상이어야 하는가?

① 30　　② 60
③ 80　　④ 100

풀이 234.12 네온방전등
네온방전등에 공급하는 전로의 대지전압은 300[V] 이하로 하여야 하며, 다음에 의하여 시설하여야 한다. 다만, 네온방전등에 공급하는 전로의 대지전압이 150[V] 이하인 경우는 적용하지 않는다.
가. 네온변압기는 옥내배선과 직접 접촉하여 시설할 것.
나. 관등회로의 배선은 애자공사로 다음에 따라서 시설하여야 한다.
　① 전선은 네온관용전선을 사용할 것.
　② 전선은 자기 또는 유리제 등의 애자로 견고하게 지지하여 조영재의 아랫면 또는 옆면에 부착하고 전선 상호간의 이격거리는 60[mm] 이상일 것.
　③ 전선지지점간의 거리는 1[m] 이하로 할 것.
　④ 애자는 절연성·난연성 및 내수성이 있는 것일 것

정답 114. ②　115. ②

116 풀용 수중조명등에 사용되는 절연 변압기의 2차측 전로의 사용전압이 몇 [V]를 초과하는 경우에는 그 전로에 지락이 생겼을 때에 자동적으로 전로를 차단하는 장치를 하여야 하는가?

① 30
② 60
③ 150
④ 300

풀이 234.14 수중조명등
가. 수영장 기타 이와 유사한 장소에 사용하는 수중조명등에 전기를 공급하기 위해서는 절연변압기를 사용하여야 한다.
나. 절연변압기의 2차측 전로의 사용전압이 30[V]를 초과하는 경우, 그 전로에 지락이 생겼을 때에 자동적으로 전로를 차단하는 정격감도전류 30[mA] 이하의 누전차단기를 시설하여야 한다.

117 풀용 수중 조명등에 전기를 공급하기 위하여 사용되는 절연 변압기 1차측 및 2차측 전로의 사용 전압은 각각 최대 몇 [V]인가?

① 300, 100
② 400, 150
③ 200, 150
④ 600, 300

풀이 234.14 수중조명등
수영장 기타 이와 유사한 장소에 사용하는 수중조명등(이하 "수중조명등"이라 한다)에 전기를 공급하기 위해서는 절연변압기를 사용하고, 그 사용전압은 다음에 의하여야 한다.
1. 절연변압기의 1차측 전로의 사용전압은 400[V] 이하일 것.
2. 절연변압기의 2차측 전로의 사용전압은 150[V] 이하일 것.

118 풀용 수중조명등의 시설공사에서 절연변압기는 그 2차측 전로의 사용전압이 몇 [V] 이하인 경우에는 1차 권선과 2차 권선 사이에 금속제의 혼촉방지판을 설치하여야 하는가?

① 30[V]
② 50[V]
③ 60[V]
④ 100[V]

풀이 234.14 수중조명등
수중조명등의 절연변압기는 그 2차측 전로의 사용전압이 30[V] 이하인 경우는 1차권선과 2차권선 사이에 금속제의 혼촉방지판을 설치하고, 규정에 준하여 접지공사를 하여야 한다.

정답 116. ① 117. ② 118. ①

119 교통신호등 회로의 사용전압은 최대 몇 [V]인가?

① 100
② 200
③ 300
④ 400

풀이 234.15 교통신호등
사용전압은 300[V] 이하로서, 전선은 케이블을 제외하고 2.5[mm²]의 연동선일 것.

120 교통신호등 회로의 사용전압이 몇 [V]를 넘는 경우는 전로에 지락이 생겼을 경우 자동적으로 전로를 차단하는 누전차단기를 시설하는가?

① 60
② 150
③ 300
④ 450

풀이 234.15.4 누전차단기
교통신호등 회로의 사용전압이 150[V]를 넘는 경우는 전로에 지락이 생겼을 경우 자동적으로 전로를 차단하는 누전차단기를 시설할 것.

121 전기울타리용 전원 장치에 전기를 공급하는 전로의 사용전압은 몇 [V] 이하이어야 하는가?

① 150
② 200
③ 250
④ 300

풀이 241.1 전기울타리
가. 전기울타리용 전원장치에 전원을 공급하는 전로의 사용전압은 250[V] 이하이어야 한다.
나. 전기울타리는 사람이 쉽게 출입하지 아니하는 곳에 시설할 것.
다. 전선은 인장강도 1.38[kN] 이상의 것 또는 지름 2[mm] 이상의 경동선일 것.
라. 전선과 이를 지지하는 기둥 사이의 이격거리는 25[mm] 이상일 것.
마. 전선과 다른 시설물(가공 전선을 제외한다) 또는 수목과의 이격거리는 0.3[m] 이상일 것.

정답 119. ③ 120. ② 121. ③

122. 목장에서 가축의 탈출을 방지하기 위하여 전기울타리를 시설하는 경우 전선은 인장강도가 몇 [kN] 이상의 것이어야 하는가?

① 1.38
② 2.78
③ 4.43
④ 5.93

풀이 241.1 전기울타리
가. 전기울타리용 전원장치에 전원을 공급하는 전로의 사용전압은 250[V] 이하이어야 한다.
나. 전기울타리는 사람이 쉽게 출입하지 아니하는 곳에 시설할 것.
다. 전선은 인장강도 1.38[kN] 이상의 것 또는 지름 2[mm] 이상의 경동선일 것.
라. 전선과 이를 지지하는 기둥 사이의 이격거리는 25[mm] 이상일 것.
마. 전선과 다른 시설물(가공 전선을 제외한다) 또는 수목과의 이격거리는 0.3[m] 이상일 것.

123. 전기 울타리의 시설에 사용되는 전선은 지름 몇 [mm] 이상의 경동선인가?

① 2.0
② 2.6
③ 3.2
④ 4.0

풀이 241.1 전기울타리
가. 전기울타리용 전원장치에 전원을 공급하는 전로의 사용전압은 250[V] 이하이어야 한다.
나. 전기울타리는 사람이 쉽게 출입하지 아니하는 곳에 시설할 것.
다. 전선은 인장강도 1.38[kN] 이상의 것 또는 지름 2[mm] 이상의 경동선일 것.
라. 전선과 이를 지지하는 기둥 사이의 이격거리는 25[mm] 이상일 것.
마. 전선과 다른 시설물(가공 전선을 제외한다) 또는 수목과의 이격거리는 0.3[m] 이상일 것.

124. 전기울타리의 시설에 관한 규정 중 틀린 것은?

① 전선과 수목 사이의 이격거리는 50[cm]이상 이어야 한다.
② 전기울타리는 사람이 쉽게 출입하지 아니하는 곳에 시설하여야 한다.
③ 전선은 인장강도 1.38[kN]이상의 것 또는 지름 2[mm] 이상의 경동선이어야 한다.
④ 전기울타리용 전원 장치에 전기를 공급하는 전로의 사용전압은 250[V]이하이어야 한다.

풀이 241.1 전기울타리
가. 전기울타리용 전원장치에 전원을 공급하는 전로의 사용전압은 250[V] 이하이어야 한다.
나. 전기울타리는 사람이 쉽게 출입하지 아니하는 곳에 시설할 것.
다. 전선은 인장강도 1.38[kN] 이상의 것 또는 지름 2[mm] 이상의 경동선일 것.
라. 전선과 이를 지지하는 기둥 사이의 이격거리는 25[mm] 이상일 것.
마. 전선과 다른 시설물(가공 전선을 제외한다) 또는 수목과의 이격거리는 0.3[m] 이상일 것.

정답 122. ① 123. ① 124. ①

125 전기 울타리의 시설에 관한 설명으로 틀린 것은?

① 전원장치에 전기를 공급하는 전로의 사용전압은 600[V] 이하이어야 한다.
② 사람이 쉽게 출입하지 아니하는 곳에 시설한다.
③ 전선은 지름 2[mm] 이상의 경동선을 사용한다.
④ 수목 사이의 이격거리는 30[cm] 이상이어야 한다.

풀이 241.1 전기울타리
가. 전기울타리용 전원장치에 전원을 공급하는 전로의 **사용전압은 250[V] 이하**이어야 한다.
나. 전기울타리는 사람이 쉽게 출입하지 아니하는 곳에 시설할 것.
다. 전선은 인장강도 1.38[kN] 이상의 것 또는 지름 2[mm] 이상의 경동선일 것.
라. 전선과 이를 지지하는 기둥 사이의 이격거리는 25[mm] 이상일 것.
마. 전선과 다른 시설물(가공 전선을 제외한다) 또는 수목과의 이격거리는 0.3[m] 이상일 것.

126 전기울타리의 접지전극과 다른 접지 계통의 접지전극의 거리는 몇 [m] 이상이어야 하는가?

① 1
② 2
③ 3
④ 4

풀이 241.1.7 접지
1. 전기울타리 전원장치의 외함 및 변압기의 철심은 규정에 준하여 접지공사를 하여야 한다.
2. 전기울타리의 접지전극과 다른 접지 계통의 접지전극의 거리는 2[m] 이상이어야 한다. 다만, 충분한 접지망을 가진 경우에는 그러하지 아니한다.
3. 가공전선로의 아래를 통과하는 전기울타리의 금속부분은 교차지점의 양쪽으로부터 5[m] 이상의 간격을 두고 접지하여야 한다.

127 전기욕기에 전기를 공급하는 전원 장치는 전기욕기용으로 내장되어 있는 2차측 전로의 사용전압을 몇 [V] 이하로 한정하고 있는가?

① 6
② 10
③ 12
④ 15

풀이 241.2 전기욕기
전기욕기에 전기를 공급하기 위한 전기욕기용 전원장치(내장되는 전원 변압기의 2차측 전로의 사용전압이 10[V] 이하의 것에 한한다)는 안전기준에 적합하여야 한다.

정답 125. ① 126. ② 127. ②

128. 전기온상용 발열선은 그 온도가 몇 [℃]를 넘지 않도록 시설하여야 하는가?

① 50
② 60
③ 80
④ 100

풀이 241.5 전기온상 등
가. 전기온상에 전기를 공급하는 전로의 대지전압은 300[V] 이하일 것.
나. 발열선은 그 온도가 80[℃]를 넘지 않도록 시설 할 것.
다. 발열선과 조영재 사이의 이격거리는 0.025[m] 이상으로 할 것.
라. 발열선의 지지점 간의 거리는 1[m] 이하일 것. 다만, 발열선 상호 간의 간격이 0.06[m] 이상인 경우에는 2[m] 이하로 할 수 있다.

129. 전기 온상의 발열선의 지지점 간의 거리는 몇 [m] 이하여야 하는가?(단, 발열선 상호 간의 간격이 0.06[m] 미만인 경우이다.)

① 1
② 1.5
③ 2
④ 2.5

풀이 241.5 전기온상 등
가. 전기온상에 전기를 공급하는 전로의 대지전압은 300 [V] 이하일 것.
나. 발열선은 그 온도가 80[℃]를 넘지 않도록 시설 할 것.
다. 발열선과 조영재 사이의 이격거리는 0.025[m] 이상으로 할 것.
라. 발열선의 지지점 간의 거리는 1[m] 이하일 것. 다만, 발열선 상호 간의 간격이 0.06[m] 이상인 경우에는 2[m] 이하로 할 수 있다.

130. 전격살충기의 전격격자는 지표 또는 바닥에서 몇 [m] 이상의 높은 곳에 시설하여야 하는가?

① 1.5
② 2
③ 2.8
④ 3.5

풀이 241.7 전격살충기
전격살충기는 다음에 의하여 시설하여야 한다.
가. 전격살충기의 전격격자는 지표 또는 바닥에서 3.5[m] 이상의 높은 곳에 시설할 것. 다만, 2차측 개방 전압이 7[kV] 이하의 절연변압기를 사용하고 보호격자에 사람이 접촉될 경우 절연변압기의 1차측 전로를 자동적으로 차단하는 보호장치를 시설한 것은 지표 또는 바닥에서 1.8[m] 까지 감할 수 있다.
나. 전격살충기의 전격격자와 다른 시설물(가공전선은 제외한다) 또는 식물과의 이격거리는 0.3[m] 이상일 것.

정답 128. ③ 129. ① 130. ④

기 23-1

131 2차측 개방전압이 7[kV] 이하인 절연변압기를 사용하고 절연 변압기의 1차측 전로를 자동적으로 차단하는 보호장치를 시설한 경우의 전격살충기는 전격격자가 지표상 또는 마루 위 몇 [m] 이상의 높이에 설치하여야 하는가.?

① 1.5　　　　　　　　　　　② 1.8
③ 2.5　　　　　　　　　　　④ 3.5

풀이 241.7 전격살충기
전격살충기는 다음에 의하여 시설하여야 한다.
가. 전격살충기의 전격격자는 지표 또는 바닥에서 3.5[m] 이상의 높은 곳에 시설할 것. 다만, 2차측 개방 전압이 7[kV] 이하의 절연변압기를 사용하고 보호격자에 사람이 접촉될 경우 절연변압기의 1차측 전로를 자동적으로 차단하는 보호장치를 시설한 것은 지표 또는 바닥에서 1.8[m]까지 감할 수 있다.
나. 전격살충기의 전격격자와 다른 시설물(가공전선은 제외한다) 또는 식물과의 이격거리는 0.3[m] 이상일 것.

기 20-1,2, 산기 23-1

132 어느 유원지의 어린이 놀이기구인 유희용 전차에 전기를 공급하는 전로의 사용전압은 교류인 경우 몇 [V] 이하이어야 하는가?

① 20　　　　　　　　　　　② 40
③ 60　　　　　　　　　　　④ 100

풀이 241.8 유희용 전차
가. 유희용 전차에 전기를 공급하기 위하여 사용하는 변압기의 1차 전압은 400[V] 이하이어야 한다.
나. 유희용 전차에 전기를 공급하는 전원장치의 2차측 단자의 최대사용전압은 직류의 경우 60[V] 이하, 교류의 경우 40[V] 이하일 것.
다. 접촉전선은 제3레일 방식에 의하여 시설할 것.
라. 유희용 전차의 전차 내에서 승압하여 사용하는 경우 변압기는 절연변압기를 사용하고 2차 전압은 150[V] 이하로 할 것.

정답 131. ②　132. ②

기 18-2
133 ( ) 안에 들어갈 내용으로 옳은 것은?

> 유희용 전차에 전기를 공급하는 전로의 사용전압은 직류의 경우는 (Ⓐ)[V] 이하, 교류의 경우는 (Ⓑ)[V] 이하이어야 한다.

① Ⓐ 60, Ⓑ 40
② Ⓐ 40, Ⓑ 60
③ Ⓐ 30, Ⓑ 60
④ Ⓐ 60, Ⓑ 30

풀이 241.8 유희용 전차
가. 유희용 전차에 전기를 공급하기 위하여 사용하는 변압기의 1차 전압은 400[V] 이하이어야 한다.
나. 유희용 전차에 전기를 공급하는 전원장치의 2차측 단자의 최대사용전압은 직류의 경우 60[V] 이하, 교류의 경우 40[V] 이하일 것.
다. 접촉전선은 제3레일 방식에 의하여 시설할 것.
라. 유희용 전차의 전차 내에서 승압하여 사용하는 경우 변압기는 절연변압기를 사용하고 2차 전압은 150[V] 이하로 할 것.

기 17-2, 기 18-2, 기 20-3
134 가반형의 용접전극을 사용하는 아크 용접장치의 용접변압기의 1차측 전로의 대지전압은 몇 [V] 이하이어야 하는가?

① 60
② 150
③ 300
④ 400

풀이 241.10 아크 용접기
가반형의 용접 전극을 사용하는 아크 용접장치는 다음에 따라 시설하여야 한다.
가. 용접변압기는 절연변압기일 것.
나. 용접변압기의 1차측 전로의 대지전압은 300[V] 이하일 것.
다. 용접변압기의 1차측 전로에는 용접 변압기에 가까운 곳에 쉽게 개폐할 수 있는 개폐기를 시설할 것.
라. 용접기 외함 및 피용접재 또는 이와 전기적으로 접속되는 받침대·정반 등의 금속체는 규정에 준하여 접지공사를 하여야 한다.

정답 133. ① 134. ③

135 가반형의 용접전극을 사용하는 아크 용접장치를 시설할 때 용접변압기의 1차측 전로의 대지전압은 몇 [V] 이하이어야 하는가?

① 200
② 250
③ 300
④ 600

풀이 241.10 아크 용접기
가반형의 용접 전극을 사용하는 아크 용접장치는 다음에 따라 시설하여야 한다.
가. 용접변압기는 절연변압기일 것.
나. 용접변압기의 1차측 전로의 대지전압은 300[V] 이하일 것.
다. 용접변압기의 1차측 전로에는 용접 변압기에 가까운 곳에 쉽게 개폐할 수 있는 개폐기를 시설할 것.
라. 용접기 외함 및 피용접재 또는 이와 전기적으로 접속되는 받침대·정반 등의 금속체는 규정에 준하여 접지공사를 하여야 한다.

136 이동형의 용접 전극을 사용하는 아크용접장치의 시설기준으로 틀린 것은?

① 용접변압기는 절연변압기일 것
② 용접변압기의 1차측 전로의 대지전압은 300[V] 이하일 것
③ 용접변압기의 2차측 전로에는 용접변압기에 가까운 곳에 쉽게 개폐할 수 있는 개폐기를 시설할 것
④ 용접변압기의 2차측 전로 중 용접변압기로부터 용접전극에 이르는 부분의 전로는 용접 시 흐르는 전류를 안전하게 통할 수 있는 것일 것

풀이 241.10 아크 용접기
가반형의 용접 전극을 사용하는 아크 용접장치는 다음에 따라 시설하여야 한다.
가. 용접변압기는 절연변압기일 것.
나. 용접변압기의 1차측 전로의 대지전압은 300[V] 이하일 것.
다. 용접변압기의 1차측 전로에는 용접 변압기에 가까운 곳에 쉽게 개폐할 수 있는 개폐기를 시설할 것.
라. 용접기 외함 및 피용접재 또는 이와 전기적으로 접속되는 받침대·정반 등의 금속체는 규정에 준하여 접지공사를 하여야 한다.

정답 135. ③ 136. ③

137 다음 중 파이프라인 등에 발열선을 시설하는 기준에 대한 설명으로 옳지 않은 것은?

① 발열선에 전기를 공급하는 전로의 사용 전압은 저압일 것
② 발열선은 사람이 접촉할 우려가 없고 또한 손상을 받을 우려가 없도록 시설할 것
③ 발열선은 그 온도가 피 가열 액체의 발화 온도의 90[%]를 넘지 않도록 시설할 것
④ 발열선 또는 발열선에 직접 접속하는 전선의 피복에 사용하는 금속체·파이프라인 등에는 접지공사를 할 것

풀이 241.11 파이프라인 등의 전열장치

가. 파이프라인 등의 전열장치 중 발열선을 파이프라인 등 자체에 고정하여 시설하는 경우 발열선에 전기를 공급하는 전로의 사용전압은 400[V] 이하로 하여야 한다.
나. 직접 가열장치에 전기를 공급하기 위해 전용의 절연변압기를 사용하고 또한 그 변압기의 부하 측 전로는 접지해서는 안 된다.
다. 직접 가열장치에 있어서 **발열체는 그 온도가 피 가열 액체의 발화 온도의 80[%]를 넘지 아니하도록 시설할 것.**
라. 파이프라인 등의 전열장치에 시설하는 경우에는 접지공사를 하여야 한다.

138 발열선을 도로, 주차장 또는 조영물의 조영재에 고정시켜 시설하는 경우 발열선에 전기를 공급하는 전로의 대지전압은 몇 [V] 이하이어야 하는가?

① 100
② 150
③ 200
④ 300

풀이 241.12 도로 등의 전열장치

가. 발열선에 전기를 공급하는 전로의 대지전압은 300[V] 이하일 것.
나. 발열선은 그 온도가 80[℃]를 넘지 아니하도록 시설할 것. 다만, 도로 또는 옥외주차장에 금속 피복을 한 발열선을 시설할 경우에는 발열선의 온도를 120[℃]이하로 할 수 있다.
다. 발열선은 다른 전기설비·약전류전선 등 또는 수관·가스관이나 이와 유사한 것에 전기적·자기적 또는 열적인 장해를 주지 아니하도록 시설할 것.

정답 137. ③ 138. ④

산기 22-3, 산기 24-2

139 전자개폐기의 조작회로 또는 초인벨·경보벨 등에 접속하는 전로로서 최대사용전압이 60 [V] 이하인 것으로 대지전압이 몇 [V] 이하인 강 전류 전기의 전송에 사용하는 전로와 변압기로 결합되는 것을 소세력 회로라 하는가?

① 100
② 150
③ 300
④ 440

풀이 241.14 소세력 회로
가. 전자 개폐기의 조작회로 또는 초인벨·경보벨 등에 접속하는 전로로서 최대 사용전압이 60[V] 이하인 것
나. 소세력 회로에 전기를 공급하기 위한 절연변압기의 사용전압은 대지전압 300[V] 이하로 하여야 한다.

산기 25-1

140 전기부식방지 시설을 할 때 전기부식방지용 전원 장치로부터 양극 및 피방식체까지의 전로에 사용되는 전압은 직류 몇 [V] 이하이어야 하는가?

① 20[V]
② 40[V]
③ 60[V]
④ 80[V]

풀이 241.16 전기부식방지 시설
가. 전기부식방지용 전원장치에 전기를 공급하는 전로의 사용전압은 저압이어야 한다.
나. 전기부식방지용 변압기는 절연변압기일 것
다. 전기부식방지 회로(전기부식방지용 전원장치로부터 양극 및 피방식체까지의 전로를 말한다.)의 **사용전압은 직류 60 [V] 이하**일 것.

기 23-3

141 전기부식방지시설에서 전원장치를 사용하는 경우 적합한 것은?

① 전기부식방지회로의 사용전압은 교류 60[V] 이하일 것
② 지중에 매설하는 양극(+)의 매설깊이는 50[cm] 이상일 것
③ 수중에 시설하는 양극(+)과 그 주위 1[m] 이내의 전위차는 10[V]를 넘지 말 것
④ 지표 또는 수중에서 1[m] 간격의 임의의 2점간의 전위차는 7[V]를 넘지 말 것

풀이 241.16 전기부식방지 시설
가. 전기부식방지용 전원장치에 전기를 공급하는 전로의 사용전압은 저압이어야 한다.
나. 전기부식방지용 변압기는 절연변압기 일 것
다. 전기부식방지 회로(전기부식방지용 전원장치로부터 양극 및 피방식체까지의 전로를 말한다.)의 사용전압은 직류 60[V] 이하일 것.
라. 지중에 매설하는 양극의 매설깊이는 0.75[m] 이상일 것.
마. 수중에 시설하는 양극과 그 주위 1[m] 이내의 거리에 있는 임의 점과의 사이의 전위차는 10[V]를 넘지 아니할 것.
바. 지표 또는 수중에서 1[m] 간격의 임의의 2점간의 전위차가 5[V]를 넘지 아니할 것.

정답 139. ③ 140. ③ 141. ③

기 16-3
142 전기방식시설의 전기방식 회로의 전선 중 지중에 시설하는 것으로 틀린 것은?

① 전선은 공칭단면적 4.0[mm²]의 연동선 또는 이와 동등 이상의 세기 및 굵기의 것일 것
② 양극에 부속하는 전선은 공칭단면적 2.5[mm²]이상의 연동선 또는 이와 동등 이상의 세기 및 굵기의 것을 사용 할 수 있을 것
③ 전선을 직접 매설식에 의하여 시설하는 경우 차량 기타의 중량물의 압력을 받을 우려가 없는 것에 매설 깊이를 1.2[m]이상으로 할 것
④ 입상 부분의 전선 중 깊이 60[cm]미만인 부분은 사람이 접촉 할 우려가 없고 또한 손상을 받을 우려가 없도록 적당한 방호장치를 할 것

> **풀이** 241.16 전기부식방지 시설
> 전기부식방지 회로의 전선중 지중에 시설하는 부분은다음에 의하여 시설할 것.
> 가. 전선은 공칭단면적 4.0[mm²]의 연동선일 것. 다만, 양극에 부속하는 전선은 공칭단면적 2.5 [mm²] 이상의 연동선을 사용할 수 있다.
> 나. 전선은 450/750[V] 일반용 단심 비닐절연전선·클로로프렌 외장 케이블·비닐외장 케이블 또는 폴리에틸렌 외장 케이블일 것.
> 다. 전선을 직접 매설식에 의하여 시설하는 경우에는 매설깊이를 차량 기타의 중량물의 압력을 받을 우려가 있는 곳에서는 1.0[m] 이상, 기타의 곳에서는 0.3[m] 이상
> 라. 입상부분의 전선 중 깊이 0.6[m] 미만인 부분은 사람이 접촉할 우려가 없고 또한 손상을 받을 우려가 없도록 적당한 방호장치를 할 것.

기 19-3
143 폭연성 분진 또는 화약류의 분말이 존재하는 곳의 저압 옥내배선은 어느 공사에 의하는가?

① 금속관공사
② 애자공사
③ 합성수지관공사
④ 캡타이어케이블공사

> **풀이** 242.2.1 폭연성 분진 위험장소
> 폭연성 분진(마그네슘·알루미늄·티탄·지르코늄) 또는 화약류의 분말이 전기설비가 발화원이 되어 폭발할 우려가 있는 곳에 시설하는 저압 옥내배선, 저압 관등회로 배선, 소세력 회로의 전선은 금속관공사 또는 케이블공사(캡타이어 케이블을 사용하는 것을 제외한다)에 의할 것.

정답 142. ③ 143. ①

144 폭연성 분진 또는 화약류의 분말이 전기설비가 발화원이 되어 폭발할 우려가 있는 곳에 시설하는 저압 옥내 전기설비를 케이블공사로 할 경우 관이나 방호장치에 넣지 않고 노출로 설치할 수 있는 케이블은?

① 무기물 절연 케이블
② 고무절연 비닐 시스케이블
③ 폴리에틸렌절연 비닐 시스케이블
④ 폴리에틸렌절연 폴리에틸렌 시스케이블

> **풀이** 242.2.1 폭연성 분진 위험장소
> 케이블공사에 의하는 때에는 전선은 개장된 케이블 또는 무기물 절연 케이블을 사용하는 경우 이외에는 관 기타의 방호 장치에 넣어 사용할 것.

145 폭연성 분진 또는 화약류의 분말에 전기설비가 발화원이 되어 폭발할 우려가 있는 곳에 시설하는 저압 옥내배선의 공사방법으로 옳은 것은? (단, 사용전압이 400[V] 초과인 방전등을 제외한 경우이다.)

① 금속관공사
② 애자사용공사
③ 합성수지관공사
④ 캡타이어 케이블공사

> **풀이** 242.2.1 폭연성 분진 위험장소
> 폭연성 분진 또는 화약류의 분말이 전기설비가 발화원이 되어 폭발할 우려가 있는 곳에 시설하는 저압 옥내배선, 저압 관등회로 배선, 소세력 회로의 전선은 금속관공사 또는 케이블공사(캡타이어 케이블을 사용하는 것을 제외한다)에 의할 것.

정답 144. ① 145. ①

146 소맥분, 전분 기타의 가연성 분진이 존재하는 곳의 저압옥내배선으로 적합하지 않은 공사방법은?

① 케이블공사
② 두께 2[mm] 이상의 합성수지관공사
③ 금속관공사
④ 금속제가요전선관공사

> **풀이** 242.2.2 가연성 분진 위험장소
> 가연성 분진에 전기설비가 발화원이 되어 폭발할 우려가 있는 곳에 시설하는 저압 옥내 전기설비는 다음에 따르고 또한 위험의 우려가 없도록 시설하여야 한다.
> 가. 합성수지관공사(두께 2[mm] 미만의 합성 수지 전선관 및 난연성이 없는 콤바인 덕트관을 사용하는 것을 제외한다)
> 나. 금속관공사
> 다. 케이블공사

147 석유류를 저장하는 장소의 전등배선에 사용하지 않는 공사방법은?

① 케이블공사
② 금속관공사
③ 애자공사
④ 합성수지관공사

> **풀이** 242.4 위험물 등이 존재하는 장소
> 셀룰로이드 · 성냥 · 석유류 기타 타기 쉬운 위험한 물질을 제조하거나 저장하는 곳에 시설하는 저압 옥내 전기설비는 다음에 따르고 또한 위험의 우려가 없도록 시설하여야 한다.
> 가. 이동전선은 접속점이 없는 0.6/1[kV] EP 고무 절연 클로로프렌 캡타이어 케이블 또는 0.6/1[kV] 비닐 절연 비닐캡타이어 케이블을 사용할 것.
> 나. 저압 옥내배선 등은 합성수지관공사(두께 2[mm] 미만의 합성수지 전선관 및 난연성이 없는 콤바인 덕트관을 사용하는 것을 제외한다) · 금속관공사 또는 케이블공사에 의할 것.

정답 146. ④ 147. ③

148 화약류 저장소의 전기설비의 시설기준으로 틀린 것은?

① 전로의 대지전압은 150[V] 이하일 것
② 전기기계기구는 전폐형의 것일 것
③ 전용 개폐기 및 과전류차단기는 화약류저장소 밖에 설치할 것
④ 전로에 지락이 생겼을 때에 자동적으로 전로를 차단하거나 경보하는 장치를 시설하여야 한다.

> **풀이** 242.5 화약류 저장소 등의 위험장소
> 화약류 저장소 안에는 전기설비를 시설해서는 안 된다. 다만, 백열전등이나 형광등 또는 이들에 전기를 공급하기 위한 전기설비(개폐기 및 과전류 차단기를 제외한다)는 다음에 따라 시설하는 경우에는 그러하지 아니하다.
> 가. 전로에 대지전압은 300[V] 이하일 것.
> 나. 전기기계기구는 전폐형의 것일 것.
> 다. 전로에 지락이 생겼을 때에 자동적으로 전로를 차단하거나 경보하는 장치를 시설하여야 한다.

149 무대, 무대마루 밑, 오케스트라 박스, 영사실 기타 사람이나 무대 도구가 접촉할 우려가 있는 곳에 시설하는 저압 옥내배선·전구선 또는 이동전선은 사용전압이 몇 [V] 이하이어야 하는가?

① 60 ② 110
③ 220 ④ 400

> **풀이** 242.6 전시회, 쇼 및 공연장의 전기설비
> 무대·무대마루 밑·오케스트라 박스·영사실 기타 사람이나 무대 도구가 접촉할 우려가 있는 곳에 시설하는 저압 옥내배선, 전구선 또는 이동전선은 사용전압이 400[V] 이하이어야 한다.

정답 148. ① 149. ④

기 20-4

150 사람이 상시 통행하는 터널 안의 배선(전기기계기구 안의 배선, 관등회로의 배선, 소세력 회로의 전선은 제외)의 시설기준에 적합하지 않은 것은? (단, 사용전압이 저압의 것에 한한다.)

① 합성수지관 공사로 시설하였다.
② 공칭단면적 2.5[mm²]의 연동선을 사용하였다.
③ 애자공사 시 전선의 높이는 노면상 2[m]로 시설하였다.
④ 전로에는 터널의 입구 가까운 곳에 전용 개폐기를 시설하였다.

풀이 242.7.1 사람이 상시 통행하는 터널 안의 배선의 시설
사람이 상시 통행하는 터널 안의 배선(전기기계기구 안의 배선, 관등회로의 배선 및 소세력 회로의 전선을 제외한다.)은 그 사용전압이 저압의 것에 한하고 또한 다음에 따라 시설하여야 한다.
가. 합성수지관공사, 금속관공사, 금속제가요전선관 공사, 케이블공사 및 애자공사에 의할 것
나. 전선은 공칭단면적 2.5[mm²]의 연동선과 동등 이상의 세기 및 굵기의 절연전선(옥외용 비닐절연전선 및 인입용 비닐절연전선을 제외한다)을 사용하여 애자공사에 의하여 시설하고 또한 이를 노면상 2.5[m] 이상의 높이로 할 것.
다. 전로에는 터널의 입구에 가까운 곳에 전용 개폐기를 시설할 것.

기 16-1, 산기 24-2

151 터널 등에 시설하는 사용전압이 220[V]인 저압의 전구선으로 편조 고무코드를 사용하는 경우 단면적은 몇 [mm²] 이상인가?

① 0.5
② 0.75
③ 1.0
④ 1.25

풀이 242.7.2 터널 등의 전구선 또는 이동전선 등의 시설
터널 등에 시설하는 사용전압이 400[V] 이하인 저압의 전구선 또는 이동전선은 다음과 같이 시설하여야 한다.
가. 전구선은 단면적 0.75[mm²] 이상의 300/300[V] 편조 고무코드 또는 0.6/1[kV] EP 고무 절연 클로로프렌 캡타이어 케이블일 것.
나. 이동전선은 300/300 [V] 편조 고무코드, 비닐 코드 또는 캡타이어 케이블일 것.

정답 150. ③ 151. ②

기 17-1

152 터널 등에 시설하는 사용전압이 220[V]인 전구선이 0.6/1[kV] EP 고무 절연 클로로프렌 캡타이어 케이블일 경우 단면적은 최소 몇 [mm^2] 이상이어야 하는가?

① 0.5
② 0.75
③ 1.25
④ 1.4

풀이 242.7.2 터널 등의 전구선 또는 이동전선 등의 시설
터널 등에 시설하는 사용전압이 400[V] 이하인 저압의 전구선 또는 이동전선은 다음과 같이 시설하여야 한다.
가. 전구선은 단면적 0.75[mm^2] 이상의 300/300[V] 편조 고무코드 또는 0.6/1[kV] EP 고무 절연 클로로프렌 캡타이어 케이블일 것.
나. 이동전선은 300/300[V] 편조 고무코드, 비닐 코드 또는 캡타이어 케이블일 것.

기 23-2

153 의료장소의 안전을 위한 의료용 절연변압기에 대한 다음 설명 중 옳은 것은?

① 2차측 정격전압은 교류 300[V] 이하이다.
② 2차측 정격전압은 직류 250[V] 이하이다.
③ 정격출력은 5[kVA] 이하이다.
④ 정격출력은 10[kVA] 이하이다.

풀이 242.10.3 의료장소의 안전을 위한 보호 설비
가. 이중 또는 강화절연을 한 비단락보증 절연변압기를 설치하고 그 2차측 전로는 접지하지 말 것.
나. 비단락보증 절연변압기
① 2차측 정격전압은 교류 250[V] 이하
② 공급방식 및 정격출력은 단상 2선식, 10[kVA] 이하

기 16-1, 산기 22-3

154 의료 장소에서 인접하는 의료장소와의 바닥면적 합계가 몇 [m^2] 이하인 경우 등전위본딩 바를 공용으로 할 수 있는가?

① 30
② 50
③ 80
④ 100

풀이 242.10.4 의료장소 내의 접지 설비
의료장소마다 그 내부 또는 근처에 등전위본딩 바를 설치할 것. 다만, 인접하는 의료장소와의 바닥면적 합계가 50[m^2] 이하인 경우에는 등전위본딩 바를 공용할 수 있다.

정답 152. ② 153. ④ 154. ②

CHAPTER 3 고압·특고압 전기설비

1. 접지설비

1) 고압·특고압 접지계통
① 고압 또는 특고압 기기는 접촉전압 및 보폭전압의 허용 값 이내로 시설
② 모든 케이블의 금속시스(sheath) 부분은 접지

2) 혼촉에 의한 위험방지 시설
① 특고압과 고압의 혼촉 등에 의한 위험방지 시설 : 사용전압의 3배 이하인 전압이 고압전로에 가해진 경우에 방전하는 장치를 변압기의 단자에 가까운 1극에 설치
② 전로의 중성점의 접지 : 접지도체는 16[mm^2] 이상의 연동선

2. 전선로

1) 풍압하중의 종류별 적용

종 별	지 역	적용방법
갑종풍압하중	고온계 지방	구성재의 수직 투영면적 1[m^2]에 대한 풍압을 기초로 하여 계산
을종풍압하중	빙설이 많은 저온계	전선 기타의 가섭선 주위에 두께 6[mm], 비중 0.9이 빙설이 부착된 상태에서 수직 투영면적 372[Pa](다도체를 구성하는 전선은 333[Pa]), 그 이외의 것은 갑종풍압하중의 2분의 1을 기초로 하여 계산한 것.
병종풍압하중	인가 밀집 지역	갑종풍압하중의 1/2을 기준으로 적용

2) 지지물의 기초 안전율
① 일반적으로 2 이상이어야 한다.
② 철탑의 경우 이상시 상정 하중에 대하여 1.33 이상으로 계산한 값과 상시 상정 하중에 대해 2 이상으로 계산한 값 중에서 큰 값

3) 지선의 사용

(1) 지선의 설치조건

① 지선의 안전율은 2.5 이상
② 인장하중 4.31[kN] 이상
③ 3조 이상의 연선인 소선을 사용
④ 2.6[mm] 금속선 또는 인장강도가 0.68[kN/mm^2]인 아연도 강연선은 지름 2.0[mm]도 가능함
⑤ 지중 부분 및 지표상 0.3[m]까지 아연도금 철봉을 사용하고, 근가로 시설한다.

(2) 지선의 높이

① 도로횡단 5[m]
② 교통에 지장이 없는 도로 4.5[m]
③ 보도 2.5[m]

4) 특고압 전선로(170[kV] 이하)의 시가지 등의 시설

(1) 애자

50[%] 충격섬락의 값이 그 전선의 근접한 다른 부분을 지지하는 애자장치의 110[%] (130[kV]를 넘는 경우 105[%]) 이상인 것

(2) 지지물의 경간 (목주는 사용할 수 없음)

① A종 : 75[m] 이하
② B종 : 150[m] 이하
③ 철탑 : 400[m] 이하(단주 : 300[m] 이하)

(3) 전선의 굵기

① 100[kV] 미만 : 55[mm^2] 이상
② 100[kV] 이상 : 150[mm^2] 이상

(4) 지표상 높이

① 35[kV] 이하 : 10[m] 이상 (특고압 절연전선인 경우 8[m] 이상)
② 35[kV] 초과 : 10[m]에 35[kV]를 초과하는 10[kV] 단수마다 0.12[m]를 더한 것

(5) 100[kV]를 초과하는 것은 지락 또는 단락 시 1초 안에 동작하는 자동 차단 장치를 시설할 것

5) 유도 장해의 방지

① 60[kV] 이하의 경우 전화선로 12[km]마다 유도전류가 2[μA]를 넘지 아니할 것
② 60[kV]를 초과하는 경우 전화선로 40[km]마다 유도전류가 3[μA]를 넘지 아니할 것

6) 가공 케이블의 시설

① 조가용선에 행가로 시설, 행가의 간격은 0.5[m] 이하
② 금속 테이프 작업시 테이프를 나선형으로 감으며 간격은 0.2[m] 이하
③ 조가용선은 단면적 22[mm^2]의 아연도강연선

7) 가공전선의 굵기

구 분	전선의 굵기
저 압	① 사용전압이 400[V] 이하(케이블인 경우 이외) • 나전선 : 3.2[mm] 이상의 것 • 절연전선 : 2.6[mm] 이상의 경동선 ② 사용전압이 400[V] 초과(케이블인 경우 이외) • 시가지에 시설 : 5[mm] 이상의 경동선 • 시가지 외에 시설 : 4[mm] 이상의 경동선
고 압	5[mm] 이상 경동선
특고압	22[mm^2] 이상 경동연선

8) 가공전선의 안전율

① 경동선 : 2.2 이상
② 기타 전선(연동, AL선) : 2.5 이상

9) 전선로의 경간 제한

지지물	표준경간	저·고압 보안 공사	1종 특고압 보안공사	2·3종 특고압 보안공사
목주, A종	150 [m]	100 [m]	×	100 [m]
B종	250 [m]	150 [m]	150 [m]	200 [m]
철탑	600 [m]	400 [m]	400 [m]	400 [m]

10) 가공전선 등의 병가 (2종의 전압을 함께 시설)

(1) 저·고압 가공전선의 병가

0.5[m] 이상 이격 (고압에 케이블 사용할 때 0.3[m] 이상)

(2) 특고압 가공 전선과 저·고압 가공전선의 병가 시 이격 거리

전 압	표 준	특고압에 케이블 사용 및 저·고압에 절연전선 또는 케이블 사용
35 [kV] 이하	1.2 [m] 이상	0.5 [m] 이상
35 [kV] 초과 100 [kV] 미만	2 [m] 이상	1 [m] 이상

11) 가공 전선의 공가(전력선과 약전류 전선 함께 시설)

시설방법	저압	고압
원 칙	0.75[m]	1.5[m]
케이블	0.3[m]	0.5[m]

12) 보호망의 시설

① 특고압 가공전선의 직하에 시설하는 금속선에는 5[mm] 이상의 경동선, 그 밖의 부분에 시설하는 금속선에는 4[mm] 이상의 경동선
② 금속선의 상호간격 1.5[m] 이하

13) 25[kV] 이하인 특고압 가공전선로

(1) 15[kV] 이하

① 접지도체선의 굵기 : 6[mm^2] 이상의 연동선
② 접지개소 상호간의 거리 : 300[m] 이하
③ 각 접지점의 대지 전기저항값은 300[Ω] 이하이고 1[km]마다 중성선과 대지 사이의 합성전기저항은 30[Ω] 이하이어야 한다.

(2) 15[kV]를 초과하고 25[kV] 이하

① 접지도체선의 굵기 : 6[mm^2] 이상의 연동선
② 접지개소 상호간의 거리 : 150[m] 이하
③ 각 접지점의 대지 전기저항값은 300[Ω] 이하이고 1[km]마다 중성선과 대지 사이의 합성전기저항은 15[Ω] 이하이어야 한다.

14) 지중 전선로

지중 전선로는 전선에 케이블을 사용하고 또한 관로식·암거식(暗渠式) 또는 직접 매설식에 의하여 시설하여야 한다.

(1) 관로식

　① 중량을 받지 않는 곳 : 0.6[m] 이상

　② 기타 : 1.0[m] 이상 매설

(2) 직접 매설식

　① 중량을 받는 지역 : 1.0[m] 이상

　② 기타 : 0.6[m] 이상 매설

(3) 지중 전선과 지중약전류전선 등 또는 관과의 접근 또는 교차

조 건	전 압	이격거리
지중 약전류 전선과 접근 또는 교차하는 경우	저압 또는 고압	0.3[m]
	특고압	0.6[m]
가연성, 유독성의 유체를 내포하는 관과 접근 또는 교차	특고압	1[m]
	25[kV] 이하, 다중접지방식	0.5[m]
기타의 관과 접근 또는 교차	특고압	0.3[m]

15) 터널 안 전선로

(1) 철도 · 궤도 또는 자동차도 전용터널 안의 전선로

전 압	전선의 굵기	시공방법	애자공사 시 높이
저 압	인장강도 2.30[kN] 이상 또는 2.6[mm] 이상의 경동선의 절연전선	• 합성수지관 공사 • 금속관공사 • 금속제가요전선관공사 • 케이블공사 • 애자공사	노면상, 레일면상 2.5[m] 이상
고 압	인장강도 5.26[kN] 이상 또는 4[mm] 이상의 경동선	• 케이블공사 • 애자공사	노면상, 레일면상 3[m] 이상
특고압		• 케이블공사	

(2) 사람이 상시 통행하는 터널 안의 전선로 사용전압은 저압 또는 고압에 한하며, 다음에 따라 시설하여야 한다.

전 압	전선의 굵기	시공방법	애자공사 시 높이
저 압	인장강도 2.30[kN] 이상 또는 2.6[mm] 이상의 경동선의 절연전선	• 합성수지관 공사 • 금속관공사 • 금속제가요전선관공사 • 케이블공사 • 애자공사	노면상 2.5[m] 이상
고 압		• 케이블공사	

3. 기계 기구 시설 및 옥내배선

1) 특고압 배전용 변압기의 시설

① 변압기의 1차 전압은 35 [kV] 이하, 2차는 저압 또는 고압일 것
② 변압기의 특고압측에 개폐기 및 과전류차단기를 시설할 것
③ 변압기의 2차 전압이 고압인 경우에는 고압측에 개폐기를 시설하고 또한 쉽게 개폐할 수 있도록 할 것

2) 특고압용 기계 기구의 시설

① 기계기구의 주위에 규정에 준하여 울타리·담 등을 시설하는 경우
　• 울타리·담 등의 높이 : 2[m] 이상
　• 지표면과 울타리·담 등의 하단사이의 간격 : 0.15[m] 이하
② 기계기구를 지표상 5[m] 이상의 높이에 시설하고 충전부분의 지표상의 높이를 표에서 정한 값 이상으로 하고 또한 사람이 접촉할 우려가 없도록 시설하는 경우

사용전압의 구분	울타리·담 등의 높이와 울타리·담 등으로부터 충전 부분까지의 거리의 합계
35[kV] 이하	5[m]
35[kV] 초과 160[kV] 이하	6[m]
160[kV] 초과	• 거리의 합계 = 6 + 단수 × 0.12[m] • 단수 = $\dfrac{\text{사용전압 [kV]} - 160}{10}$ 단수 계산에서 소수점 이하는 절상

3) 개폐기의 시설

각 극에 설치하여야 하나 다음의 경우에는 예외로 한다.
① 중성선 또는 접지선
② 특고압 가공 전선로로서 다중 접지한 중성선
③ 제어 회로의 조작용 개폐기

4) 개폐기

고압용 또는 특고압용 개폐기로서 부하 전류의 차단 능력이 없는 것은 부하 전류가 통하고 있을 때에는 열리지 않도록 시설해야 한다. 다만, 다음의 경우에는 예외로 한다.
① 개폐기의 조작 위치에 부하 전류의 유무 표시 장치가 있는 경우
② 개폐기의 조작 위치에 전화기 등의 지시 장치가 있는 경우

③ 태블릿(tablet) 등을 사용하는 경우

5) 고압 및 특고압 전로 중의 과전류 차단기의 시설
① 고압용 포장 퓨즈 : 정격 전류의 1.3배에 견디고 2배의 전류에 120분 안에 용단
② 고압용 비포장 퓨즈 : 정격 전류의 1.25배에 견디고 2배의 전류에 2분 안에 용단

6) 과전류 차단기의 시설제한
① 접지공사의 접지선
② 다선식 전로의 중성선
③ 접지 공사를 한 저압 가공 전선로의 접지측 전선

7) 지락 차단 장치의 시설
특고압전로 또는 고압전로에 변압기에 의하여 결합되는 사용전압 400[V] 초과의 저압전로 또는 발전기에서 공급하는 사용전압 400[V] 초과의 저압전로에 시설

8) 피뢰기 등의 시설
① 발·변전소 또는 이에 준하는 장소의 가공 전선 인입구 및 인출구
② 가공 전선로에 접속하는 배전용 변압기의 고압측 및 특고압측
③ 고압·특고압 가공 전선로로 공급 받는 수용 장소의 인입구
④ 가공 전선과 지중 전선이 접속되는 곳
⑤ 설치 적용 제외
  • 가공 전선이 짧은 경우
  • 피보호 기기가 보호 범위 내에 위치하는 경우

9) 피뢰기의 접지
고압 및 특고압의 전로에 시설하는 피뢰기 접지저항 값은 10[Ω] 이하

4. 발전소, 변전소, 개폐소 등의 보호장치

1) 기기의 보호장치

기기의 종류	용량	사고의 종류	보호장치
발전기		과전류나 과전압	자동차단장치
	100[kVA] 이상	풍차 압유장치 유압의 현저한 저하	
	500[kVA] 이상	수차 압유장치 유압의 현저한 저하	
	2,000[kVA] 이상	수차 발전기 스러스트 베어링 과열	
	10,000[kVA] 이상	내부고장	
	10,000[kW] 초과	증기터빈 베어링의 마모, 과열	
특고압용 변압기	5,000[kVA] 이상 10,000[kVA] 미만	변압기의 내부고장	자동차단장치 또는 경보장치
	10,000[kVA] 이상	변압기의 내부고장	자동차단장치
	타냉식 변압기	냉각장치고장	경보장치
전력용 콘덴서 및 분로 리액터	500[kVA] 초과 15,000[kVA] 미만	내부고장 또는 과전류	자동차단장치
	15,000[kVA] 이상	내부고장 및 과전류 또는 과전압	
조상기	15,000[kVA] 이상	내부고장	

2) 발·변전소의 계측 장치

① 발전기·연료전지 또는 태양전지 모듈의 전압 및 전류 또는 전력
② 발전기의 베어링 및 고정자의 온도
③ 주요 변압기의 전압 및 전류 또는 전력
④ 특고압용 변압기의 온도

5. 전력보안 통신설비

1) 시설장소(발전소, 변전소 및 변환소)

① 원격감시제어가 되지 않는 발전소·원격 감시제어가 되지 아니하는 변전소, 개폐소, 전선로 및 이를 운용하는 급전소(분소) 간
② 2 이상의 급전소(분소) 상호 간
③ 발·변전소 등과 긴급연락이 필요한 기상대, 측후소, 소방서 및 방사선 감시계측 시설물 등
④ 동일 전력계통의 발전소, 변전소, 발·변전 제어소 및 개폐소 상호

2) 높이와 이격거리

(1) 전력 보안 가공통신선의 높이

시설 장소		지상고	비고
도로(차도)	일반적인 경우	5.0[m] 이상	지표상
	교통에 지장을 안 주는 경우	4.5[m] 이상	지표상
철도 또는 궤도 횡단 시		6.5[m] 이상	레일면상
횡단보도교 위		3.0[m] 이상	그 노면상
기타		3.5[m] 이상	

(2) 가공전선로의 지지물에 시설하는 통신선 또는 이에 직접 접속하는 가공통신선의 높이

시설 장소		가공전선로의 지지물에 시설	
		고·저압[m]	특고압[m]
도로횡단	일반적인 경우	6[m] 이상	6[m] 이상
	교통에 지장을 안 주는 경우	5[m] 이상	
철도 횡단(레일면상)		6.5[m] 이상	6.5[m] 이상
횡단 보도교 위	노면상	3.5[m] 이상	5[m] 이상
	절연전선 사용	3[m] 이상	
	광섬유 케이블 사용		4[m] 이상
기타의 장소	일반적인 경우 (절연전선 사용)	4[m] 이상	5[m] 이상
	광섬유 케이블 사용	3.5[m] 이상	

(3) 가공전선과 첨가 통신선과의 이격거리

통신선은 가공전선의 아래에 시설할 것.

가공전선		통신선		
		일반	절연전선	광섬유케이블
중성선	25[kV] 이하, 다중 접지 중성선	0.6[m] 이상		
저압 가공전선	절연전선 또는 케이블	0.6[m] 이상	0.3[m] 이상	
	인입선			0.15[m] 이상
고압 가공전선	케이블	0.6[m] 이상	0.3[m] 이상	
특고압 가공전선	케이블	1.2[m] 이상	0.3[m] 이상	
	25[kV]이하, 다중 접지방식	0.75[m] 이상		

CHAPTER. 3 고압·특고압 전기설비

출제예상문제

01 기 16-1
고·저압 혼촉에 의한 위험을 방지하려고 시행하는 접지공사에 대한 기준으로 틀린 것은?

① 접지공사는 변압기의 시설장소마다 시행하여야 한다.
② 토지의 상황에 의하여 접지저항 값을 얻기 어려운 경우, 가공접지선을 사용하여 접지극을 100[m]까지 떼어 놓을 수 있다.
③ 가공 공동지선을 설치하여 접지공사를 하는 경우, 각 변압기를 중심으로 지름 400[m] 이내의 지역에 접지를 하여야 한다.
④ 저압 전로의 사용전압이 300[V] 이하인 경우, 그 접지공사를 중성점에 하기 어려우면 저압측의 1단자에 시행할 수 있다.

풀이 322.1 고압 또는 특고압과 저압의 혼촉에 의한 위험방지 시설
가. 고압전로 또는 특고압전로와 저압전로를 결합하는 변압기의 저압측의 중성점에는 접지공사를 하여야 한다. 다만, 저압전로의 사용전압이 300[V] 이하인 경우에 그 접지공사를 변압기의 중성점에 하기 어려울 때에는 저압측의 1단자에 시행할 수 있다.
나. 접지공사는 변압기의 시설장소마다 시행하여야 한다. 다만, 토지의 상황에 의하여 변압기의 시설장소에서 규정에 의한 접지 저항 값을 얻기 어려운 경우, 인장강도 5.26[kN] 이상 또는 지름 4[mm] 이상의 가공 접지도체를 변압기의 시설장소로부터 200[m]까지 떼어놓을 수 있다.
다. 접지공사를 하는 경우에 토지의 상황에 의하여 규정에 의하기 어려울 때에는 가공공동지선을 설치하여 2 이상의 시설장소에 다음과 같이 접지공사를 할 수 있다.
① 접지공사는 각 변압기를 중심으로 하는 지름 400[m] 이내의 지역으로서 그 변압기에 접속되는 전선로 바로 아래의 부분에서 각 변압기의 양쪽에 있도록 할 것.
② 가공공동지선과 대지 사이의 합성 전기저항 값은 1[km]를 지름으로 하는 지역 안마다 규정에 의해 접지저항 값을 가지는 것으로 하고 또한 각 접지도체를 가공공동지선으로부터 분리하였을 경우의 각 접지도체와 대지 사이의 전기저항 값은 300[Ω] 이하로 할 것.

정답 01. ②

02
고저압 혼촉에 의한 위험방지시설로 가공공동지선을 설치하여 시설하는 경우에 각 접지선을 가공공동지선으로부터 분리하였을 경우의 각 접지선과 대지간의 전기저항 값은 몇 [Ω] 이하로 하여야 하는가?

① 75
② 150
③ 300
④ 600

풀이 322.1 고압 또는 특고압과 저압의 혼촉에 의한 위험방지 시설
가공공동지선과 대지 사이의 합성 전기저항 값은 1[km]를 지름으로 하는 지역 안마다 규정에 의해 접지저항 값을 가지는 것으로 하고 또한 각 접지도체를 가공공동지선으로부터 분리하였을 경우의 각 접지도체와 대지 사이의 전기저항값은 300[Ω] 이하로 할 것.

03
가공 접지선을 사용하여 접지공사를 하는 경우 변압기의 시설 장소로부터 몇 [m] 까지 떼어 놓을 수 있는가?

① 50
② 100
③ 150
④ 200

풀이 322.1 고압 또는 특고압과 저압의 혼촉에 의한 위험방지 시설
접지공사는 변압기의 시설장소마다 시행하여야 한다. 다만, 토지의 상황에 의하여 변압기의 시설장소에서 규정에 의한 접지 저항 값을 얻기 어려운 경우, 인장강도 5.26[kN] 이상 또는 지름 4[mm] 이상의 가공 접지도체를 변압기의 시설장소로부터 200[m]까지 떼어놓을 수 있다.

04
변압기에 의하여 특고압전로에 결합되는 고압전로에는 사용전압의 몇 배 이하인 전압이 가하여진 경우에 방전하는 장치를 그 변압기의 단자에 가까운 1극에 설치하여야 하는가?

① 3
② 4
③ 5
④ 6

풀이 322.3 특고압과 고압의 혼촉 등에 의한 위험방지 시설
변압기에 의하여 특고압전로에 결합되는 고압전로에는 **사용전압의 3배 이하인** 전압이 가하여진 경우에 **방전하는 장치**를 그 변압기의 단자에 가까운 1극에 설치하여야 한다.

정답 02. ③ 03. ④ 04. ①

05 다음 중 전로의 중성점을 접지하는 주 목적으로 볼 수 없는 것은?

① 전로의 보호 장치의 확실한 동작의 확보
② 부하 전류의 일부를 대지로 흐르게 함으로써 전선 절약
③ 이상 전압의 억제
④ 대지전압의 저하

> **풀이** 322.5 전로의 중성점의 접지
> 가. 전로의 중성점 접지공사의 목적
>   ① 보호 장치의 확실한 동작의 확보
>   ② 이상 전압의 억제
>   ③ 대지전압의 저하
> 나. 접지도체는 공칭단면적 16[mm^2] 이상의 연동선(저압 전로의 중성점에 시설하는 것은 공칭단면적 6[mm^2] 이상의 연동선)으로서 고장시 흐르는 전류가 안전하게 통할 수 있는 것을 사용하고 또한 손상을 받을 우려가 없도록 시설할 것.

06 다음 중 전로의 중성점 접지의 목적으로 거리가 먼 것은?

① 대지전압의 저하　　② 이상전압의 억제
③ 손실전력의 감소　　④ 보호장치의 확실한 동작의 확보

> **풀이** 322.5 전로의 중성점의 접지
> 전로의 **중성점 접지공사의 목적**
> 가. **보호 장치의 확실한 동작의 확보**
> 나. **이상 전압의 억제**
> 다. **대지전압의 저하**

07 다음 (　)에 들어갈 내용으로 옳은 것은?

> 가공전선로는 무선설비의 기능에 계속적이고 또한 중대한 장해를 주는 (　)가 생길 우려가 있는 경우에는 이를 방지하도록 시설하여야 한다.

① 전파　　② 혼촉
③ 단락　　④ 정전기

> **풀이** 331.1 전파장해의 방지
> 가공전선로는 무선설비의 기능에 계속적이고 또한 중대한 장해를 주는 전파를 발생할 우려가 있는 경우에는 이를 방지하도록 시설하여야 한다.

정답 05. ② 06. ③ 07. ①

08
기 17-1, 기 18-1, 기 19-2, 기 23-3, 산기 22-3, 산기 24-1

가공전선로의 지지물에 취급자가 오르고 내리는데 사용하는 발판 볼트 등은 지표상 몇 [m] 미만에 시설하여서는 아니 되는가?

① 1.2
② 1.8
③ 2.2
④ 2.5

풀이 331.4 가공전선로 지지물의 철탑오름 및 전주오름 방지
가공전선로의 지지물에 취급자가 오르고 내리는데 사용하는 발판 볼트 등을 지표상 1.8 [m] 미만에 시설하여서는 아니 된다.

09
기 22-3

가공전선로에 사용하는 지지물의강도 계산에 적용하는 풍압하중의 종별로 알맞은 것은?

① 갑종, 을종, 병종
② A종, B종, C종
③ 1종, 2종, 3종
④ 수평, 수직, 각도

풀이 331.6 풍압하중의 종별과 적용
가공 전선로에 사용하는 지지물의 강도 계산에 적용하는 풍압 하중은 다음의 3종으로 한다.
가. 갑종 풍압하중
   구성재의 수직 투영면적 1[m^2]에 대한 풍압을 기초로 하여 계산한 것.
나. 을종 풍압하중
   전선 기타의 가섭선 주위에 두께 6[mm], 비중 0.9의 빙설이 부착된 상태에서 수직 투영면적 372[Pa](다도체를 구성하는 전선은 333[Pa]), 그 이외의 것은 갑종풍압하중의 2분의 1을 기초로 하여 계산한 것.
다. 병종 풍압하중 : 갑종풍압하중의 2분의 1을 기초로 하여 계산한 것.

10
산기 24-1

빙설이 적고 인가가 밀집된 도시에 시설하는 고압가공전선로의 지지물 설계에 사용하는 풍압하중은?

① 갑종 풍압하중
② 을종 풍압하중
③ 병종 풍압하중
④ 갑종 풍압하중과 을종 풍압하중을 각 설비에 따라 혼용

풀이 331.6 풍압하중의 종별과 적용
인가가 많이 연접되어 있는 장소에 시설하는 가공전선로의 구성재 중 다음의 풍압하중에 대하여는 규정에 불구하고 갑종 풍압하중 또는 을종 풍압하중 대신에 **병종 풍압하중을 적용**할 수 있다.
가. 저압 또는 고압 가공전선로의 지지물 또는 가섭선
나. 사용전압이 35[kV] 이하의 전선에 특고압 절연전선 또는 케이블을 사용하는 특고압 가공전선로의 지지물, 가섭선 및 특고압 가공전선을 지지하는 애자장치 및 완금류

정답 08. ② 09. ① 10. ③

11 빙설의 정도에 따라 풍압하중을 적용하도록 규정하고 있는 내용 중 옳은 것은? (단, 빙설이 많은 지방 중 해안지방 기타 저온계절에 최대풍압이 생기는 지방은 제외한다.)

① 빙설이 많은 지방에서는 고온계절에는 갑종 풍압하중, 저온계절에는 을종 풍압하중을 적용한다.
② 빙설이 많은 지방에서는 고온계절에는 을종 풍압하중, 저온계절에는 갑종 풍압하중을 적용한다.
③ 빙설이 적은 지방에서는 고온계절에는 갑종 풍압하중, 저온계절에는 을종 풍압하중을 적용한다.
④ 빙설이 적은 지방에서는 고온계절에는 을종 풍압하중, 저온계절에는 갑종 풍압하중을 적용한다.

풀이 331.6 풍압하중의 종별과 적용

지 역		고온계절	저온계절
빙설이 많은 지방 이외의 지방		갑종	병종
빙설이 많은 지방	일반지역	갑종	을종
	해안지방, 기타 저온 계절에 최대 풍압이 생기는 지역	갑종	갑종과 을종 중 큰 값 선정
인가가 많이 연접되어 있는 장소		병종	병종

12 가공전선로의 지지물의 강도계산에 적용하는 풍압하중은 빙설이 많은 지방이외의 지방에서 저온계절에는 어떤 풍압하중을 적용하는가? (단, 인가가 연접되어 있지 않다고 한다.)

① 갑종풍압하중
② 을종 풍압하중
③ 병종풍압하중
④ 을종과 병종풍압하중을 혼용

풀이 331.6 풍압하중의 종별과 적용

지 역		고온계절	저온계절
빙설이 많은 지방 이외의 지방		갑종	병종
빙설이 많은 지방	일반지역	갑종	을종
	해안지방, 기타 저온 계절에 최대 풍압이 생기는 지역	갑종	갑종과 을종 중 큰 값 선정
인가가 많이 연접되어 있는 장소		병종	병종

정답 11. ① 12. ③

산기 24-2

13 빙설의 정도에 따라 풍압하중을 적용하도록 규정하고 있는 내용 중 옳은 것은?

① 빙설이 많은 지방에서는 고온계절에는 갑종풍압하중, 저온계절에는 을종 풍압하중을 적용한다.
② 빙설이 많은 지방에서는 고온계절에는 을종풍압하중, 저온계절에는 갑종 풍압하중을 적용한다.
③ 빙설이 적은 지방에서는 고온계절에는 갑종풍압하중, 저온계절에는 을종 풍압하중을 적용한다.
④ 빙설이 적은 지방에서는 고온계절에는 을종풍압하중, 저온계절에는 갑종 풍압하중을 적용한다.

풀이 331.6 풍압하중의 종별과 적용

지 역		고온계절	저온계절
빙설이 많은 지방 이외의 지방		갑종	병종
빙설이 많은 지방	일반지역	갑종	을종
	해안지방, 기타 저온 계절에 최대 풍압이 생기는 지역	갑종	갑종과 을종 중 큰 값 선정
	인가가 많이 연접되어 있는 장소	병종	병종

기 16-3, 기 17-3, 기 18-3, 산기 24-3

14 가공 전선로에 사용하는 지지물의 강도 계산에 적용하는 갑종 풍압 하중을 계산할 때 구성재의 수직 투영 면적 1[m²]에 대한 풍압 값[Pa]의 기준으로 틀린 것은?

① 목주 : 588[Pa]
② 원형 철주 : 588[Pa]
③ 원형 철근 콘크리트주 : 1038[Pa]
④ 강관으로 구성된 철탑(단주는 제외) : 1255[Pa]

풀이 331.6 풍압하중의 종별과 적용

풍압을 받는 구분		풍압 [Pa]
철근 콘크리트주	원형의 것	588
	기타의 것	882

정답 13. ① 14. ③

15 가공 전선로의 지지물이 원형 철근콘크리트주인 경우 갑종 풍압하중은 몇 [Pa]를 기초로 하여 계산하는가?

① 294　　　　　　　　　　　　② 588
③ 627　　　　　　　　　　　　④ 1078

풀이 331.6 풍압하중의 종별과 적용

풍압을 받는 구분			풍압[Pa]
지지물	목주		588
	철주	원형의 것	588
		삼각형 또는 농형	1412
		강관에 의하여 구성되는 4각형의 것	1117
		기타의 것으로 복재가 전후면에 겹치는 경우	1627
		기타의 것으로 겹치지 않은 경우	1784
	철근 콘크리트주	원형의 것	588
		기타의 것	882
	철탑	강관으로 구성되는 것	1255
		기타의 것	2157

16 강관으로 구성된 철탑의 갑종 풍압하중은 수직 투영면적 1[m²]에 대한 풍압을 기초로 하여 계산한 값이 몇 [Pa] 인가? (단, 단주는 제외한다.)

① 1255　　　　　　　　　　　　② 1412
③ 1627　　　　　　　　　　　　④ 2157

풀이 331.6 풍압하중의 종별과 적용

철탑	단주 (완철류는 제외함)	원형의 것	588 [Pa]
		기타의 것	1,117 [Pa]
	강관으로 구성되는 것(단주는 제외함)		1,255 [Pa]
	기타의 것		2,157 [Pa]

정답 15. ② 16. ①

17 가공전선로의 지지물에 하중이 가하여지는 경우에 그 하중을 받는 지지물의 기초 안전율은 얼마 이상이어야 하는가? (단, 이상 시 상정하중은 무관)

① 1.5 ② 2.0
③ 2.5 ④ 3.0

풀이 331.7 가공전선로 지지물의 기초의 안전율

가공전선로의 지지물에 하중이 가하여지는 경우에 그 하중을 받는 지지물의 기초의 안전율은 2(이상 시 상정하중에 대한 철탑의 기초에 대하여는 1.33) 이상이어야 한다.

18 철탑의 강도계산을 할 때 이상 시 상정하중이 가하여지는 경우 철탑의 기초에 대한 안전율은 얼마 이상이어야 하는가?

① 1.33 ② 1.83
③ 2.25 ④ 2.75

풀이 331.7 가공전선로 지지물의 기초의 안전율

가공전선로의 지지물에 하중이 가하여지는 경우에 그 하중을 받는 지지물의 기초의 안전율은 2(이상 시 상정하중에 대한 철탑의 기초에 대하여는 1.33) 이상이어야 한다.

19 가공전선로의 지지물로서 길이 9[m], 설계하중이 6.8[kN] 이하인 철근 콘크리트주를 시설할 때 땅에 묻히는 깊이는 몇 [m] 이상으로 하여야 하는가?

① 1.2 ② 1.5
③ 2   ④ 2.5

풀이 331.7 가공전선로 지지물의 기초의 안전율

가공전선로의 지지물에 하중이 가하여지는 경우에 그 하중을 받는 지지물의 기초의 안전율은 2(이상 시 상정하중에 대한 철탑의 기초에 대하여는 1.33) 이상이어야 한다. 다만, 다음에 따라 시설하는 경우에는 적용하지 않는다.

설계하중 전장	6.8 [kN] 이하	6.8 [kN] 초과 ~9.8 [kN] 이하	9.8 [kN] 초과 ~14.72 [kN] 이하
15[m] 이하	전장×1/6[m] 이상	전장×1/6 + 0.3[m] 이상	전장×1/6 + 0.5[m] 이상
15[m] 초과	2.5[m] 이상	2.8[m] 이상	-
16[m] 초과~ 20[m] 이하	2.8[m] 이상	-	-
15[m] 초과~ 18[m] 이하	-	-	3[m] 이상
18[m] 초과	-	-	3.2[m] 이상

∴ 땅에 묻히는 깊이 $= 9[m] \times \dfrac{1}{6} = 1.5[m]$

정답 17. ② 18. ① 19. ②

20 설계하중이 6.8[kN]인 철근 콘크리트주의 길이가 17[m]라 한다. 이 지지물을 지반이 연약한 곳 이외의 곳에서 안전율을 고려하지 않고 시설하려고 하면 땅에 묻히는 깊이는 몇 [m] 이상으로 하여야 하는가?

① 2.0[m]
② 2.3[m]
③ 2.5[m]
④ 2.8[m]

풀이 331.7 가공전선로 지지물의 기초의 안전율

가공전선로의 지지물에 하중이 가하여지는 경우에 그 하중을 받는 지지물의 기초의 안전율은 2(이상 시 상정하중에 대한 철탑의 기초에 대하여는 1.33) 이상이어야 한다. 다만, 다음에 따라 시설하는 경우에는 적용하지 않는다.

설계하중 전장	6.8[kN] 이하	6.8[kN] 초과 ~9.8[kN] 이하	9.8[kN] 초과 ~14.72[kN] 이하
15[m] 이하	전장×1/6[m] 이상	전장×1/6+0.3[m] 이상	전장×1/6+0.5[m] 이상
15[m] 초과	2.5[m] 이상	2.8[m] 이상	-
16[m] 초과~20[m] 이하	2.8[m] 이상	-	-
15[m] 초과~18[m] 이하	-	-	3[m] 이상
18[m] 초과	-	-	3.2[m] 이상

21 전체의 길이가 18[m] 이고, 설계하중이 6.8[kN]인 철근 콘크리트주를 지반이 튼튼한 곳에 시설하려고 한다. 기초 안전율을 고려하지 않기 위해서는 묻히는 깊이를 몇 [m] 이상으로 시설하여야 하는가?

① 2.5
② 2.8
③ 3
④ 3.2

풀이 331.7 가공전선로 지지물의 기초의 안전율

가공전선로의 지지물에 하중이 가하여지는 경우에 그 하중을 받는 지지물의 기초의 안전율은 2(이상 시 상정하중에 대한 철탑의 기초에 대하여는 1.33) 이상이어야 한다. 다만, 다음에 따라 시설하는 경우에는 적용하지 않는다.

설계하중 전장	6.8[kN] 이하	6.8[kN] 초과 ~9.8[kN] 이하	9.8[kN] 초과 ~14.72[kN] 이하
15[m] 이하	전장×1/6[m] 이상	전장×1/6+0.3[m] 이상	전장×1/6+0.5[m] 이상
15[m] 초과	2.5[m] 이상	2.8[m] 이상	-
16[m] 초과~20[m] 이하	2.8[m] 이상	-	-
15[m] 초과~18[m] 이하	-	-	3[m] 이상
18[m] 초과	-	-	3.2[m] 이상

정답 20. ④ 21. ②

22 전체의 길이가 16[m]이고 설계하중이 6.8[kN] 초과 9.8[kN] 이하인 철근 콘크리트주를 논, 기타 지반이 연약한 곳 이외의 곳에 시설할 때, 묻히는 깊이를 2.5[m] 보다 몇 [cm] 가산하여 시설하는 경우에는 기초의 안전율에 대한 고려없이 시설하여도 되는가?

① 10
② 20
③ 30
④ 40

풀이 331.7 가공전선로 지지물의 기초의 안전율

가공전선로의 지지물에 하중이 가하여지는 경우에 그 하중을 받는 지지물의 기초의 안전율은 2(이상 시 상정하중에 대한 철탑의 기초에 대하여는 1.33) 이상이어야 한다. 다만, 다음에 따라 시설하는 경우에는 적용하지 않는다.

설계하중 전장	6.8[kN] 이하	6.8[kN] 초과 ~9.8[kN] 이하	9.8[kN] 초과 ~14.72[kN] 이하
15[m] 이하	전장×1/6[m] 이상	전장×1/6+0.3[m] 이상	전장×1/6+0.5[m] 이상
15[m] 초과	2.5[m] 이상	2.8[m] 이상	-
16[m] 초과~20[m] 이하	2.8[m] 이상	-	-
15[m] 초과~18[m] 이하	-	-	3[m] 이상
18[m] 초과	-	-	3.2[m] 이상

23 지선을 사용하여 그 강도를 분담시키면 안 되는 가공전선로의 지지물은?

① 목주
② 철주
③ 철탑
④ 철근 콘크리트주

풀이 331.11 지선의 시설

가. 가공전선로의 지지물로 사용하는 철탑은 지선을 사용하여 그 강도를 분담시켜서는 안 된다.
나. 가공전선로의 지지물로 사용하는 철주 또는 철근 콘크리트주는 지선을 사용하지 않는 상태에서 2분의 1 이상의 풍압하중에 견디는 강도를 가지는 경우 이외에는 지선을 사용하여 그 강도를 분담시켜서는 안 된다.

정답 22. ③ 23. ③

24 가공 전선로의 지지물에 시설하는 지선의 안전율은 일반적인 경우 얼마 이상이어야 하는가?

① 2.0
② 2.2
③ 2.5
④ 2.7

풀이 331.11 지선의 시설
가. 지선의 안전율은 2.5 이상일 것. 이 경우에 허용 인장하중의 최저는 4.31[kN]으로 한다.
나. 지선에 연선을 사용할 경우에는 다음에 의할 것.
① 소선 3가닥 이상의 연선일 것.
② 소선의 지름이 2.6[mm] 이상의 금속선을 사용한 것일 것.

25 가공전선로의 지지물에 시설하는 지선으로 연선을 사용할 경우 소선은 최소 몇 가닥 이상이어야 하는가?

① 3
② 5
③ 7
④ 9

풀이 331.11 지선의 시설
가. 가공전선로의 지지물로 사용하는 철탑은 지선을 사용하여 그 강도를 분담시켜서는 안 된다.
나. 지선의 안전율은 2.5 이상일 것. 이 경우에 허용 인장하중의 최저는 4.31[kN]으로 한다.
다. 지선에 연선을 사용할 경우에는 다음에 의할 것.
① 소선 3가닥 이상의 연선일 것.
② 소선의 지름이 2.6[mm] 이상의 금속선을 사용한 것일 것.
라. 지중부분 및 지표상 0.3[m]까지의 부분에는 내식성이 있는 것 또는 아연도금을 한 철봉을 사용하고 쉽게 부식되지 않는 근가에 견고하게 붙일 것.
마. 도로를 횡단하여 시설하는 지선의 높이는 지표상 5[m] 이상으로 하여야 한다.

26 가공 전선로의 지지물에 지선을 시설하려고 한다. 이 지선의 기준으로 옳은 것은?

① 소선 지름 : 2.0[mm], 안전율 : 2.5, 허용 인장하중 : 2.11[kN]
② 소선 지름 : 2.6[mm], 안전율 : 2.5, 허용 인장하중 : 4.31[kN]
③ 소선 지름 : 1.6[mm], 안전율 : 2.0, 허용 인장하중 : 4.31[kN]
④ 소선 지름 : 2.6[mm], 안전율 : 1.5, 허용 인장하중 : 3.21[kN]

풀이 331.11 지선의 시설
가. 가공전선로의 지지물로 사용하는 철탑은 지선을 사용하여 그 강도를 분담시켜서는 안 된다.
나. 지선의 안전율은 2.5 이상일 것. 이 경우에 허용 인장하중의 최저는 4.31[kN]으로 한다.
다. 지선에 연선을 사용할 경우에는 다음에 의할 것.
① 소선 3가닥 이상의 연선일 것.
② 소선의 지름이 2.6[mm] 이상의 금속선을 사용한 것일 것.

정답 24. ③ 25. ① 26. ②

27 가공 전선로의 지지물에 시설하는 지선의 시방 세목을 설명 한 것 중 옳은 것은?

① 안전율은 1.2이상일 것
② 허용 인장하중의 최저는 5.26[kN]으로 할 것
③ 소선은 지름 1.6[mm] 이상인 금속선을 사용할 것
④ 지선에 연선을 사용할 경우 소선 3가닥 이상의 연선일 것

풀이 331.11 지선의 시설
　가. 가공전선로의 지지물로 사용하는 철탑은 지선을 사용하여 그 강도를 분담시켜서는 안 된다.
　나. 지선의 안전율은 2.5 이상일 것. 이 경우에 허용 인장하중의 최저는 4.31[kN]으로 한다.
　다. 지선에 연선을 사용할 경우에는 다음에 의할 것.
　　① 소선 3가닥 이상의 연선일 것.
　　② 소선의 지름이 2.6[mm] 이상의 금속선을 사용한 것일 것.

28 가공전선로의 지지물에 시설하는 지선에 관한 사항으로 옳은 것은?

① 소선은 지름 2.0[mm] 이상인 금속선을 사용한다.
② 도로를 횡단하여 시설하는 지선의 높이는 지표상 6.0[m] 이상이다.
③ 지선의 안전율은 1.2 이상이고 허용인장하중의 최저는 4.31[kN]으로 한다.
④ 지선에 연선을 사용할 경우에는 소선은 3가닥 이상의 연선을 사용한다.

풀이 331.11 지선의 시설
　가. 가공전선로의 지지물로 사용하는 철탑은 지선을 사용하여 그 강도를 분담시켜서는 안 된다.
　나. 지선의 안전율은 2.5 이상일 것. 이 경우에 허용 인장하중의 최저는 4.31[kN]으로 한다.
　다. 지선에 연선을 사용할 경우에는 다음에 의할 것.
　　① 소선 3가닥 이상의 연선일 것.
　　② 소선의 지름이 2.6[mm] 이상의 금속선을 사용한 것일 것
　라. 도로를 횡단하여 시설하는 지선의 높이는 지표상 5[m] 이상으로 하여야 한다.

정답 27. ④ 28. ④

29 가공전선로의 지지물에 시설하는 지선의 시설기준으로 옳은 것은?

① 지선의 안전율은 2.2 이상이어야 한다.
② 연선을 사용할 경우에는 소선(素線) 3가닥 이상이어야 한다.
③ 도로를 횡단하여 시설하는 지선의 높이는 지표상 4[m] 이상으로 하여야 한다.
④ 지중부분 및 지표상 20[cm]까지의 부분에는 내식성이 있는 것 또는 아연도금을 한다.

풀이 331.11 지선의 시설
가. 지선의 안전율은 2.5 이상일 것. 이 경우에 허용 인장하중의 최저는 4.31[kN]으로 한다.
나. 지선에 연선을 사용할 경우에는 다음에 의할 것.
　① 소선 3가닥 이상의 연선일 것.
　② 소선의 지름이 2.6[mm] 이상의 금속선을 사용한 것일 것.
다. 지중부분 및 지표상 0.3[m] 까지의 부분에는 내식성이 있는 것 또는 아연도금을 한 철봉을 사용하고 쉽게 부식되지 않는 근가에 견고하게 붙일 것.
라. 도로를 횡단하여 시설하는 지선의 높이는 지표상 5[m] 이상으로 하여야 한다.

30 가공전선로의 지지물에 시설하는 지선의 시설기준으로 틀린 것은?

① 지선의 안전율을 2.5 이상으로 할 것
② 소선은 최소 5가닥 이상의 강심 알루미늄연선을 사용할 것
③ 도로를 횡단하여 시설하는 지선의 높이는 지표상 5[m] 이상으로 할 것
④ 지중부분 및 지표상 30[cm]까지의 부분에는 내식성이 있는 것을 사용할 것

풀이 331.11 지선의 시설
가공전선로의 지지물에 시설하는 지선은 다음에 따라야 한다.
가. 지선의 안전율은 2.5 이상일 것. 이 경우에 허용 인장하중의 최저는 4.31[kN]으로 한다.
나. 지선에 연선을 사용할 경우에는 다음에 의할 것.
　① 소선 3가닥 이상의 연선일 것.
　② 소선의 지름이 2.6[mm] 이상의 금속선을 사용한 것일 것.
다. 지중부분 및 지표상 0.3[m]까지의 부분에는 내식성이 있는 것 또는 아연도금을 한 철봉을 사용하고 쉽게 부식되지 않는 근가에 견고하게 붙일 것.
라. 도로를 횡단하여 시설하는 지선의 높이는 지표상 5[m] 이상으로 하여야 한다.

정답 29. ② 30. ②

31 가공 전선로의 지지물에 시설하는 지선의 시설기준으로 옳은 것은?

① 지선의 안전율은 1.2 이상일 것
② 소선은 최소 5가닥 이상의 연선일 것
③ 도로를 횡단하여 시설하는 지선의 높이는 일반적으로 지표상 5[m] 이상으로 할 것
④ 지중부분 및 지표상 60[cm] 까지의 부분은 아연도금을 한 철봉 등 부식하기 어려운 재료를 사용할 것

> **풀이** 331.11 지선의 시설
> 가. 지선의 안전율은 2.5 이상일 것. 이 경우에 허용 인장하중의 최저는 4.31[kN]으로 한다.
> 나. 지선에 연선을 사용할 경우에는 다음에 의할 것.
>   ① 소선 3가닥 이상의 연선일 것.
>   ② 소선의 지름이 2.6[mm] 이상의 금속선을 사용한 것일 것.
> 다. 지중부분 및 지표상 0.3[m]까지의 부분에는 내식성이 있는 것 또는 아연도금을 한 철봉을 사용하고 쉽게 부식되지 않는 근가에 견고하게 붙일 것.
> 라. 도로를 횡단하여 시설하는 지선의 높이는 지표상 5[m] 이상으로 하여야 한다.

32 가공전선로의 지지물에 사용하는 지선의 시설과 관련된 내용으로 틀린 것은?

① 지선에 연선을 사용하는 경우 소선(素線) 3가닥 이상의 연선일 것
② 지선의 안전율은 2.5 이상, 허용 인장하중의 최저는 3.31[kN]으로 할 것
③ 지선에 연선을 사용하는 경우 소선의 지름이 2.6[mm] 이상의 금속선을 사용한 것일 것
④ 가공전선로의 지지물로 사용하는 철탑은 지선을 사용하여 그 강도를 분담시키지 않을 것

> **풀이** 331.11 지선의 시설
> 가. 가공전선로의 지지물로 사용하는 철탑은 지선을 사용하여 그 강도를 분담시켜서는 안 된다.
> 나. 지선의 안전율은 2.5 이상일 것. 이 경우에 허용 인장하중의 최저는 4.31[kN]으로 한다.
> 다. 지선에 연선을 사용할 경우에는 다음에 의할 것.
>   ① 소선 3가닥 이상의 연선일 것.
>   ② 소선의 지름이 2.6[mm] 이상의 금속선을 사용한 것일 것.

정답 31. ③ 32. ②

33 기 18-2, 산기 24-3

고압 가공인입선이 케이블 이외의 것으로서 그 전선의 아래쪽에 위험표시를 하였다면 전선의 지표상 높이는 몇 [m] 까지로 감할 수 있는가?

① 2.5　　　　　　　　　② 3.5
③ 4.5　　　　　　　　　④ 5.5

풀이 331.12.1 고압 가공인입선의 시설
　가. 고압 가공인입선의 전선
　　① 인장강도 8.01[kN] 이상의 고압 절연전선, 특고압 절연전선
　　② 지름 5[mm] 이상의 경동선의 고압 절연전선, 특고압 절연전선
　나. 고압 가공인입선의 높이는 지표상 5[m]로 하여야 한다.
　　그러나 그 고압 가공인입선이 케이블 이외의 것인 때에는 그 전선의 아래쪽에 위험 표시를 하면 고압 가공인입선의 높이는 지표상 3.5[m] 까지로 감할 수 있다.
　다. 횡단보도교의 위에 시설하는 경우에는 그 노면상 3.5[m] 이상
　라. 고압 연접인입선은 시설하여서는 아니 된다.

34 기 17-3

고압 인입선 시설에 대한 설명으로 틀린 것은?

① 15[m] 떨어진 다른 수용가에 고압 연접인입선을 시설하였다.
② 전선은 5[mm] 경동선과 동등한 세기의 고압 절연전선을 사용하였다.
③ 고압 가공인입선 아래에 위험표시를 하고 지표상 3.5[m]의 높이에 설치하였다.
④ 횡단 보도교 위에 시설하는 경우 케이블을 사용하여 노면상에서 3.5[m]의 높이에 시설하였다.

풀이 331.12.1 고압 가공인입선의 시설
　가. 고압 가공인입선의 전선
　　① 인장강도 8.01[kN] 이상의 고압 절연전선, 특고압 절연전선
　　② 지름 5[mm] 이상의 경동선의 고압 절연전선, 특고압 절연전선
　나. 고압 가공인입선의 높이는 지표상 5[m]로 하여야 한다.
　　그러나 그 고압 가공인입선이 케이블 이외의 것인 때에는 그 전선의 아래쪽에 위험 표시를 하면 고압 가공인입선의 높이는 지표상 3.5[m]까지로 감할 수 있다.
　다. 횡단보도교의 위에 시설하는 경우에는 그 노면상 3.5[m] 이상
　라. 고압 연접인입선은 시설하여서는 아니 된다.

정답 33. ② 34. ①

기 19-1

35 고압 옥측전선로에 사용할 수 있는 전선은?

① 케이블
② 나경동선
③ 절연전선
④ 다심형 전선

풀이 331.13 옥측전선로

고압 옥측전선로는 전개된 장소에는 다음에 따라 시설하여야 한다.
가. 전선은 케이블일 것.
나. 케이블은 견고한 관 또는 트라프에 넣거나 사람이 접촉할 우려가 없도록 시설할 것.
다. 케이블을 조영재의 옆면 또는 아랫면에 따라 붙일 경우에는 케이블의 지지점 간의 거리를 2[m] (수직으로 붙일 경우에는 6[m])이하로 하고 또한 피복을 손상하지 아니하도록 붙일 것.

산기 23-2

36 고압 옥상전선로의 전선이 다른 시설물과 접근하거나 교차하는 경우 이들 사이의 이격거리는 몇 [cm] 이상이어야 하는가?

① 30
② 60
③ 90
④ 120

풀이 331.14.1 고압 옥상전선로의 시설

가. 고압 옥상 전선로의 전선이 다른 시설물(가공전선을 제외한다)과 접근하거나 교차하는 경우에는 고압 옥상 전선로의 전선과 이들 사이의 이격거리는 0.6 [m] 이상이어야 한다.
나. 고압 옥상전선로의 전선은 상시 부는 바람 등에 의하여 식물에 접촉하지 아니하도록 시설하여야 한다.

기 19-3, 기 20-1,2, 산기 25-2

37 저압 가공전선로 또는 고압 가공전선로와 기설 가공 약전류 전선로가 병행하는 경우에는 유도작용에 의한 통신상의 장해가 생기지 아니하도록 전선과 기설 약전류 전선간의 이격거리는 몇 [m] 이상이어야 하는가? (단, 전기철도용 급전선로는 제외한다.)

① 2
② 4
③ 6
④ 8

풀이 332.1 가공약전류전선로의 유도장해 방지

저압 가공전선로 또는 고압 가공전선로와 기설 가공약전류전선로가 병행하는 경우에는 유도작용에 의하여 통신상의 장해가 생기지 않도록 전선과 기설 약전류전선간의 이격거리는 2[m] 이상이어야 한다.

정답 35. ① 36. ② 37. ①

기 17-2, 산기 23-2, 산기 25-2

38 고압 가공전선에 케이블을 사용하는 경우 케이블을 조가용선에 행거로 시설하고자 할 때 행거의 간격은 몇 [cm] 이하로 하여야 하는가?

① 30
② 50
③ 80
④ 100

풀이 332.2 가공케이블의 시설

저압 가공전선 또는 고압 가공전선에 케이블을 사용하는 경우에는 다음에 따라 시설하여야 한다.
가. 케이블은 조가용선에 행거로 시설할 것. 이 경우에는 사용전압이 고압인 때에는 행거의 간격은 0.5[m] 이하로 하는 것이 좋다.
나. 조가용선은 인장강도 5.93[kN] 이상의 것 또는 단면적 22[mm²] 이상인 아연도강연선일 것.
다. 조가용선 및 케이블의 피복에 사용하는 금속체에는 접지공사를 할 것.
라. 조가용선을 케이블에 접촉시켜 금속 테이프를 감는 경우에는 20[cm] 이하의 간격으로 나선상으로 한다.

기 20-1,2

39 고압 가공전선을 시설할 때 사용되는 경동선의 굵기는 지름 몇 [mm] 이상인가?

① 2.6
② 3.2
③ 4.0
④ 5.0

풀이 332.3 고압 가공전선의 굵기 및 종류

고압 가공전선은 인장강도 8.01[kN] 이상의 고압 절연전선, 특고압 절연전선 또는 지름 5[mm] 이상의 경동선의 고압 절연전선, 특고압 절연전선을 사용하여야 한다.

기 17-3, 기 18-1, 기 22-1

40 고압 가공전선으로 사용한 경동선은 안전율이 얼마 이상인 이도로 시설하여야 하는가?

① 2.0
② 2.2
③ 2.5
④ 3.0

풀이 332.4 고압 가공전선의 안전율, 222.6 저압 가공전선의 안전율

가공전선이 케이블 이외인 경우 안전율이 다음 이상이 되는 이도로 시설하여야 한다.
가. 경동선 또는 내열 동합금선 : 2.2 이상
나. 그 밖의 전선 : 2.5

정답 38. ② 39. ④ 40. ②

41 ACSR 전선을 사용전압 직류 1500[V]의 가공 급전선으로 사용할 경우 안전율은 얼마 이상이 되는 이도로 시설하여야 하는가?

① 2.0 ② 2.1
③ 2.2 ④ 2.5

풀이 332.4 고압 가공전선의 안전율, 222.6 저압 가공전선의 안전율
가공전선이 케이블 이외인 경우 안전율이 다음 이상이 되는 이도로 시설하여야 한다.
가. 경동선 또는 내열 동합금선 : 2.2 이상
나. 그 밖의 전선 : 2.5

42 고압 가공전선으로 ACSR(강심알루미늄연선)을 사용할 때의 안전율은 얼마 이상이 되는 이도(弛度)로 시설하여야 하는가?

① 1.38 ② 2.1
③ 2.5 ④ 4.01

풀이 332.4 고압 가공전선의 안전율, 222.6 저압 가공전선의 안전율
가공전선이 케이블 이외인 경우 안전율이 다음 이상이 되는 이도로 시설하여야 한다.
가. 경동선 또는 내열 동합금선 : 2.2 이상
나. 그 밖의 전선 : 2.5

43 고압 가공전선이 철도를 횡단하는 경우 레일면상에서 몇 [m] 이상으로 유지되어야 하는가?

① 5.5 ② 6
③ 6.5 ④ 7.0

풀이 332.5 고압 가공전선의 높이, 222.7 저압 가공전선의 높이
저·고압 가공전선의 높이는 다음에 따라야 한다.

설치장소		가공전선의 높이
도로횡단(번잡하지 않은 도로 제외)		지표상 6[m] 이상
철도 또는 궤도 횡단		**레일면상 6.5[m] 이상**
횡단보도교 위	저압	노면상 3.5[m] 이상 (단, 절연전선의 경우 3[m] 이상)
	고압	노면상 3.5[m] 이상
일반장소		지표상 5[m] 이상 단, 저압의 경우 절연전선 또는 케이블을 사용하여 교통에 지장이 없도록 하여 옥외조명용에 공급하는 경우 4[m]까지 감할 수 있다.
다리의 하부 기타 이와 유사한 장소		저압의 전기철도용 급전선은 지표상 3.5 [m]까지로 감할 수 있다.

정답 41. ④ 42. ③ 43. ③

44 교통이 번잡한 도로를 횡단하여 저압 가공전선을 시설하는 경우 지표상 높이는 몇 [m] 이상으로 하여야 하는가?

① 4.0
② 5.0
③ 6.0
④ 6.5

풀이 332.5 고압 가공전선의 높이, 222.7 저압 가공전선의 높이
저·고압 가공전선의 높이는 다음에 따라야 한다.

설치장소	가공전선의 높이
도로횡단 (번잡하지 않은 도로 제외)	지표상 6 [m] 이상
철도 또는 궤도 횡단	레일면상 6.5 [m] 이상

45 저압 및 고압 가공전선의 높이는 도로를 횡단하는 경우와 철도를 횡단하는 경우에 각각 몇 [m] 이상이어야 하는가?

① 도로 : 지표상 5, 철도 : 레일면상 6
② 도로 : 지표상 5, 철도 : 레일면상 6.5
③ 도로 : 지표상 6, 철도 : 레일면상 6
④ 도로 : 지표상 6, 철도 : 레일면상 6.5

풀이 332.5 고압 가공전선의 높이, 222.7 저압 가공전선의 높이
저·고압 가공전선의 높이는 다음에 따라야 한다.

설치장소		가공전선의 높이
도로횡단 (번잡하지 않은 도로 제외)		지표상 6 [m] 이상
철도 또는 궤도 횡단		레일면상 6.5 [m] 이상
횡단보도교 위	저압	노면상 3.5 [m] 이상 (단, 절연전선의 경우 3 [m] 이상)
	고압	노면상 3.5 [m] 이상
일반장소		지표상 5 [m] 이상. 단, 저압의 경우 절연전선 또는 케이블을 사용하여 교통에 지장이 없도록 하여 옥외조명용에 공급하는 경우 4 [m]까지 감할 수 있다.
다리의 하부 기타 이와 유사한 장소		저압의 전기철도용 급전선은 지표상 3.5[m]까지로 감할 수 있다.

정답 44. ③ 45. ④

46 고압 가공전선로의 가공지선으로 나경동선을 사용할 때의 최소 굵기는 지름 몇 [mm] 이상인가?

① 3.2　　② 3.5
③ 4.0　　④ 5.0

풀이 332.6 고압 가공전선로의 가공지선
고압 가공전선로에 사용하는 가공지선은 인장강도 5.26[kN] 이상의 것 또는 지름 4[mm] 이상의 나경동선을 사용한다.

47 다음 ( )에 들어갈 내용으로 옳은 것은?

> "동일 지지물에 저압 가공전선(다중접지된 중성선은 제외한다.)과 고압 가공전선을 시설하는 경우 고압 가공전선을 저압 가공전선의 (㉠)로 하고, 별개의 완금류에 시설해야 하며, 고압 가공전선과 저압 가공전선 사이의 이격거리는 (㉡)[m] 이상으로 한다."

① ㉠ 아래 ㉡ 0.5　　② ㉠ 아래 ㉡ 1
③ ㉠ 위 ㉡ 0.5　　④ ㉠ 위 ㉡ 1

풀이 332.8 고압 가공전선 등의 병행설치
저압 가공전선(다중접지된 중성선은 제외한다. 이하 같다)과 고압 가공전선을 동일 지지물에 시설하는 경우에는 다음에 따라야 한다.
가. 저압 가공전선을 고압 가공전선의 아래로 하고 별개의 완금류에 시설할 것.
나. 저압 가공전선과 고압 가공전선 사이의 이격거리는 0.5[m] 이상일 것.
다. 다음의 어느 하나에 해당하는 경우에는 "가" 및 "나"에 의하지 아니할 수 있다.
① 고압 가공전선에 케이블을 사용하고, 또한 그 케이블과 저압 가공전선 사이의 이격거리를 0.3[m] 이상으로 하여 시설하는 경우
② 저압 가공인입선을 분기하기 위하여 저압 가공전선을 고압용의 완금류에 견고하게 시설하는 경우

기 16-1, 산기 25-1

48 동일 지지물에 고압 가공전선과 저압 가공전선을 병행 설치할 경우 일반적으로 양 전선간의 이격거리는 몇 [cm] 이상 인가?

① 50
② 60
③ 70
④ 80

풀이 332.8 고압 가공전선 등의 병행설치

저압 가공전선(다중접지된 중성선은 제외한다. 이하 같다)과 고압 가공전선을 동일 지지물에 시설하는 경우에는 다음에 따라야 한다.
가. 저압 가공전선을 고압 가공전선의 아래로 하고 별개의 완금류에 시설할 것.
나. 저압 가공전선과 고압 가공전선 사이의 이격거리는 0.5[m] 이상일 것.
다. 다음의 어느 하나에 해당하는 경우에는 "가" 및 "나"에 의하지 아니할 수 있다.
　① 고압 가공전선에 케이블을 사용하고, 또한 그 케이블과 저압 가공전선 사이의 이격거리를 0.3 [m] 이상으로 하여 시설하는 경우
　② 저압 가공인입선을 분기하기 위하여 저압 가공전선을 고압용의 완금류에 견고하게 시설하는 경우

기 19-3, 산기 22-1, 산기 24-3

49 고압 가공전선로의 지지물로 철탑을 사용한 경우 최대경간은 몇 [m]이하이어야 하는가?

① 300
② 400
③ 500
④ 600

풀이 332.9 고압 가공전선로 경간의 제한

고압 가공전선로의 경간은 표에서 정한 값 이하이어야 한다.

지지물의 종류	경간
목주·A종 철주 또는 A종 철근 콘크리트주	150[m]
B종 철주 또는 B종 철근 콘크리트주	250[m]
철탑	600[m]

정답 48. ① 49. ④

50 고압 보안공사에서 지지물이 A종 철주인 경우 경간은 몇 [m] 이하인가?

① 100　　　　　　　　　　② 150
③ 250　　　　　　　　　　④ 400

풀이 332.10 고압 보안공사
고압 보안공사는 다음에 따라야 한다.
가. 전선은 케이블인 경우 이외에는 인장강도 8.01[kN] 이상의 것 또는 지름 5[mm] 이상의 경동선일 것.
나. 목주의 풍압하중에 대한 안전율은 1.5 이상일 것.
다. 경간은 표에서 정한 값 이하일 것.

지지물의 종류	경간
목주·A종 철주 또는 A종 철근 콘크리트주	100[m] 이하
B종 철주 또는 B종 철근 콘크리트주	150[m] 이하
철탑	400[m] 이하

51 고압 보안공사 시에 지지물이 B종 철근 콘크리트주인 경우 경간은 몇 [m] 이하인가?

① 100　　　　　　　　　　② 150
③ 250　　　　　　　　　　④ 400

풀이 332.10 고압 보안공사
고압 보안공사는 다음에 따라야 한다.
가. 전선은 케이블인 경우 이외에는 인장강도 8.01[kN] 이상의 것 또는 지름 5[mm] 이상의 경동선일 것.
나. 목주의 풍압하중에 대한 안전율은 1.5 이상일 것.
다. 경간은 표에서 정한 값 이하일 것.

지지물의 종류	경간
목주·A종 철주 또는 A종 철근 콘크리트주	100[m] 이하
B종 철주 또는 B종 철근 콘크리트주	150[m] 이하
철탑	400[m] 이하

정답　50. ①　51. ②

52 고압 보안공사에 철탑을 지지물로 사용하는 경우 경간은 몇 [m] 이하이어야 하는가?

① 100 ② 150
③ 400 ④ 600

풀이 332.10 고압 보안공사
고압 보안공사는 다음에 따라야 한다.
가. 전선은 케이블인 경우 이외에는 인장강도 8.01[kN] 이상의 것 또는 지름 5[mm] 이상의 경동선일 것.
나. 목주의 풍압하중에 대한 안전율은 1.5 이상일 것.
다. 경간은 표에서 정한 값 이하일 것.

지지물의 종류	경 간
목주 · A종 철주 또는 A종 철근 콘크리트주	100[m] 이하
B종 철주 또는 B종 철근 콘크리트주	150[m] 이하
철 탑	400[m] 이하

53 고압 가공전선과 건조물의 상부 조영재와의 옆쪽 이격거리는 몇 [m] 이상인가? (단, 전선에 사람이 쉽게 접촉할 우려가 있고 케이블이 아닌 경우이다.)

① 1.0 ② 1.2
③ 1.5 ④ 2.0

풀이 332.11 고압 가공전선과 건조물의 접근
222.11 저압 가공전선과 건조물의 접근
저압 가공전선 또는 고압 가공전선이 건조물과 접근 상태로 시설되는 경우에는 다음에 따라야 한다.
가. 고압 가공전선로는 고압 보안공사에 의할 것.
나. 저·고압 가공전선과 건조물의 조영재 사이의 이격거리는 표에서 정한 값 이상일 것.

사용 전압 부분 공작물의 종류			저압[m]	고압[m]
건조물	상부 조영재 위쪽	일반적인 경우	2	2
		전선이 고압절연전선	1	2
		전선이 케이블인 경우	1	1
	기타 조영재 또는 상부조영재의 옆쪽 또는 아래쪽	일반적인 경우	1.2	1.2
		전선이 고압절연전선	0.4	1.2
		전선이 케이블인 경우	0.4	0.4
		사람이 쉽게 접근할 수 없도록 시설한 경우	0.8	0.8

정답 52. ③ 53. ②

54
기 17-1

사람이 접촉할 우려가 있는 경우 고압가공전선과 상부 조영재의 옆쪽에서의 이격거리는 몇 [m] 이상이어야 하는가? (단, 전선은 경동연선이라고 한다.)

① 0.6
② 0.8
③ 1.0
④ 1.2

풀이 332.11 고압 가공전선과 건조물의 접근
222.11 저압 가공전선과 건조물의 접근
저압 가공전선 또는 고압 가공전선이 건조물과 접근 상태로 시설되는 경우에는 다음에 따라야 한다.
가. 고압 가공전선로는 고압 보안공사에 의할 것.
나. 저·고압 가공전선과 건조물의 조영재 사이의 이격거리는 표에서 정한 값 이상일 것.

사용 전압 부분 공작물의 종류			저압[m]	고압[m]
건조물	상부 조영재 위쪽	일반적인 경우	2	2
		전선이 고압절연전선	1	2
		전선이 케이블인 경우	1	1
	기타 조영재 또는 상부조영재의 옆쪽 또는 아래쪽	일반적인 경우	1.2	1.2
		전선이 고압절연전선	0.4	1.2
		전선이 케이블인 경우	0.4	0.4
		사람이 쉽게 접근할 수 없도록 시설한 경우	0.8	0.8

55
기 16-3

고압 가공전선이 안테나와 접근상태로 시설되는 경우에 가공전선과 안테나 사이의 수평 이격거리는 최소 몇 [cm] 이상이어야 하는가? (단, 가공 전선으로는 케이블을 사용하지 않는다고 한다.)

① 60
② 80
③ 100
④ 120

풀이 332.14 고압 가공전선과 안테나의 접근 또는 교차
저압 가공전선 또는 고압 가공전선이 안테나와 접근상태로 시설되는 경우에는 다음에 따라야 한다.
가. 고압 가공전선로는 고압 보안공사에 의할 것.
나. 가공전선과 안테나 사이의 이격거리

사용 전압 부분 공작물의 종류		저압	고압
안테나	일반적인 경우	0.6[m]	0.8[m]
	전선이 고압절연전선	0.3[m]	0.8[m]
	전선이 케이블인 경우	0.3[m]	0.4[m]

정답 54. ④ 55. ②

56 가섭선에 의하여 시설하는 안테나가 있다. 이 안테나 주위에 경동연선을 사용한 고압 가공전선이 지나가고 있다면 수평 이격거리는 몇 [cm] 이상이어야 하는가?

① 40
② 60
③ 80
④ 100

풀이 332.14 고압 가공전선과 안테나의 접근 또는 교차
저압 가공전선 또는 고압 가공전선이 안테나와 접근상태로 시설되는 경우에는 다음에 따라야 한다.
가. 고압 가공전선로는 고압 보안공사에 의할 것.
나. 가공전선과 안테나 사이의 이격거리

사용 전압 부분 공작물의 종류		저압	고압
안테나	일반적인 경우	0.6[m]	0.8[m]
	전선이 고압절연전선	0.3[m]	0.8[m]
	전선이 케이블인 경우	0.3[m]	0.4[m]

57 고압 가공전선이 교류 전차선과 교차하는 경우, 고압 가공전선으로 케이블을 사용하는 경우 이외에는 단면적 몇 [mm²] 이상의 경동연선(교류 전차선 등과 교차하는 부분을 포함하는 경간에 접속점이 없는 것에 한한다.)을 사용하여야 하는가?

① 14
② 22
③ 30
④ 38

풀이 332.15 고압 가공전선과 교류전차선 등의 접근 또는 교차
저압 가공전선 또는 고압 가공전선이 교류 전차선 등과 교차하는 경우에 저압 가공전선 또는 고압 가공전선이 교류 전차선 등의 위에 시설되는 때에는 다음에 따라야 한다.
가. 저압 가공전선에는 케이블을 사용하고 또한 이를 단면적 35[mm²] 이상인 아연도강 연선으로서 인장강도 19.61[kN] 이상인 것(교류 전차선 등과 교차하는 부분을 포함하는 경간에 접속점이 없는 것에 한한다)으로 조가하여 시설할 것.
나. 고압 가공전선은 케이블인 경우 이외에는 인장강도 14.51[kN] 이상의 것 또는 단면적 38[mm²] 이상의 경동연선(교류 전차선 등과 교차하는 부분을 포함하는 경간에 접속점이 없는 것에 한한다)일 것.
다. 고압 가공전선이 케이블인 경우에는 이를 단면적 38[mm²] 이상인 아연도강연선으로서 인장강도 19.61[kN] 이상인 것(교류 전차선 등과 교차하는 부분을 포함하는 경간에 접속점이 없는 것에 한한다)으로 조가하여 시설할 것.

정답 56. ③ 57. ④

58
산기 23-1

고압 가공전선 상호 간의 접근 또는 교차하여 시설되는 경우, 고압 가공전선 상호 간의 이격거리는 몇 [cm] 이상이어야 하는가? (단, 고압 가공전선은 모두 케이블이 아니라고 한다.)

① 50
② 60
③ 70
④ 80

풀이 332.17 고압 가공전선 상호 간의 접근 또는 교차

고압 가공전선이 다른 고압 가공 전선과 접근상태로 시설되거나 교차하여 시설되는 경우에는 다음에 따라 시설하여야 한다.
가. 고압 가공전선로는 고압 보안공사에 의할 것.
나. 고압 가공전선과 다른 고압 가공 전선과의 이격거리

구 분	고압 가공전선	
	일 반	케이블
고압가공전선	0.8[m]	0.4[m]
고압가공전선로의 지지물	0.6[m]	0.3[m]

59
산기 22-2

고압 가공전선과 식물과의 이격거리에 대한 기준으로 가장 적절한 것은?

① 고압 가공전선의 주위에 보호망으로 이격시킨다.
② 식물과의 접촉에 대비하여 차폐선을 시설하도록 한다.
③ 고압 가공전선을 절연전선으로 사용하고 주변의 식물을 제거시키도록 한다.
④ 식물에 접촉하지 아니하도록 시설하여야 한다.

풀이 332.19 고압 가공전선과 식물의 이격거리

고압 가공전선은 상시 부는 바람 등에 의하여 식물에 접촉하지 않도록 시설하여야 한다.

정답 58. ④ 59. ④

60 저고압 가공전선과 가공약전류 전선 등을 동일 지지물에 시설하는 기준으로 틀린 것은?

① 가공전선을 가공약전류전선 등의 위로하고 별개의 완금류에 시설할 것
② 전선로의 지지물로서 사용하는 목주의 풍압하중에 대한 안전율은 1.5 이상일 것
③ 가공전선과 가공약전류전선 등 사이의 이격거리는 저압과 고압 모두 75[cm] 이상일 것
④ 가공전선이 가공약전류전선에 대하여 유도작용에 의한 통신상의 장해를 줄 우려가 있는 경우에는 가공전선을 적당한 거리에서 연가할 것

풀이 332.21 고압 가공전선과 가공약전류전선 등의 공용설치,
222.21 저압 가공전선과 가공약전류전선 등의 공용설치
저압 가공전선 또는 고압 가공전선과 가공약전류전선 등을 동일 지지물에 시설하는 경우에는 다음에 따라 시설하여야 한다.
가. 전선로의 지지물로서 사용하는 목주의 풍압하중에 대한 안전율은 1.5 이상일 것.
나. 가공전선을 가공약전류전선 등의 위로하고 별개의 완금류에 시설할 것.
다. 가공전선과 가공약전류전선 등 사이의 이격거리
  • 저압(다중 접지된 중성선을 제외한다)은 0.75[m] 이상
  • 고압은 1.5[m] 이상일 것.
라. 가공전선이 가공약전류전선에 대하여 유도작용에 의한 통신상의 장해를 줄 우려가 있는 경우에는 다음의 규정에 준하여 시설할 것.
  ① 가공전선과 가공약전류전선간의 이격거리를 증가시킬 것.
  ② 교류식 가공전선로의 경우에는 가공전선을 적당한 거리에서 연가할 것.
  ③ 가공전선과 가공약전류전선 사이에 인장강도 5.26[kN] 이상의 것 또는 지름 4[mm] 이상인 경동선의 금속선 2가닥 이상을 시설하고 규정에 준하여 접지공사를 할 것.

61 66[kV] 특고압 가공전선로를 시가지에 시설하려고 한다. 애자장치는 50[%] 충격섬락전압의 값이 다른 부분을 지지하는 애지장치의 몇 [%] 이상으로 되어야 하는가?

① 100
② 115
③ 110
④ 105

풀이 333.1 시가지 등에서 특고압 가공전선로의 시설
사용전압이 170[kV] 이하인 특고압 가공전선로를 시가지 그 밖에 인가가 밀집한 지역에 시설하기 위한 특고압 가공전선을 지지하는 애자장치는 다음 중 어느 하나에 의할 것.
가. 50[%] 충격섬락전압 값이 그 전선의 근접한 다른 부분을 지지하는 애자장치 값의 110[%](사용전압이 130[kV]를 초과하는 경우는 105[%]) 이상인 것.
나. 아킹혼을 붙인 현수애자 · 장간애자 또는 라인포스트애자를 사용하는 것.
다. 2련 이상의 현수애자 또는 장간애자를 사용하는 것.
라. 2개 이상의 핀애자 또는 라인포스트애자를 사용하는 것.

정답 60. ③ 61. ③

62 시가지 또는 그 밖에 인가가 밀집한 지역에 154[kV] 가공전선로의 전선을 케이블로 시설하고자 한다. 이때 가공전선을 지지하는 애자장치의 50[%] 충격섬락전압 값이 그 전선의 근접한 다른 부분을 지지하는 애자장치 값의 몇 [%] 이상이어야 하는가?

① 75 ② 100
③ 105 ④ 110

풀이 333.1 시가지 등에서 특고압 가공전선로의 시설

특고압 가공전선로는 전선이 케이블인 경우 또는 전선로를 다음과 같이 시설하는 경우에는 시가지 그 밖에 인가가 밀집한 지역에 시설할 수 있다.
1. 사용전압이 170[kV] 이하인 전선로를 다음에 의하여 시설하는 경우
    가. 특고압 가공전선을 지지하는 애자장치는 다음 중 어느 하나에 의할 것.
        (1) 50[%] 충격섬락전압 값이 그 전선의 근접한 다른 부분을 지지하는 애자장치 값의 110[%](사용전압이 130[kV]를 초과하는 경우는 105[%]) 이상인 것.
        (2) 아킹혼을 붙인 현수애자 · 장간애자 또는 라인포스트애자를 사용하는 것.
        (3) 2련 이상의 현수애자 또는 장간애자를 사용하는 것.
        (4) 2개 이상의 핀애자 또는 라인포스트애자를 사용하는 것.

63 시가지에 시설하는 사용전압 170[kV] 이하인 특고압 가공전선로의 지지물이 철탑이고 전선이 수평으로 2 이상 있는 경우에 전선 상호 간의 간격이 4[m] 미만인 때에는 특고압 가공전선로의 경간은 몇 [m] 이하이어야 하는가?

① 100 ② 150
③ 200 ④ 250

풀이 333.1 시가지 등에서 특고압 가공전선로의 시설

지지물의 종류	경 간
A종 철주 또는 A종 철근 콘크리트주	75[m]
B종 철주 또는 B종 철근 콘크리트주	150[m]
철 탑	400[m] (단주인 경우에는 300[m]) 다만, 전선이 수평으로 2 이상 있는 경우에 전선 상호간의 간격이 4[m] 미만인 때에는 250[m]

정답 62. ③ 63. ④

64 사용전압이 22.9[kV]인 가공전선로를 시가지에 시설하는 경우 전선의 지표상 높이는 몇 [m] 이상인가? (단, 전선은 특고압 절연전선을 사용한다.)

① 6
② 7
③ 8
④ 10

풀이 333.1 시가지 등에서 특고압 가공전선로의 시설

사용전압의 구분	지표상의 높이
35[kV] 이하	10[m] (전선이 특고압 절연전선인 경우에는 8[m])
35[kV] 초과	10[m]에 35[kV]를 초과하는 10[kV] 또는 그 단수마다 12[cm]를 더한 값

65 사용전압 66[kV]의 가공전선로를 시가지에 시설할 경우 전선의 지표상 최소 높이는 몇 [m]인가?

① 6.48
② 8.36
③ 10.48
④ 12.36

풀이 333.1 시가지 등에서 특고압 가공전선로의 시설

사용전압의 구분	지표상의 높이
35[kV] 이하	10[m] (전선이 특고압 절연전선인 경우에는 8[m])
35[kV] 초과	10[m]에 35[kV]를 초과하는 10[kV] 또는 그 단수마다 12[cm]를 더한 값

• 단수 $= \dfrac{66-35}{10} = 3.1 \rightarrow$ 4단
• 지표상의 높이 $= 10 + 4 \times 0.12 = 10.48[m]$

정답 64. ③ 65. ③

기 17-3, 기 23-1

66 사용전압 154[kV]의 특고압 가공전선로를 시가지에 시설하는 경우 지표상 몇 [m] 이상에 시설하여야 하는가?

① 7
② 8
③ 9.44
④ 11.44

풀이 ▶ 333.1 시가지 등에서 특고압 가공전선로의 시설

사용전압의 구분	지표상의 높이
35[kV] 이하	10[m] (전선이 특고압 절연전선인 경우에는 8[m])
35[kV] 초과	10[m]에 35[kV]를 초과하는 10[kV] 또는 그 단수마다 12[cm]를 더한 값

• 단수 $= \dfrac{154-35}{10} = 11.9 \rightarrow$ 12단
• 지표상의 높이 $= 10 + 12 \times 0.12 = 11.44[m]$

기 16-2

67 사용전압이 161[kV]인 가공전선로를 시가지내에 시설 할 때 전선의 지표상의 높이는 몇 [m] 이상이어야 하는가?

① 8.65
② 9.56
③ 10.47
④ 11.56

풀이 ▶ 333.1 시가지 등에서 특고압 가공전선로의 시설

사용전압의 구분	지표상의 높이
35[kV] 이하	10[m] (전선이 특고압 절연전선인 경우에는 8[m])
35[kV] 초과	10[m]에 35[kV]를 초과하는 10[kV] 또는 그 단수마다 12[cm]를 더한 값

• 단수 $= \dfrac{161-35}{10} = 12.6 \rightarrow$ 13단
• 지표상의 높이 $= 10 + 13 \times 0.12 = 11.56[m]$

정답 66. ④ 67. ④

68 22.9[kV] 특고압가공전선로를 시가지에 설치할 때, 전선의 인장강도 21.67[kN] 이상의 연선 또는 단면적 최소 몇 [mm²] 이상의 경동 연선 또는 이와 동등 이상의 세기 및 굵기의 경동 연선을 사용해야 하는가?

① 30
② 38
③ 50
④ 55

풀이 333.1 시가지 등에서 특고압 가공전선로의 시설
사용전압이 170[kV] 이하인 전선로에서의 전선의 굵기

사용전압의 구분	전선의 단면적
100[kV] 미만	인장강도 21.67[kN] 이상의 연선 또는 **단면적 55[mm²] 이상의 경동연선**
100[kV] 이상	인장강도 58.84[kN] 이상의 연선 또는 단면적 150[mm²] 이상의 경동연선

69 154[kV] 특고압 가공전선로를 시가지에 경동연선으로 시설할 경우 단면적은 몇 [mm²] 이상을 사용하여야 하는가?

① 100
② 150
③ 200
④ 250

풀이 333.1 시가지 등에서 특고압 가공전선로의 시설
사용전압이 170 [kV] 이하인 전선로에서의 전선의 굵기

사용전압의 구분	전선의 단면적
100[kV] 미만	인장강도 21.67 [kN] 이상의 연선 또는 단면적 55[mm²] 이상의 경동연선
100[kV] 이상	인장강도 58.84 [kN] 이상의 연선 또는 단면적 150[mm²] 이상의 경동연선

정답 68. ④ 69. ②

70 사용전압이 170[kV]을 초과하는 특고압 가공전선로를 시가지에 시설하는 경우 전선의 단면적은 몇 [mm²] 이상의 강심알루미늄 또는 이와 동등 이상의 인장강도 및 내 아크 성능을 가지는 연선을 사용하여야 하는가?

① 22
② 55
③ 150
④ 240

풀이 333.1 시가지 등에서 특고압 가공전선로의 시설
가. 사용전압이 170[kV] 이하인 전선로에서의 전선의 굵기

사용전압의 구분	전선의 단면적
100[kV] 미만	인장강도 21.67 [kN] 이상의 연선 또는 단면적 55[mm²] 이상의 경동연선
100[kV] 이상	인장강도 58.84 [kN] 이상의 연선 또는 단면적 150[mm²] 이상의 경동연선

나. 사용전압이 170[kV] 초과하는 전선로에서의 전선은 단면적 240[mm²] 이상의 강심알루미늄선 또는 이와 동등 이상의 인장강도 및 내(耐)아크 성능을 가지는 연선을 사용할 것.

71 시가지내에 시설하는 154[kV] 가공 전선로에 지락 또는 단락이 생겼을 때 몇 초 안에 자동적으로 이를 전로로부터 차단하는 장치를 시설하여야 하는가?

① 1
② 3
③ 5
④ 10

풀이 333.1 시가지 등에서 특고압 가공전선로의 시설
사용전압이 100[kV]를 초과하는 특고압 가공전선에 지락 또는 단락이 생겼을 때에는 1초 이내에 자동적으로 이를 전로로부터 차단하는 장치를 시설할 것.

정답 70. ④ 71. ①

72 사용전압이 60[kV] 이하인 경우 전화선로의 길이 12[km] 마다 유도전류는 몇 [μA]를 넘지 않도록 하여야 하는가?

① 1
② 2
③ 3
④ 4

풀이 333.2 유도장해의 방지
가. 사용전압이 60[kV] 이하인 경우에는 전화선로의 길이 12[km] 마다 유도전류가 2[μA]를 넘지 아니하도록 할 것.
나. 사용전압이 60[kV]를 초과하는 경우에는 전화선로의 길이 40[km] 마다 유도전류가 3[μA]을 넘지 아니하도록 할 것.

73 특고압 가공전선로에서 사용전압이 60[kV]를 넘는 경우, 전화선로의 길이 몇 [km] 마다 유도전류가 3[μA]를 넘지 않도록 하여야 하는가?

① 12
② 40
③ 80
④ 100

풀이 333.2 유도장해의 방지
가. 사용전압이 60[kV] 이하인 경우에는 전화선로의 길이 12 [km] 마다 유도전류가 2[μA]를 넘지 아니하도록 할 것.
나. 사용전압이 60[kV]를 초과하는 경우에는 전화선로의 길이 40[km] 마다 유도전류가 3[μA]을 넘지 아니하도록 할 것.
다. 특고압 가공전선로는 기설 통신선로에 대하여 상시정전 유도작용에 의하여 통신상의 장해를 주지 아니하도록 시설하여야 한다.

정답 72. ② 73. ②

74 특고압 가공전선로의 전선으로 케이블을 사용하는 경우의 시설로서 옳지 않은 것은?

① 케이블은 조가용선에 행거에 의하여 시설한다.
② 케이블은 조가용선에 접속시키고 비닐테이프 등을 30[cm] 이상의 간격으로 감아 붙인다.
③ 조가용선은 단면적 22[mm^2]의 아연도강연선 또는 인장강도 13.93[kN] 이상의 연선을 사용한다.
④ 조가용선 및 케이블의 피복에 사용하는 금속체에는 접지공사를 한다.

풀이 333.3 특고압 가공케이블의 시설
특고압 가공전선로는 그 전선에 케이블을 사용하는 경우에는 다음에 따라 시설하여야 한다.
가. 케이블은 다음의 어느 하나에 의하여 시설할 것.
　① 조가용선에 행거에 의하여 시설할 것. 이 경우에 행거의 간격은 0.5[m] 이하로 하여 시설하여야 한다.
　② 조가용선에 접촉시키고 그 위에 쉽게 부식되지 아니하는 금속 테이프 등을 0.2[m] 이하의 간격을 유지시켜 나선형으로 감아 붙일 것.
나. 조가용선은 인장강도 13.93[kN] 이상의 연선 또는 단면적 22[mm^2] 이상의 아연도강연선일 것.
다. 조가용선 및 케이블의 피복에 사용하는 금속체에는 규정에 준하여 접지공사를 할 것.

75 특고압 가공전선은 케이블인 경우 이외에는 단면적이 몇 [mm^2] 이상의 경동연선이어야 하는가?

① 8　　　　　　　　　② 14
③ 22　　　　　　　　 ④ 30

풀이 333.4 특고압 가공전선의 굵기 및 종류
특고압 가공전선은 케이블인 경우 이외에는 인장강도 8.71[kN] 이상의 연선 또는 단면적이 22[mm^2] 이상의 경동연선 또는 동등이상의 인장강도를 갖는 알루미늄 전선이나 절연전선이어야 한다.

정답 74. ② 75. ③

76 사용 전압 22.9[kV]인 가공 전선과 지지물과의 이격거리는 일반적으로 몇 [cm] 이상이어야 하는가?

① 5
② 10
③ 15
④ 20

풀이 333.5 특고압 가공전선과 지지물 등의 이격거리

특고압 가공전선과 그 지지물·완금류·지주 또는 지선 사이의 이격거리는 표 에서 정한 값 이상이어야 한다. 다만, 기술상 부득이한 경우에 위험의 우려가 없도록 시설한 때에는 표 에서 정한 값의 0.8배까지 감할 수 있다.

사용전압	이격거리[cm]
15[kV] 미만	15
15[kV] 이상 2[kV] 미만	20
25[kV] 이상 35[kV] 미만	25
60[kV] 이상 70[kV] 미만	40
130[kV] 이상 160[kV] 미만	90

77 사용전압이 22.9[kV]인 특고압 가공전선과 그 지지물·완금류·지주 또는 지선 사이의 이격거리는 몇 [cm] 이상이어야 하는가?

① 15
② 20
③ 25
④ 30

풀이 333.5 특고압 가공전선과 지지물 등의 이격거리

특고압 가공전선과 그 지지물·완금류·지주 또는 지선 사이의 이격거리는 표 에서 정한 값 이상이어야 한다. 다만, 기술상 부득이한 경우에 위험의 우려가 없도록 시설한 때에는 표 에서 정한 값의 0.8배까지 감할 수 있다.

사용전압	이격거리[cm]
15[kV] 미만	15
15[kV] 이상 2[kV] 미만	20
25[kV] 이상 35[kV] 미만	25
60[kV] 이상 70[kV] 미만	40
130[kV] 이상 160[kV] 미만	90

정답 76. ④ 77. ②

78 사용전압이 22.9[kV]인 특고압 가공전선이 도로를 횡단하는 경우, 지표상 높이는 최소 몇 [m] 이상인가?

① 4.5
② 5
③ 5.5
④ 6

풀이 333.7 특고압 가공전선의 높이

전압의 범위	일반장소	도로횡단	철도 또는 궤도횡단	횡단보도교
35[kV] 이하	5[m]	6[m]	6.5[m]	4[m](특고압절연전선 또는 케이블 사용)
35[kV] 초과 160[kV] 이하	6[m]	6[m]	6.5[m]	5[m](케이블 사용)
	산지 등에서 사람이 쉽게 들어갈 수 없는 장소 ; 5[m] 이상			
160[kV] 초과	일반장소		가공전선의 높이 = 6 + 단수×0.12[m]	
	철도 또는 궤도횡단		가공전선의 높이 = 6.5 + 단수×0.12[m]	
	산지		가공전선의 높이 = 5 + 단수×0.12[m]	

※ 단수 = $\frac{(전압[kV]-160)}{10}$ … 단수 계산에서 소수점 이하는 절상

79 사용전압이 22.9[kV]인 가공전선이 철도를 횡단하는 경우, 전선의 레일면상의 높이는 몇 [m] 이상인가?

① 5
② 5.5
③ 6
④ 6.5

풀이 333.7 특고압 가공전선의 높이

전압의 범위	일반장소	도로횡단	철도 또는 궤도횡단	횡단보도교
35[kV] 이하	5[m]	6[m]	6.5[m]	4[m](특고압절연전선 또는 케이블 사용)
35[kV] 초과 160[kV] 이하	6[m]	6[m]	6.5[m]	5[m](케이블 사용)
	산지 등에서 사람이 쉽게 들어갈 수 없는 장소 ; 5[m] 이상			
160[kV] 초과	일반장소		가공전선의 높이 = 6 + 단수×0.12[m]	
	철도 또는 궤도횡단		가공전선의 높이 = 6.5 + 단수×0.12[m]	
	산지		가공전선의 높이 = 5 + 단수×0.12[m]	

※ 단수 = $\frac{(전압[kV]-160)}{10}$ … 단수 계산에서 소수점 이하는 절상

정답 78. ④ 79. ④

80 154[kV] 가공전선을 사람이 쉽게 들어갈 수 없는 산지(山地)에 시설하는 경우 전선의 지표상 높이는 몇 [m] 이상으로 하여야 하는가?

① 5.0　　　　　　　　　　② 5.5
③ 6.0　　　　　　　　　　④ 6.5

[풀이] 333.7 특고압 가공전선의 높이

전압의 범위	일반장소	도로횡단	철도 또는 궤도횡단	횡단보도교
35[kV] 이하	5[m]	6[m]	6.5[m]	4[m](특고압절연전선 또는 케이블 사용)
35[kV] 초과 160[kV] 이하	6[m]	6[m]	6.5[m]	5[m](케이블 사용)
	산지 등에서 사람이 쉽게 들어갈 수 없는 장소 ; 5[m] 이상			
160[kV] 초과	일반장소	가공전선의 높이 = 6 + 단수×0.12[m]		
	철도 또는 궤도횡단	가공전선의 높이 = 6.5 + 단수×0.12[m]		
	산지	가공전선의 높이 = 5 + 단수×0.12[m]		

※ 단수 = $\frac{(전압 [kV]-160)}{10}$ ⋯ 단수 계산에서 소수점 이하는 절상

---

81 345[kV] 송전선을 사람이 쉽게 들어가지 않는 산지에 시설할 때 전선의 지표상 높이는 몇 [m] 이상으로 하여야 하는가?

① 7.28　　　　　　　　　② 7.56
③ 8.28　　　　　　　　　④ 8.56

[풀이] 333.7 특고압 가공전선의 높이

전압의 범위	일반장소	도로횡단	철도 또는 궤도횡단	횡단보도교
35[kV] 이하	5[m]	6[m]	6.5[m]	4[m](특고압절연전선 또는 케이블 사용)
35[kV] 초과 160[kV] 이하	6[m]	6[m]	6.5[m]	5[m](케이블 사용)
	산지 등에서 사람이 쉽게 들어갈 수 없는 장소 ; 5[m] 이상			
160[kV] 초과	일반장소	가공전선의 높이 = 6 + 단수×0.12[m]		
	철도 또는 궤도횡단	가공전선의 높이 = 6.5 + 단수×0.12[m]		
	산지	가공전선의 높이 = 5 + 단수×0.12[m]		

※ 단수 = $\frac{(전압 [kV]-160)}{10}$ ⋯ 단수 계산에서 소수점 이하는 절상

- 160[kV]를 초과하는 특고압 가공 전선의 지표상 높이는 산지 등에서는 5 [m]에, 160 [kV]를 넘는 10[kV] 또는 그 단수마다 12[cm]를 가한 값
- 단수 = $\frac{345-160}{10} = 18.5 \rightarrow 19$단

∴ 전선의 지표상 높이 = $5 + 19 \times 0.12 = 7.28$[m]

정답 80. ①　81. ①

82 특고압 가공전선로에 사용하는 가공지선에는 지름 몇 [mm] 이상의 나경동선을 사용하여야 하는가?

① 2.6　　　　　　　　　② 3.5
③ 4　　　　　　　　　　④ 5

풀이 333.8 특고압 가공전선로의 가공지선
특고압 가공전선로에 사용하는 가공지선은 다음과 같다.
가. 인장강도 8.01[kN] 이상의 나선
나. 지름 5[mm] 이상의 나경동선
다. 단면적 22[mm^2] 이상의 나경동연선
라. 아연도강연선 22[mm^2]
마. OPGW 전선

83 고압 가공전선로의 지지물로서 사용하는 목주의 풍압하중에 대한 안전율은 얼마 이상이어야 하는가?

① 1.2　　　　　　　　　② 1.3
③ 2.2　　　　　　　　　④ 2.5

풀이 333.10 특고압 가공전선로의 목주 시설
332.7 고압 가공전선로의 지지물의 강도
222.8 저압 가공전선로의 지지물의 강도
지지물이 목주인 경우 안전율 및 말구의 지름

전압의 종별	안전율	말구의 지름
저 압	1.2	–
고 압	1.3	0.12 [m] 이상
특고압	1.5	0.12 [m] 이상

정답　82. ④　83. ②

84 특고압 가공전선로의 지지물로 사용하는 목주의 풍압하중에 대한 안전율은 얼마 이상이어야 하는가?

① 1.2
② 1.5
③ 2.0
④ 2.5

풀이 333.10 특고압 가공전선로의 목주 시설, 332.7 고압 가공전선로의 지지물의 강도
222.8 저압 가공전선로의 지지물의 강도

지지물이 목주인 경우 안전율 및 말구의 지름

전압의 종별	안전율	말구의 지름
저 압	1.2	-
고 압	1.3	0.12 [m] 이상
특고압	1.5	0.12 [m] 이상

85 특고압가공전선로에 사용하는 철탑 중에서 전선로의 수평각도가 3°를 넘는 곳에 사용하는 철탑은?

① 내장형 철탑
② 인류형 철탑
③ 보강형 철탑
④ 각도형 철탑

풀이 333.11 특고압 가공전선로의 철주·철근 콘크리트주 또는 철탑의 종류
특고압 가공전선로의 지지물로 사용하는 B종 철근·B종 콘크리트주 또는 철탑의 종류는 다음과 같다.
가. 직선형 : 전선로의 직선 부분(3° 이하의 수평 각도 이루는 곳 포함)에 사용되는 것
나. **각도형** : 전선로 중 **수평 각도 3°를 넘는 곳에 사용**되는 것
다. 인류형 : 전 가섭선을 인류하는 곳에 사용하는 것
라. 내장형 : 전선로 지지물 양측의 경간차가 큰 곳에 사용하는 것
마. 보강형 : 전선로 직선 부분을 보강하기 위하여 사용하는 것

정답 84. ② 85. ④

86 특고압 가공전선로의 지지물로 사용하는 B종 철주에서 각도형은 전선로 중 몇 도를 넘는 수평 각도를 이루는 곳에 사용되는가?

① 1
② 2
③ 3
④ 5

풀이 333.11 특고압 가공전선로의 철주·철근 콘크리트주 또는 철탑의 종류
특고압 가공전선로의 지지물로 사용하는 B종 철근·B종 콘크리트주 또는 철탑의 종류는 다음과 같다.
가. 직선형 : 전선로의 직선 부분(3° 이하의 수평 각도 이루는 곳 포함)에 사용되는 것
나. 각도형 : 전선로 중 수평 각도 3°를 넘는 곳에 사용되는 것
다. 인류형 : 전 가섭선을 인류하는 곳에 사용하는 것
라. 내장형 : 전선로 지지물 양측의 경간차가 큰 곳에 사용하는 것
마. 보강형 : 전선로 직선 부분을 보강하기 위하여 사용하는 것

87 특고압 가공전선로의 지지물 양측의 경간의 차가 큰 곳에 사용하는 철탑의 종류는?

① 내장형
② 보강형
③ 직선형
④ 인류형

풀이 333.11 특고압 가공전선로의 철주·철근 콘크리트주 또는 철탑의 종류
특고압 가공전선로의 지지물로 사용하는 B종 철근·B종 콘크리트주 또는 철탑의 종류는 다음과 같다.
가. 직선형 : 전선로의 직선 부분(3° 이하의 수평 각도 이루는 곳 포함)에 사용되는 것
나. 각도형 : 전선로 중 수평 각도 3°를 넘는 곳에 사용되는 것
다. 인류형 : 전 가섭선을 인류하는 곳에 사용하는 것
라. 내장형 : 전선로 지지물 양측의 경간차가 큰 곳에 사용하는 것
마. 보강형 : 전선로 직선 부분을 보강하기 위하여 사용하는 것

정답 86. ③ 87. ①

88 특고압 가공전선로의 지지물로 사용하는 B종 철주, B종 철근콘크리트주 또는 철탑의 종류에서 전선로의 지지물 양쪽의 경간의 차가 큰 곳에 사용하는 것은?

① 각도형
② 인류형
③ 내장형
④ 보강형

풀이 333.11 특고압 가공전선로의 철주·철근 콘크리트주 또는 철탑의 종류
특고압 가공전선로의 지지물로 사용하는 B종 철근·B종 콘크리트주 또는 철탑의 종류는 다음과 같다.
가. 직선형 : 전선로의 직선 부분(3° 이하의 수평 각도 이루는 곳 포함)에 사용되는 것
나. 각도형 : 전선로 중 수평 각도 3°를 넘는 곳에 사용되는 것
다. 인류형 : 전 가섭선을 인류하는 곳에 사용하는 것
라. 내장형 : 전선로 지지물 양측의 경간차가 큰 곳에 사용하는 것
마. 보강형 : 전선로 직선 부분을 보강하기 위하여 사용하는 것

89 상시 상정하중 중 풍압하중에 전가섭선에 관하여 각 가섭선의 상정 최대장력의 33[%]와 같은 불평균 장력의 수평 종분력에 의한 하중을 가산하여야 할 철탑은?

① 인류형
② 내장형
③ 보강형
④ 각도형

풀이 333.13 상시 상정하중
인류형·내장형 또는 보강형·직선형·각도형의 철주·철근 콘크리트주 또는 철탑의 경우에는 풍압하중에 가섭선 불평균 장력에 의한 수평 종하중을 가산한다.
① 인류형 : 전가섭선에 관하여 각 가섭선의 상정 최대장력과 같은 불평균 장력의 수평 종분력에 의한 하중
② 내장형·보강형 : 전가섭선에 관하여 각 가섭선의 **상정 최대장력의 33[%]와 같은 불평균 장력의 수평 종분력에 의한 하중**
③ 직선형 : 전가섭선에 관하여 각 가섭선의 상정 최대장력의 3[%]와 같은 불평균 장력의 수평 종분력에 의한 하중 (단, 내장형은 제외한다)
④ 각도형 : 전가섭선에 관하여 각 가섭선의 상정 최대장력의 10[%]와 같은 불평균 장력의 수평 종분력에 의한 하중

정답 88. ③ 89. ②

90 철탑의 강도 계산에 사용하는 이상 시 상정하중의 종류가 아닌 것은?

① 수직하중
② 좌굴하중
③ 수평 횡하중
④ 수평 종하중

풀이 333.14 이상 시 상정하중
철탑의 강도계산에 사용하는 **이상 시 상정하중**은 **풍압**이 전선로에 직각방향으로 가하여지는 경우의 하중과 **전선로의 방향**으로 가하여지는 경우의 수직하중, 수평 횡하중, 수평 종하중을 계산하여 각 부재에 대한 이들의 하중 중 그 부재에 큰 응력이 생기는 쪽의 하중을 채택한다.

91 철탑의 강도계산에 사용하는 이상 시 상정하중을 계산하는데 사용되는 것은?

① 미진에 의한 요동과 철구조물의 인장하중
② 뇌가 철탑에 가하여졌을 경우의 충격하중
③ 이상전압이 전선로에 내습하였을 때 생기는 충격하중
④ 풍압이 전선로에 직각방향으로 가하여지는 경우의 하중

풀이 333.14 이상 시 상정하중
철탑의 강도계산에 사용하는 이상 시 상정하중은 풍압이 전선로에 직각방향으로 가하여지는 경우의 하중과 전선로의 방향으로 가하여지는 경우의 하중을 계산하여 부재에 큰 응력이 생기는 쪽의 하중을 채택한다.

92 특고압 가공전선로 중 지지물로서 직선형의 철탑을 연속하여 10기 이상 사용하는 부분에는 몇 기 이하마다 내장 애자장치가 되어 있는 철탑 또는 이와 동등이상의 강도를 가지는 철탑 1기를 시설하여야 하는가?

① 3
② 5
③ 7
④ 10

풀이 333.16 특고압 가공전선로의 내장형 등의 지지물 시설
특고압 가공전선로 중 지지물로서 직선형의 철탑을 연속하여 10기 이상 사용하는 부분에는 10기 이하마다 장력에 견디는 애자장치가 되어 있는 철탑 또는 이와 동등 이상의 강도를 가지는 철탑 1기를 시설하여야 한다.

정답 90. ② 91. ④ 92. ④

93 특고압 가공전선로의 지지물로서 직선형의 철탑을 연속하여 사용하는 부분에는 몇 기 이하마다 내장 애자장치가 되어있는 철탑 또는 이와 동등 이상의 강도를 가지는 철탑 1기를 시설하여야 하는가?

① 5
② 10
③ 15
④ 20

풀이 333.16 특고압 가공전선로의 내장형등의 지지물 시설
특고압 가공전선로 중 지지물로서 직선형의 철탑을 연속하여 10기 이상 사용하는 부분에는 10기 이하마다 장력에 견디는 애자장치가 되어 있는 철탑 또는 이와 동등 이상의 강도를 가지는 철탑 1기를 시설하여야 한다.

94 66000[V] 가공전선과 6000[V] 가공전선을 동일 지지물에 병행 설치하는 경우, 특고압 가공전선으로 사용하는 경동연선의 굵기는 몇 [mm²] 이상이어야 하는가?

① 22
② 38
③ 50
④ 100

풀이 333.17 특고압 가공전선과 저고압 가공전선 등의 병행설치
사용전압이 35[kV]을 초과하고 100[kV] 미만인 특고압 가공전선과 저압 또는 고압 가공전선을 동일 지지물에 시설하는 경우에는 다음에 따라 시설하여야 한다.
가. 특고압 가공전선로는 제2종 특고압 보안공사에 의할 것.
나. 특고압 가공전선은 케이블인 경우를 제외하고는 인장강도 21.67[kN] 이상의 연선 또는 단면적이 50[mm²] 이상인 경동연선일 것.
다. 특고압 가공전선로의 지지물은 철주 · 철근 콘크리트주 또는 철탑일 것

95 66[kV] 특고압 가공전선과 저압 가공전선을 동일 지지물에 병가하여 시설하는 경우 이격거리는 몇 [m] 이상이어야 하는가? 단, 특고압 전선은 케이블 사용 이외의 조건이다.

① 1
② 2
③ 3
④ 4

풀이 333.17 특고압 가공전선과 저고압 가공전선 등의 병행설치

전 압	표 준	특고압에 케이블 사용 및 저·고압에 절연전선 또는 케이블 사용
35[kV] 이하	1.2[m] 이상	0.5[m] 이상
35[kV] 초과 100[kV] 미만	2[m] 이상	1[m] 이상

정답 93. ② 94. ③ 95. ②

96 사용전압이 35000[V] 이하인 특고압 가공전선과 가공약전류 전선을 동일 지지물에 시설하는 경우, 특고압 가공전선로의 보안공사로 적합한 것은?

① 고압 보안공사
② 제1종 특고압 보안공사
③ 제2종 특고압 보안공사
④ 제3종 특고압 보안공사

풀이 333.19 특고압 가공전선과 가공약전류전선 등의 공용설치
사용전압이 35[kV] 이하인 특고압 가공전선과 가공약전류전선 등을 동일 지지물에 시설하는 경우에는 다음에 따라야 한다.
가. 특고압 가공전선로는 제2종 특고압 보안공사에 의할 것.
나. 특고압 가공전선은 가공약전류전선 등의 위로하고 별개의 완금류에 시설할 것.

97 사용 전압이 35[kV] 이하인 특고압 가공 전선과 가공약전류 전선을 동일 지지물에 시설하는 경우 특고압 가공전선로의 보안공사로 알맞은 것은?

① 고압 보안공사
② 제1종 특고압 보안공사
③ 제2종 특고압 보안공사
④ 제3종 특고압 보안공사

풀이 333.19 특고압 가공전선과 가공약전류전선 등의 공용설치
사용전압이 35[kV] 이하인 특고압 가공전선과 가공약전류전선 등을 동일 지지물에 시설하는 경우에는 다음에 따라야 한다.
가. 특고압 가공전선로는 제2종 특고압 보안공사에 의할 것.
나. 특고압 가공전선은 가공약전류전선 등의 위로하고 별개의 완금류에 시설할 것.
다. 특고압 가공전선은 케이블인 경우 이외에는 인장강도 21.67[kN] 이상의 연선 또는 단면적이 50[mm^2] 이상인 경동연선일 것.
라. 특고압 가공전선과 가공약전류전선 등 사이의 이격거리는 2[m] 이상으로 할 것. 다만, 특고압 가공전선이 케이블인 경우에는 0.5[m] 까지로 감할 수 있다.

정답 96. ③ 97. ③

98 가공 약전류전선을 사용 전압이 22.9[kV]인 특고압 가공전선과 동일 지지물에 공가하고자 할 때 가공 전선으로 경동연선을 사용한다면 단면적이 몇 [mm²] 이상인가?

① 22
② 38
③ 45
④ 50

풀이 333.19 특고압 가공전선과 가공약전류전선 등의 공용설치

사용전압이 35[kV] 이하인 특고압 가공전선과 가공약전류전선 등 을 동일 지지물에 시설하는 경우에는 다음에 따라야 한다.
가. 특고압 가공전선로는 제2종 특고압 보안공사에 의할 것.
나. 특고압 가공전선은 가공약전류전선 등의 위로하고 별개의 완금류에 시설할 것.
다. 특고압 가공전선은 케이블인 경우 이외에는 인장강도 21.67[kN] 이상의 연선 또는 단면적이 50[mm²] 이상인 경동연선일 것.
라. 특고압 가공전선과 가공약전류전선 등 사이의 이격거리는 2[m] 이상으로 할 것. 다만, 특고압 가공전선이 케이블인 경우에는 0.5[m] 까지로 감할 수 있다.

99 단면적 55[mm²]인 경동연선을 사용하는 특고압 가공전선로의 지지물로 장력에 견디는 형태의 B종 철근 콘크리트주를 사용하는 경우, 허용 최대 경간은 몇 [m] 인가?

① 150
② 250
③ 300
④ 500

풀이 333.21 특고압 가공전선로의 경간 제한

특고압 가공전선로의 경간은 표에서 정한 값 이하이어야 한다.

지지물의 종류	표준 경간 22[mm²] 이상의 경동연선	인장강도 21.67[kN] 이상 또는 단면적 50[mm²] 이상의 경동연선
목주 · A종 철주 또는 A종 철근 콘크리트주	150[m] 이하	300[m] 이하
B종 철주 또는 B종 철근 콘크리트주	250[m] 이하	500[m] 이하
철 탑	600[m] 이하 (단주인 경우 400[m])	600[m] 이하

정답 98. ④ 99. ④

기 22-3

100 특고압 가공전선로의 경간은 지지물이 철탑인 경우 몇 [m] 이하이어야 하는가? (단, 단주가 아닌 경우이다.)

① 400
② 500
③ 600
④ 700

풀이 333.21 특고압 가공전선로의 경간 제한
특고압 가공전선로의 경간은 표에서 정한 값 이하이어야 한다.

지지물의 종류	경 간
목주 · A종 철주 또는 A종 철근 콘크리트주	150[m]
B종 철주 또는 B종 철근 콘크리트주	250[m]
철탑	600[m] (단주인 경우에는 400[m])

산기 23-3

101 목주, A종 철주 및 A종 철근 콘크리트주를 사용할 수 없는 보안공사는?

① 고압 보안공사
② 제1종 특고압 보안공사
③ 제2종 특고압 보안공사
④ 제3종 특고압 보안공사

풀이 333.22 특고압 보안공사
제1종 특고압 보안공사에서 전로의 지지물로는 B종 철주 · B종 철근 콘크리트주 또는 철탑을 사용할 것(목주나 A종은 사용 불가)

기 23-1

102 제1종 특고압 보안공사를 필요로 하는 가공전선로의 지지물로 사용할 수 있는 것은?

① A종 철근콘크리트주
② B종 철근콘크리트주
③ A종 철주
④ 목주

풀이 333.22 특고압 보안공사
제1종 특고압 보안공사에서 전로의 지지물에는 B종 철주 · B종 철근 콘크리트주 또는 철탑을 사용할 것. 즉, A종 철근콘크리트주, A종 철주 및 목주는 사용할 수 없다.

정답 100. ③ 101. ② 102. ②

기 17-2, 기 20-3, 기 21-2, 기 22-2

103 사용전압이 154[kV]인 가공전선로를 제1종 특고압 보안공사로 시설할 때 사용되는 경동연선의 단면적은 몇 [mm²] 이상이어야 하는가?

① 55
② 100
③ 150
④ 200

풀이 333.22 특고압 보안공사
제1종 특고압 보안공사는 다음에 따라야 한다.

사용전압	전 선
100[kV] 미만	인장강도 21.67 [kN] 이상의 연선 또는 단면적 55[mm²] 이상의 경동연선
100[kV] 이상 300[kV] 미만	인장강도 58.84 [kN] 이상의 연선 또는 단면적 150[mm²] 이상의 경동연선
300[kV] 이상	인장강도 77.47[kN] 이상의 연선 또는 단면적 200[mm²] 이상의 경동연선

기 23-2

104 전선의 단면적이 95[mm²]인 경동연선을 사용하고 지지물로는 A종 철주 또는 A종 철근 콘크리트주를 사용하는 특고압 가공전선로를 제2종 특고압 보안공사에 의하여 시설하는 경우 경간은 몇 [m] 이하이어야 하는가?

① 100
② 150
③ 200
④ 250

풀이 333.22 특고압 보안공사
제2종 특고압 보안공사는 다음에 따라야 한다.

지지물의 종류	제2종 특고압 보안공사	인장강도 38.05[kN] 이상 또는 95[mm²] 이상인 경동연선
목주·A종 철주 또는 A종 철근 콘크리트주	100[m]	100[m]
B종 철주 또는 B종 철근 콘크리트주	200[m]	250[m]
철탑	400[m] (단주인 경우에는 300[m])	600[m] 이하

정답 103. ③ 104. ①

105 제2종 특고압 보안공사 시 B종 철주를 지지물로 사용하는 경우 경간은 몇 [m] 이하인가?

① 100　　　　　　　　　② 200
③ 400　　　　　　　　　④ 500

풀이 333.22 특고압 보안공사
제2종 특고압 보안공사 시 경간은 표 에서 정한 값 이하일 것.

지지물의 종류	표준 경간	제2종 특고압 보안공사
목주 · A종 철주 또는 A종 철근 콘크리트주	150[m]	100[m]
B종 철주 또는 B종 철근 콘크리트주	250[m]	200[m]
철탑	600[m] 이하 (단주인 경우 400[m])	400[m] (단주인 경우에는 300[m])

106 제2종 특고압 보안공사 시 지지물로 사용하는 철탑의 경간을 400[m] 초과로 하려면 몇 [mm²] 이상의 경동연선을 사용하여야 하는가?

① 38　　　　　　　　　② 55
③ 82　　　　　　　　　④ 95

풀이 333.22 특고압 보안공사
제2종 특고압 보안공사는 다음에 따라야 한다.

지지물의 종류	제2종 특고압 보안공사	인장강도38.05[kN] 이상 또는 95[mm²] 이상인 경동연선
목주 · A종 철주 또는 A종 철근 콘크리트주	100[m]	100[m]
B종 철주 또는 B종 철근 콘크리트주	200[m]	250[m]
철탑	400[m] (단주인 경우에는 300[m])	600[m] 이하

정답 105. ②　106. ④

기 21-1, 산기 22-1

107 전선의 단면적이 38[mm²]인 경동연선을 사용하고 지지물로는 B종 철주 또는 B종 철근 콘크리트주를 사용하는 특고압 가공전선로를 제3종 특고압 보안공사에 의하여 시설하는 경우 경간은 몇 [m] 이하이어야 하는가?

① 100
② 150
③ 200
④ 250

풀이 333.22 특고압 보안공사
제3종 특고압 보안공사는 다음에 따라야 한다.

지지물의 종류	제3종 특고압 보안공사	전선의 굵기에 따른 경간	
B종 철주 또는 B종 철근 콘크리트주	200[m]	인장강도 21.67[kN] 이상 또는 55[mm²] 이상인 경동연선	250[m]
철 탑	400[m] (단주인 경우에는 300[m])		600[m] 이하 (단주인 경우에는 400[m])

산기 25-1

108 특고압 가공전선이 건조물과 제1차 접근상태로 시설되는 경우에 이 특고압 가공전선로의 보안공사는 어떤 종류의 보안공사로 하여야 하는가?

① 고압 보안공사
② 제1종 특고압 보안공사
③ 제2종 특고압 보안공사
④ 제3종 특고압 보안공사

풀이 333.23 특고압 가공전선과 건조물의 접근
가. 건조물과 제1차 접근상태 : 제3종 특고압 보안공사
나. 건조물과 제2차 접근상태
① 사용전압이 35[kV] 이하 : 제2종 특고압 보안공사
② 사용전압이 35[kV] 초과 400[kV] 미만 : 제1종 특고압 보안공사

정답 107. ③ 108. ④

기 19-2

109 어떤 공장에서 케이블을 사용하는 사용전압이 22[kV]인 가공전선을 건물 옆쪽에서 1차 접근상태로 시설하는 경우, 케이블과 건물의 조영재 이격거리는 몇 [cm] 이상이어야 하는가?

① 50
② 80
③ 100
④ 120

풀이 333.23 특고압 가공전선과 건조물의 접근

특고압 가공전선이 건조물과 제1차 접근상태로 시설되는 경우에는 다음에 따라야 한다.
가. 특고압 가공전선로는 제3종 특고압 보안공사에 의할 것.
나. 사용전압이 35[kV] 이하인 특고압 가공전선과 건조물의 조영재 이격거리는 표에서 정한 값 이상일 것.

건조물과 조영재의 구분	전선종류	접근형태	이격거리
상부 조영재	특고압 절연전선	위쪽	2.5[m]
		옆쪽 또는 아래쪽	1.5[m] (전선에 사람이 쉽게 접촉할 우려가 없도록 시설한 경우는 1[m])
	케이블	위쪽	1.2[m]
		옆쪽 또는 아래쪽	0.5[m]
	기타전선		3[m]
기타 조영재	특고압 절연전선		1.5[m] (전선에 사람이 쉽게 접촉할 우려가 없도록 시설한 경우는 1[m])
	케이블		0.5[m]
	기타 전선		3[m]

기 16-1

110 765[kV] 가공전선 시설 시 2차 접근 상태에서 건조물을 시설하는 경우 건조물 상부와 가공전선 사이의 수직거리는 몇 [m] 이상인가? (단, 전선의 높이가 최저상태로 사람이 올라갈 우려가 있는 개소를 말한다.)

① 15
② 20
③ 25
④ 28

풀이 333.23 특고압 가공전선과 건조물의 접근

사용전압이 400 [kV] 이상의 특고압 가공전선이 건조물과 제2차 접근상태로 있는 경우에는 다음에 따라 시설하여야 한다.
가. 전선높이가 최저상태일 때 가공전선과 건조물 상부와의 수직 거리가 28[m] 이상일 것.
나. 독립된 주거생활을 할 수 있는 단독주택, 공동주택 및 학교, 병원 등 불특정 다수가 이용하는 다중 이용 시설의 건조물이 아닐 것.
다. 폭연성 분진, 가연성 가스, 인화성물질, 석유류, 화학류 등 위험 물질을 다루는 건조물에 해당되지 아니할 것.
라. 건조물 최상부에서 전계(3.5[kV/m]) 및 자계(83.3[μT])를 초과하지 아니할 것.

정답 109. ① 110. ④

기 16-3, 산기 24-3

111 특고압 가공전선이 도로 · 횡단보도교 · 철도 또는 궤도와 제1차 접근상태로 시설되는 경우 특고압 가공전선로에는 제 몇 종 보안공사에 의하여야 하는가?

① 제1종 특고압 보안공사
② 제2종 특고압 보안공사
③ 제3종 특고압 보안공사
④ 제4종 특고압 보안공사

풀이 333.24 특고압 가공전선과 도로 등의 접근 또는 교차
　　가. 특고압 가공전선이 도로 · 횡단보도교 · 철도 또는 궤도와 제1차 접근 상태로 시설 : 특고압 가공전선로는 제3종 특고압 보안
　　나. 특고압 가공전선이 도로 등과 제2차 접근상태로 시설 : 특고압 가공전선로는 제2종 특고압 보안공사에 의할 것.

기 18-3

112 특고압 가공전선이 도로 등과 교차하는 경우에 특고압 가공전선이 도로 등의 위에 시설되는 때에 설치하는 보호망에 대한 설명으로 옳은 것은?

① 보호망은 접지공사를 하지 않는다.
② 보호망을 구성하는 금속선의 인장강도는 6[kN] 이상으로 한다.
③ 보호망을 구성하는 금속선은 지름 1.0[mm] 이상의 경동선을 사용한다.
④ 보호망을 구성하는 금속선 상호의 간격은 가로, 세로 각 1.5[m] 이하로 한다.

풀이 333.24 특고압 가공전선과 도로 등의 접근 또는 교차
　　특고압 가공전선과 도로 등 사이에 다음에 의하여 보호망을 시설하는 경우에는 제2종 특고압 보안공사에 의하지 아니할 수 있다.
　　가. 보호망은 규정에 준하여 접지공사를 한 금속제의 망상장치로 하고 견고하게 지지할 것.
　　나. 보호망을 구성하는 금속선은 그 외주 및 특고압 가공전선의 직하에 시설하는 금속선에는 인장강도 8.01[kN] 이상의 것 또는 지름 5[mm] 이상의 경동선을 사용하고 그 밖의 부분에 시설하는 금속선에는 인장강도 5.26[kN] 이상의 것 또는 지름 4[mm] 이상의 경동선을 사용할 것.
　　다. 보호망을 구성하는 금속선 상호의 간격은 가로, 세로 각 1.5[m] 이하일 것.

정답 111. ③　112. ④

기 21-3, 산기 23-2

113 시가지에 시설하는 154[kV] 가공전선로를 도로와 제1차 접근상태로 시설하는 경우, 전선과 도로와의 이격거리는 몇 [m] 이상이어야 하는가?

① 4.4
② 4.8
③ 5.2
④ 5.6

풀이 333.24 특고압 가공전선과 도로 등의 접근 또는 교차

특고압 가공전선이 도로·횡단보도교·철도 또는 궤도(이하 "도로 등"이라 한다)와 제1차 접근 상태로 시설되는 경우에는 다음에 따라야 한다.
가. 특고압 가공전선로는 제3종 특고압 보안공사에 의할 것.
나. 특고압 가공전선과 도로 등 사이의 이격거리는 표에서 정한 값 이상일 것. 다만, 특고압 절연전선을 사용하는 사용전압이 35[kV] 이하의 특고압 가공전선과 도로 등 사이의 수평 이격거리가 1.2[m] 이상인 경우에는 그러하지 아니하다.

사용전압의 구분	이격거리
35[kV] 이하	3[m]
35[kV] 초과	• 이격거리 = 3 + 단수 × 0.15[m] • 단수 = $\frac{전압[kV]-35}{10}$ 단수 계산에서 소수점 이하는 절상

• 단수 = $\frac{154-35}{10}$ = 11.9 → 12단
• 이격거리 = $3+12 \times 0.15 = 4.8$[m]

기 16-2

114 특고압 가공 전선이 삭도와 제2차 접근 상태로 시설할 경우에 특고압 가공 전선로의 보안 공사는?

① 고압 보안 공사
② 제1종 특고압 보안 공사
③ 제2종 특고압 보안 공사
④ 제3종 특고압 보안 공사

풀이 333.25 특고압 가공전선과 삭도의 접근 또는 교차
가. 특고압 가공전선이 삭도와 제1차 접근상태 : 특고압 가공전선로는 제3종 특고압 보안공사에 의할 것.
나. 특고압 가공전선이 삭도와 제2차 접근상태 : 특고압 가공전선로는 제2종 특고압 보안공사에 의할 것.

정답 113. ② 114. ③

115 사용전압 22.9[kV]인 가공전선이 삭도와 제1차 접근상태로 시설되는 경우, 가공전선과 삭도 또는 삭도용 지주 사이의 이격거리는 몇 [m] 이상으로 하여야 하는가? (단, 전선으로는 특고압 절연전선을 사용한다.)

① 0.5
② 1
③ 2
④ 2.12

풀이 333.25 특고압 가공전선과 삭도의 접근 또는 교차
특고압 가공전선이 삭도와 제1차 접근상태로 시설되는 경우에는 다음에 따라야 한다.
가. 특고압 가공전선로는 제3종 특고압 보안공사에 의할 것.
나. 특고압 가공전선과 삭도 또는 삭도용 지주 사이의 이격거리는 표에서 정한 값 이상일 것.

사용전압	전선의 종류	이격거리
35[kV] 이하	표 준	2[m]
	특고압 절연전선 사용	1[m]
	케이블	0.5[m]
35[kV] 초과 60[kV] 이하		2[m]
60[kV] 초과	• 이격거리 = 2 + 단수×0.12[m] • 단수 = $\frac{전압[kV]-60}{10}$ 단수 계산에서 소수점 이하는 절상	

116 특고압가공전선이 저고압가공전선과 제1차 접근상태로 시설하는 경우, 66[kV] 특고압가공전선과 저고압가공전선 사이의 이격거리는 몇 [m] 이상이어야 하는가?

① 2.0[m]
② 2.12[m]
③ 2.2[m]
④ 2.5[m]

풀이 333.26 특고압 가공전선과 저고압 가공전선 등의 접근 또는 교차
특고압 가공전선이 가공약전류전선 등 저압 또는 고압의 가공전선이나 저압 또는 고압의 전자선(이하에서 "저고압 가공전선 등"이라 한다)과 제1차 접근상태로 시설되는 경우
가. 특고압 가공전선로는 제3종 특고압 보안공사에 의할 것.
나. 특고압 가공전선과 저고압 가공 전선 등 또는 이들의 지지물이나 지주 사이의 이격거리는 표에서 정한 값 이상일 것.

사용전압의 구분	이격거리
60[kV] 이하	2[m]
60[kV] 초과	• 이격거리 = 2 + 단수 × 0.12[m] • 단수 = $\frac{사용전압[kV] - 60}{10}$ … 단수 계산에서 소수점 이하는 절상

단수계산에서 소수점 이하는 절상한다.
이격거리 2[m] + 1 × 0.12[m] = 2.12

정답 115. ② 116. ②

117 154[kV] 가공전선과 가공 약전류 전선이 교차하는 경우에 시설하는 보호망을 구성하는 금속선 중 가공 전선의 바로 아래에 시설되는 것 이외의 다른 부분에 시설되는 금속선은 지름 몇 [mm] 이상의 아연도 철선이어야 하는가?

① 2.6　　② 3.2
③ 4.0　　④ 5.0

풀이 333.26 특고압 가공전선과 저고압 가공전선 등의 접근 또는 교차
보호망은 규정에 준하여 접지공사를 한 금속제의 망상장치로 하고 또한 다음에 따라 시설하여야 한다.
가. 보호망을 구성하는 금속선은 그 외주 및 특고압 가공전선의 바로 아래에 시설하는 금속선에 인장강도 8.01[kN] 이상의 것 또는 지름 5[mm] 이상의 경동선을 사용하고 기타 부분에 시설하는 금속선에 인장강도 3.64[kN] 이상 또는 지름 4[mm] 이상의 아연도철선을 사용할 것.
나. 보호망을 구성하는 금속선 상호 간의 간격은 가로세로 각 1.5[m] 이하일 것.
다. 보호망과 저고압 가공전선 등과의 수직 이격거리는 60[cm] 이상일 것.

118 특고압 가공전선과 가공약전류 전선 사이에 보호망을 시설하는 경우 보호망을 구성하는 금속선 상호 간의 간격은 가로 및 세로를 각각 몇 [m] 이하로 시설하여야 하는가?

① 0.75　　② 1.0
③ 1.25　　④ 1.5

풀이 333.26 특고압 가공전선과 저고압 가공전선 등의 접근 또는 교차
보호망은 규정에 준하여 접지공사를 한 금속제의 망상장치로 하고 또한 다음에 따라 시설하여야 한다.
가. 보호망을 구성하는 금속선은 그 외주 및 특고압 가공전선의 바로 아래에 시설하는 금속선에 인장강도 8.01[kN] 이상의 것 또는 지름 5[mm] 이상의 경동선을 사용하고 기타 부분에 시설하는 금속선에 인장강도 3.64[kN] 이상 또는 지름 4[mm] 이상의 아연도철선을 사용할 것.
나. 보호망을 구성하는 금속선 상호 간의 간격은 가로세로 각 1.5[m] 이하일 것.
다. 보호망과 저고압 가공전선 등과의 수직 이격거리는 60[cm] 이상일 것.

119 특고압 가공전선이 다른 특고압 가공전선과 교차하여 시설하는 경우는 제 몇 종 특고압 보안공사에 의하여야 하는가?

① 1종　　② 2종
③ 3종　　④ 4종

풀이 333.27 특고압 가공전선 상호 간의 접근 또는 교차
특고압 가공전선이 다른 특고압 가공전선과 접근상태로 시설되거나 교차하여 시설되는 경우 위쪽 또는 옆쪽에 시설되는 특고압 가공전선로는 제3종 특고압 보안공사에 의할 것

정답 117. ③　118. ④　119. ③

120 345[kV] 가공전선이 154[kV] 가공전선과 교차하는 경우 이들 양 전선 상호간의 이격거리는 몇 [m] 이상이어야 하는가?

① 4.48
② 4.96
③ 5.48
④ 5.82

풀이 333.27 특고압 가공전선 상호 간의 접근 또는 교차

사용전압의 구분	이격거리
35[kV] 이하	• 특고압 가공전선에 케이블을 사용하고 다른 특고압 가공전선에 특고압 절연전선 또는 케이블을 사용하는 경우 : 0.5[m] • 각각의 특고압 가공전선에 특고압 절연전선을 사용하는 경우 : 1[m]
60[kV] 이하	2[m]
60[kV] 초과	• 이격거리 = 2 + 단수 × 0.12[m] • 단수 = $\frac{(전압\,[kV]-60)}{10}$ 단수계산에서 소수점 이하는 절상

• 단수 = $\frac{345-60}{10} = 28.5 \rightarrow 29$단
• 이격 거리 = $2 + 29 \times 0.12 = 5.48$[m]

---

121 22.9[kV] 특고압으로 가공전선과 조영물이 아닌 다른 시설물이 교차하는 경우, 상호간의 이격거리는 몇 [cm] 까지 감할 수 있는가? (단, 전선은 케이블이다.)

① 50
② 60
③ 100
④ 120

풀이 333.28 특고압 가공전선과 다른 시설물의 접근 또는 교차
특고압 절연전선 또는 케이블을 사용하는 사용전압이 35 [kV] 이하의 특고압 가공전선과 다른 시설물 사이의 이격거리

다른 시설물의 구분	접근형태	이격거리
조영물의 상부조영재	위쪽	2[m] (전선이 케이블인 경우는 1.2[m])
	옆쪽 또는 아래쪽	1[m] (전선이 케이블인 경우는 0.5[m])
조영물의 상부조영재 이외의 부분 또는 조영물 이외의 시설물		1[m] (전선이 케이블인 경우는 0.5[m])

정답 120. ③ 121. ①

122 사용전압이 154[kV]인 가공 송전선의 시설에서 전선과 식물과의 이격거리는 일반적인 경우에 몇 [m] 이상으로 하여야 하는가?

① 2.8　　　　　　　　　　② 3.2
③ 3.6　　　　　　　　　　④ 4.2

풀이 333.30 특고압 가공전선과 식물의 이격거리

사용전압의 구분	이격거리
60[kV] 이하	2[m]
60[kV] 초과	2[m]에 사용전압이 60[kV]를 초과하는 10[kV] 또는 그 단수마다 12[cm]를 더한 값

- 단수 $= \dfrac{154-60}{10} = 9.4 \rightarrow 10$단
- 이격 거리 $= 2 + 0.12 \times 10 = 3.2[m]$

123 22.9[kV] 특고압 가공전선로의 중성선은 다중 접지를 하여야 한다. 각 접지선을 중성선으로부터 분리하였을 경우 1[km]마다 중성선과 대지 사이의 합성전기저항 값은 몇 [Ω] 이하인가? (단, 전로에 지락이 생겼을 때에 2초 이내에 자동적으로 이를 전로로부터 차단하는 장치가 되어 있다.)

① 5　　　　　　　　　　② 10
③ 15　　　　　　　　　　④ 20

풀이 333.32 25[kV] 이하인 특고압 가공전선로의 시설

사용전압이 15[kV]를 초과하고 25[kV] 이하인 특고압 가공전선로(중성선 다중접지식의 것으로서 전로에 지락이 생겼을 때에 2초 이내에 자동적으로 이를 전로로부터 차단하는 장치가 되어 있는 것에 한한다)를 다음에 따라 시설하여야 한다.
가. 접지도체는 공칭단면적 6[mm^2] 이상의 연동선
나. 접지공사는 각각 접지한 곳 상호 간의 거리는 전선로에 따라 150[m] 이하일 것.
다. 각 접지도체를 중성선으로부터 분리하였을 경우의 각 접지점의 대지 전기저항 값과 1[km]마다 중성선과 대지 사이의 합성전기저항 값은 표에서 정한 값 이하일 것.

사용전압	각 접지점의 대지 전기저항치	1[km] 마다의 합성 전기저항치
15[kV] 이하	300[Ω]	30[Ω]
15[kV] 초과 25[kV] 이하	300[Ω]	15[Ω]

정답 122. ②　123. ③

124 사용전압이 15[kV] 초과 25[kV] 이하인 특고압 가공전선로가 상호 간 접근 또는 교차하는 경우 사용전선이 양쪽 모두 나전선이라면 이격거리는 몇 [m] 이상이어야 하는가? (단, 중성선 다중접지 방식의 것으로서 전로에 지락이 생겼을 때에 2초 이내에 자동적으로 이를 전로로부터 차단하는 장치가 되어 있다.)

① 1.0　　　　　　　　　② 1.2
③ 1.5　　　　　　　　　④ 1.75

풀이 333.32 25[kV] 이하인 특고압 가공전선로의 시설

사용전압이 15[kV]를 초과하고 25[kV] 이하인 특고압 가공전선로(중성선 다중접지식의 것으로서 전로에 지락이 생겼을 때에 2초 이내에 자동적으로 이를 전로로부터 차단하는 장치가 되어 있는 것에 한한다.)가 상호 간 접근 또는 교차하는 경우 이격거리

사용 전선의 종류	이격거리
어느 한쪽 또는 양쪽이 나전선인 경우	1.5[m]
양쪽이 특고압 절연전선인 경우	1[m]
한쪽이 케이블이고 다른 한쪽이 케이블이거나 특고압 절연전선인 경우	0.5[m]

125 사용전압이 22.9[kV]인 특고압 가공전선로(중성선 다중접지식의 것으로서 전로에 지락이 생겼을 때에 2초 이내에 자동적으로 이를 전로로부터 차단하는 장치가 되어 있는 것에 한한다.)가 상호 간 접근 또는 교차하는 경우 사용전선이 양쪽 모두 케이블인 경우 이격거리는 몇 [m] 이상인가?

① 0.25　　　　　　　　② 0.5
③ 0.75　　　　　　　　④ 1.0

풀이 333.32 25[kV] 이하인 특고압 가공전선로의 시설

사용전압이 15[kV]를 초과하고 25[kV] 이하인 특고압 가공전선로(중성선 다중접지식의 것으로서 전로에 지락이 생겼을 때에 2초 이내에 자동적으로 이를 전로로부터 차단하는 장치가 되어 있는 것에 한한다.)가 상호 간 접근 또는 교차하는 경우 이격거리

사용 전선의 종류	이격거리
어느 한쪽 또는 양쪽이 나전선인 경우	1.5[m]
양쪽이 특고압 절연전선인 경우	1[m]
한쪽이 케이블이고 다른 한쪽이 케이블이거나 특고압 절연전선인 경우	0.5[m]

126 중성선 다중 접지식의 것으로 전로에 지기가 생겼을 때에 2초 이내에 자동적으로 이를 전로로부터 차단하는 장치가 되어 있는 22.9[kV] 가공전선로를 상부 조영재의 위쪽에서 접근상태로 시설하는 경우, 가공전선과 건조물과의 최소 이격거리는 몇 [m]인가? 단, 전선으로는 나전선을 사용한다고 한다.

① 1.2　　② 2
③ 2.5　　④ 3

풀이 333.32 25[kV] 이하인 특고압 가공전선로의 시설

사용전압이 15[kV]를 초과하고 25[kV] 이하인 특고압 가공전선로(중성선 다중접지식의 것으로서 전로에 지락이 생겼을 때에 2초 이내에 자동적으로 이를 전로로부터 차단하는 장치가 되어 있는 것에 한한다)가 건조물과 접근하는 경우에 특고압 가공전선과 건조물의 조영재 사이의 이격거리는 표에서 정한 값 이상일 것.

건조물의 조영재	접근형태	전선의 종류	이격거리
상부 조영재	위쪽	나전선	3.0[m]
		특고압 절연전선	2.5[m]
		케이블	1.2[m]
	옆쪽 또는 아래쪽	나전선	1.5[m]
		특고압 절연전선	1.0[m]
		케이블	0.5[m]
기타의 조영재		나전선	1.5[m]
		특고압 절연전선	1.0[m]
		케이블	0.5[m]

127 지중전선로를 직접 매설식에 의하여 시설할 때, 중량물의 압력을 받을 우려가 있는 장소에 지중전선을 견고한 트라프 기타 방호물에 넣지 않고도 부설할 수 있는 케이블은?

① 염화비닐 절연 케이블
② 폴리에틸렌 외장 케이블
③ 콤바인 덕트 케이블
④ 알루미늄피 케이블

풀이 334.1 지중전선로의 시설

지중 전선로를 직접 매설식에 의하여 시설하는 경우에 지중 전선을 견고한 트라프 기타 방호물에 넣어 시설하여야 한다. 단, 다음의 어느 하나에 해당하는 경우에는 지중전선을 견고한 트라프 기타 방호물에 넣지 아니하여도 된다.
① 저압 또는 고압의 지중전선을 차량 기타 중량물의 압력을 받을 우려가 없는 경우에 그 위를 견고한 판 또는 몰드로 덮어 시설하는 경우
② 저압 또는 고압의 지중전선에 콤바인덕트 케이블 또는 개장한 케이블을 사용하여 시설하는 경우

정답　126. ④　127. ③

128 지중 전선로의 매설방법이 아닌 것은?

① 관로식　　　　　　② 인입식
③ 암거식　　　　　　④ 직접 매설식

풀이 334.1 지중전선로의 시설
　　가. 지중 전선로는 전선에 케이블을 사용하고 또한 관로식·암거식 또는 직접 매설식에 의하여 시설하여야 한다.
　　나. 지중 전선로를 직접 매설식에 의하여 시설하는 경우에는 매설 깊이는
　　　　① 차량 기타 중량물의 압력을 받을 우려가 있는 장소 : 1.0[m] 이상
　　　　② 기타 장소 : 0.6[m] 이상

129 지중 전선로를 직접 매설식에 의하여 시설하는 경우에 차량 기타 중량물의 압력을 받을 우려가 없는 장소의 매설 깊이는 몇 [cm] 이상이어야 하는가?

① 60　　　　　　　② 100
③ 120　　　　　　 ④ 150

풀이 334.1 지중전선로의 시설
　　가. 지중 전선로는 전선에 케이블을 사용하고 또한 관로식·암거식 또는 직접 매설식에 의하여 시설하여야 한다.
　　나. 지중 전선로를 직접 매설식에 의하여 시설하는 경우에는 매설 깊이는
　　　　① 차량 기타 중량물의 압력을 받을 우려가 있는 장소 : 1.0[m] 이상
　　　　② 기타 장소 : 0.6[m] 이상

130 지중 전선로를 직접 매설식에 의하여 시설하는 경우에는 매설 깊이를 차량 기타 중량물의 압력을 받을 우려가 있는 장소에서는 몇 [cm] 이상으로 하면 되는가?

① 40　　　　　　　② 60
③ 80　　　　　　　④ 100

풀이 334.1 지중전선로의 시설
　　가. 지중 전선로는 전선에 케이블을 사용하고 또한 관로식·암거식 또는 직접 매설식에 의하여 시설하여야 한다.
　　나. 지중 전선로를 직접 매설식에 의하여 시설하는 경우에는 매설 깊이는
　　　　① 차량 기타 중량물의 압력을 받을 우려가 있는 장소 : 1.0[m] 이상
　　　　② 기타 장소 : 0.6[m] 이상

정답 128. ②　129. ①　130. ④

131 지중 전선로를 직접 매설식에 의하여 시설할 때, 차량 기타 중량물의 압력을 받을 우려가 있는 장소인 경우 매설깊이는 몇 [m] 이상으로 시설하여야 하는가?

① 0.6
② 1.0
③ 1.2
④ 1.5

풀이 334.1 지중전선로의 시설
    가. 지중 전선로는 전선에 케이블을 사용하고 또한 관로식 · 암거식 또는 직접 매설식에 의하여 시설하여야 한다.
    나. 지중 전선로를 직접 매설식에 의하여 시설하는 경우에는 매설 깊이는
        ① 차량 기타 중량물의 압력을 받을 우려가 있는 장소 : 1.0[m] 이상
        ② 기타 장소 : 0.6[m] 이상

132 중량물이 통과하는 장소에 비닐외장케이블을 직접 매설식 으로 시설하는 경우 매설깊이는 몇 [m] 이상이어야 하는가?

① 0.8
② 1.0
③ 1.2
④ 1.5

풀이 334.1 지중전선로의 시설
    가. 지중 전선로는 전선에 케이블을 사용하고 또한 관로식 · 암거식 또는 직접 매설식에 의하여 시설하여야 한다.
    나. 지중 전선로를 직접 매설식에 의하여 시설하는 경우에는 매설 깊이는
        ① 차량 기타 중량물의 압력을 받을 우려가 있는 장소 : 1.0[m] 이상
        ② 기타 장소 : 0.6[m] 이상

정답 131. ② 132. ②

133 지중 전선로의 시설에서 관로식에 의하여 시설하는 경우 매설깊이는 몇 [m] 이상으로 하여야 하는가?

① 0.6
② 1.0
③ 1.2
④ 1.5

풀이 334.1 지중전선로의 시설
가. 지중 전선로는 전선에 케이블을 사용하고 또한 관로식 · 암거식 또는 직접 매설식에 의하여 시설하여야 한다.
나. 지중 전선로를 관로식 또는 암거식에 의하여 시설하는 경우에는 다음에 따라야 한다.
① 관로식에 의하여 시설하는 경우에는 매설 깊이를 1.0[m] 이상, 중량물의 압력을 받을 우려가 없는 곳은 0.6[m] 이상
② 암거식에 의하여 시설하는 경우에는 견고하고 차량 기타 중량물의 압력에 견디는 것을 사용할 것.
다. 지중 전선로를 직접 매설식에 의하여 시설하는 경우에는 매설 깊이를 차량 기타 중량물의 압력을 받을 우려가 있는 장소에는 1.0[m] 이상, 기타 장소에는 0.6[m] 이상

134 지중 전선로를 직접 매설식에 의하여 시설할 때, 중량물의 압력을 받을 우려가 있는 장소에 저압 또는 고압의 지중전선을 견고한 트라프 기타 방호물에 넣지 않고도 부설할 수 있는 케이블은?

① PVC 외장 케이블
② 콤바인 덕트 케이블
③ 염화비닐 절연 케이블
④ 폴리에틸렌 외장 케이블

풀이 334.1 지중전선로의 시설
지중 전선로를 직접 매설식에 의하여 시설하는 경우에 지중 전선을 견고한 트라프 기타 방호물에 넣어 시설하여야 한다. 단, 다음의 어느 하나에 해당하는 경우에는 지중전선을 견고한 트라프 기타 방호물에 넣지 아니하여도 된다.
① 저압 또는 고압의 지중전선을 차량 기타 중량물의 압력을 받을 우려가 없는 경우에 그 위를 견고한 판 또는 몰드로 덮어 시설하는 경우
② 저압 또는 고압의 지중전선에 콤바인덕트 케이블 또는 개장한 케이블을 사용하여 시설하는 경우

정답 133. ② 134. ②

기 21-2, 산기 23-3

135 지중 전선로에 사용하는 지중함의 시설기준으로 틀린 것은?

① 조명 및 세척이 가능한 장치를 하도록 할 것
② 견고하고 차량 기타 중량물의 압력에 견디는 구조일 것
③ 그 안의 고인 물을 제거할 수 있는 구조로 되어 있을 것
④ 뚜껑은 시설자 이외의 자가 쉽게 열 수 없도록 시설할 것

> **풀이** 334.2 지중함의 시설
> 지중전선로에 사용하는 지중함은 다음에 따라 시설하여야 한다.
> 가. 지중함은 견고하고 차량 기타 중량물의 압력에 견디는 구조일 것.
> 나. 지중함은 그 안의 고인 물을 제거할 수 있는 구조로 되어 있을 것.
> 다. 폭발성 또는 연소성의 가스가 침입할 우려가 있는 것에 시설하는 지중함으로서 그 크기가 1 [m^3] 이상인 것에는 통풍장치 기타 가스를 방산시키기 위한 적당한 장치를 시설할 것.
> 라. 지중함의 뚜껑은 시설자이외의 자가 쉽게 열 수 없도록 시설할 것.

기 18-3, 기 19-3, 기 16-1, 기 23-3, 산기 22-2, 산기 24-3

136 폭발성 또는 연소성의 가스가 침입할 우려가 있는 것에 시설하는 지중전선로의 지중함은 그 크기가 최소 몇 [m^3] 이상인 경우에는 통풍장치 기타 가스를 방산시키기 위한 적당한 장치를 시설하여야 하는가?

① 1
② 3
③ 5
④ 10

> **풀이** 334.2 지중함의 시설
> 폭발성 또는 연소성의 가스가 침입할 우려가 있는 것에 시설하는 지중함으로서 그 크기가 1 [m^3] 이상인 것에는 통풍장치 기타 가스를 방산시키기 위한 적당한 장치를 시설할 것.

정답 135. ① 136. ①

137 지중 전선로에 사용하는 지중함의 시설기준으로 틀린 것은?

① 조명 및 세척이 가능한 적당한 장치를 시설할 것
② 견고하고 차량 기타 중량물의 압력에 견디는 구조일 것
③ 그 안의 고인 물을 제거할 수 있는 구조로 되어 있을 것
④ 뚜껑은 시설자 이외의 자가 쉽게 열 수 없도록 시설할 것

풀이 **334.2 지중함의 시설**
지중전선로에 사용하는 지중함은 다음에 따라 시설하여야 한다.
가. 지중함은 견고하고 차량 기타 중량물의 압력에 견디는 구조일 것.
나. 지중함은 그 안의 고인 물을 제거할 수 있는 구조로 되어 있을 것.
다. 폭발성 또는 연소성의 가스가 침입할 우려가 있는 것에 시설하는 지중함으로서 그 크기가 1[m^3] 이상인 것에는 통풍장치 기타 가스를 방산시키기 위한 적당한 장치를 시설할 것.
라. 지중함의 뚜껑은 시설자이외의 자가 쉽게 열 수 없도록 시설할 것.

138 지중전선로에 사용하는 지중함의 시설기준으로 틀린 것은?

① 지중함은 견고하고 차량 기타 중량물의 압력에 견디는 구조일 것
② 지중함은 그 안의 고인 물을 제거할 수 있는 구조로 되어 있을 것
③ 지중함의 뚜껑은 시설자 이외의 자가 쉽게 열 수 없도록 시설할 것
④ 폭발성의 가스가 침입할 우려가 있는 곳에 시설하는 지중함으로서 그 크기가 0.5[m^3] 이상인 것에는 통풍장치 기타 가스를 방산시키기 위한 적당한 장치를 시설할 것

풀이 **334.2 지중함의 시설**
지중전선로에 사용하는 지중함은 다음에 따라 시설하여야 한다.
가. 지중함은 견고하고 차량 기타 중량물의 압력에 견디는 구조일 것.
나. 지중함은 그 안의 고인 물을 제거할 수 있는 구조로 되어 있을 것.
다. 폭발성 또는 연소성의 가스가 침입할 우려가 있는 것에 시설하는 지중함으로서 그 크기가 1[m^3] 이상인 것에는 통풍장치 기타 가스를 방산시키기 위한 적당한 장치를 시설할 것.
라. 지중함의 뚜껑은 시설자이외의 자가 쉽게 열 수 없도록 시설할 것.

정답 137. ① 138. ④

139 지중 전선로는 기설 지중 약전류 전선로에 대하여 다음의 어느 것에 의하여 통신상의 장해를 주지 아니하도록 기설 약전류 전선로로부터 충분히 이격시키는가?

① 충전전류 또는 표피작용
② 충전전류 또는 유도작용
③ 누설전류 또는 표피작용
④ 누설전류 또는 유도작용

풀이 334.5 지중약전류전선의 유도장해 방지
지중전선로는 기설 지중약전류전선로에 대하여 누설전류 또는 유도작용에 의하여 통신상의 장해를 주지 않도록 기설 약전류전선로로부터 충분히 이격시키거나 기타 적당한 방법으로 시설하여야 하다.

140 다음 ( )에 들어갈 내용으로 옳은 것은?

> 지중전선로는 기설 지중약전류전선로에 대하여 (ⓐ) 또는 (ⓑ)에 의하여 통신상의 장해를 주지 않도록 기설 약전류전선로로부터 충분히 이격시키거나 기타 적당한 방법으로 시설하여야 한다.

① ⓐ 누설전류, ⓑ 유도작용
② ⓐ 단락전류, ⓑ 유도작용
③ ⓐ 단락전류, ⓑ 정전작용
④ ⓐ 누설전류, ⓑ 정전작용

풀이 334.5 지중약전류전선의 유도장해 방지
지중전선로는 기설 지중약전류전선로에 대하여 누설전류 또는 유도작용에 의하여 통신상의 장해를 주지 않도록 기설 약전류전선로로부터 충분히 이격시키거나 기타 적당한 방법으로 시설하여야 한다.

141 지중전선로는 기설 지중약전류전선로에 대하여 통신상의 장해를 주지 않도록 기설 약전류전선로로부터 충분히 이격시키거나 기타 적당한 방법으로 시설하여야 한다. 이때 통신상의 장해가 발생하는 원인으로 옳은 것은?

① 충전전류 또는 표피작용
② 충전전류 또는 유도작용
③ 누설전류 또는 표피작용
④ 누설전류 또는 유도작용

풀이 334.5 지중약전류전선의 유도장해 방지
지중전선로는 기설 지중약전류전선로에 대하여 누설전류 또는 유도작용에 의하여 통신상의 장해를 주지 않도록 기설 약전류전선로로부터 충분히 이격시키거나 기타 적당한 방법으로 시설하여야 한다.

정답 139. ④ 140. ① 141. ④

142 특고압 지중전선이 지중 약전류전선 등과 접근하거나 교차하는 경우에 상호 간의 이격거리가 몇 [cm] 이하인 때에는 두 전선이 직접 접촉하지 아니하도록 특고압 지중 전선과 지중 약전류 전선 등 사이에 견고한 내화성의 격벽을 설치하여야 하는가?

① 15　　　　　　　　　　　　② 20
③ 30　　　　　　　　　　　　④ 60

풀이 334.6 지중전선과 지중약전류전선 등 또는 관과의 접근 또는 교차
지중전선이 다음 조건의 이격거리 이하로 설치되는 경우에는 상호간에 내화성의 격벽을 설치하여야 한다.

조　건	전　압	이격거리
지중 약전류 전선과 접근 또는 교차하는 경우	저압 또는 고압	0.3[m]
	특고압	0.6[m]
가연성, 유독성의 유체를 내포하는 관과 접근 또는 교차	특고압	1[m]
	25 [kV] 이하, 다중접지방식	0.5[m]
기타의 관과 접근 또는 교차	특고압	0.3[m]

143 사용전압이 25[kV] 이하인 다중접지방식 지중전선로를 관로식 또는 직접매설식으로 시설하는 경우, 그 간격은 몇 [m] 이상이 되도록 시설하여야 하는가? 단, 압입공법을 적용한 경우가 아니며 지하매설 공간이 부족한 경우도 아니다.

① 0.1　　　　　　　　　　　② 0.15
③ 0.3　　　　　　　　　　　④ 1.0

풀이 334.7 지중전선 상호 간의 접근 또는 교차
사용전압이 25[kV] 이하인 다중접지방식 지중전선로를 관로식 또는 직접매설식으로 시설하는 경우, 그 간격이 0.1[m] 이상이 되도록 시설하여야 한다. 다만, 다음 중 어느 하나에 따라 시설하는 경우에는 예외로 할 수 있다.
가. 관로식으로 시공시 지하매설 공간 부족으로 간격 확보가 곤란하여 관로 사이를 콘크리트 등 견고한 격벽 또는 채움재로 보강한 경우
나. 압입공법을 적용한 경우

정답 142. ④　143. ①

144 철도·궤도 또는 자동차도의 전용터널 안의 전선로의 시설방법으로 틀린 것은?

① 고압전선은 케이블공사로 하였다.
② 저압전선을 금속제가요전선관공사에 의하여 시설하였다.
③ 저압전선으로 지름 2.0[mm]의 경동선을 사용하였다.
④ 저압전선을 애자공사에 의하여 시설하고 이를 레일면상 또는 노면상 2.5[m] 이상의 높이로 유지하였다.

풀이 335.1 터널 안 전선로의 시설
철도·궤도 또는 자동차도 전용터널 안의 전선로

전압	전선의 굵기	시공방법	애자공사 시 높이
저압	인장강도 2.30[kN] 이상 또는 2.6[mm] 이상의 경동선의 절연전선	• 합성수지관공사 • 금속관공사 • 금속제가요전선관 공사 • 케이블공사 • 애자공사	노면상, 레일면상 2.5[m] 이상

145 터널 안 전선로의 시설방법으로 옳은 것은?

① 저압전선은 지름 2.6[mm]의 경동선의 절연전선을 사용하였다.
② 고압전선은 절연전선을 사용하여 합성수지관공사로 하였다.
③ 저압전선을 애자공사에 의하여 시설하고 이를 레일면상 또는 노면상 2.2[m]의 높이로 시설하였다.
④ 고압전선을 금속관공사에 의하여 시설하고 이를 레일면상 또는 노면상 2.4[m]의 높이로 시설하였다.

풀이 335.1 터널 안 전선로의 시설
철도·궤도 또는 자동차도 전용터널 안의 전선로

전압	전선의 굵기	시공방법	애자공사 시 높이
저압	인장강도 2.30[kN] 이상 또는 2.6[mm] 이상의 경동선의 절연전선	• 합성수지관공사 • 금속관공사 • 금속제가요전선관 공사 • 케이블공사 • 애자공사	노면상, 레일면상 2.5[m] 이상
고압	인장강도 5.26[kN] 이상 또는 4[mm] 이상의 경동선	• 케이블공사 • 애자공사	노면상, 레일면상 3[m] 이상
특고압		• 케이블공사	

정답 144. ③ 145. ①

146 사람이 상시 통행하는 터널 내 저압전선로의 애자공사시 노면상 최소 높이는?

① 2.0[m]
② 2.2[m]
③ 2.5[m]
④ 3.0[m]

풀이 335.1 터널 안 전선로의 시설
사람이 상시 통행하는 터널 안의 전선로 사용전압은 저압 또는 고압에 한하며, 다음에 따라 시설하여야 한다.

전압	전선의 굵기	시공방법	애자공사 시 높이
저압	인장강도 2.30[kN] 이상 또는 2.6[mm] 이상의 경동선의 절연전선	• 합성수지관공사 • 금속관공사 • 금속제가요전선관 공사 • 케이블공사 • 애자공사	노면상, 2.5[m] 이상
고압		• 케이블공사	

147 터널 내에 교류 220[V]의 애자공사로 전선을 시설할 경우 노면으로부터 몇 [m] 이상의 높이로 유지해야 하는가?

① 2
② 2.5
③ 3
④ 4

풀이 335.1 터널 안 전선로의 시설
사람이 상시 통행하는 터널 안의 전선로 사용전압은 저압 또는 고압에 한하며, 다음에 따라 시설하여야 한다.

전압	전선의 굵기	시공방법	애자공사 시 높이
저압	인장강도 2.30[kN] 이상 또는 2.6[mm] 이상의 경동선의 절연전선	• 합성수지관공사 • 금속관공사 • 금속제가요전선관 공사 • 케이블공사 • 애자공사	노면상, 2.5[m] 이상
고압		• 케이블공사	

정답 146. ③ 147. ②

148
기 21-1

터널 안의 전선로의 저압전선이 그 터널 안의 다른 저압전선(관등회로의 배선은 제외한다.)·약전류전선 등 또는 수관·가스관이나 이와 유사한 것과 접근하거나 교차하는 경우, 저압전선을 애자공사에 의하여 시설하는 때에는 이격거리가 몇 [cm] 이상이어야 하는가?
(단, 전선이 나전선이 아닌 경우이다.)

① 10
② 15
③ 20
④ 25

풀이 335.2 터널 안 전선로의 전선과 약전류전선 등 또는 관 사이의 이격거리
터널 안의 전선로의 저압전선이 그 터널 안의 다른 저압전선(관등회로의 배선은 제외한다.)·약전류전선 등 또는 수관·가스관이나 이와 유사한 것과 접근하거나 교차하는 경우, 저압전선을 애자공사에 의하여 시설하는 때에는 이격거리가 0.1[m](나전선인 경우에는 0.3[m]) 이상이어야 한다.

149
기 20-1,2

저압 수상전선로에 사용되는 전선은?

① 옥외 비닐케이블
② 600[V] 비닐절연전선
③ 600[V] 고무절연전선
④ 클로로프렌 캡타이어 케이블

풀이 335.3 수상전선로의 시설
수상전선로를 시설하는 경우에는 그 사용전압은 저압 또는 고압인 것에 한 한다.
가. 전선
  ① 저압 : 클로로프렌 캡타이어 케이블
  ② 고압 : 캡타이어 케이블
나. 수상전선로의 전선과 가공전선로 접속점의 높이
  ① 접속점이 육상에 있는 경우 : 지표상 5[m] 이상.
    다만, 저압인 경우에 도로상 이외의 곳에 있을 때에는 지표상 4[m]
  ② 접속점이 수면상에 있는 경우 : 저압 4[m] 이상, 고압 5[m] 이상
다. 수상전선로의 사용전압이 고압인 경우에는 전로에 지락이 생겼을 때에 자동적으로 전로를 차단하기 위한 장치를 시설하여야 한다.

150
기 20-4, 산기 25-1

교량의 윗면에 시설하는 고압 전선로는 전선의 높이를 교량의 노면상 몇 [m] 이상으로 하여야 하는가?

① 3
② 4
③ 5
④ 6

풀이 335.6 교량에 시설하는 전선로
교량의 윗면에 시설하는 고압 전선로는 전선의 높이를 교량의 노면상 5[m] 이상으로 하여 시설할 것

정답 148. ① 149. ④ 150. ③

151 특수장소에 시설하는 전선로의 기준으로 틀린 것은?

① 교량의 윗면에 시설하는 저압전선로는 교량 노면상 5[m] 이상으로 할 것
② 교량에 시설하는 고압전선로에서 전선과 조영재 사이의 이격거리는 20[cm] 이상일 것
③ 저압전선로와 고압전선로를 같은 벼랑에 시설하는 경우 고압전선과 저압전선 사이의 이격거리는 50[cm] 이상일 것
④ 벼랑과 같은 수직부분에 시설하는 전선로는 부득이한 경우에 시설하며, 이 때 전선의 지지점간의 거리는 15[m] 이하이어야 한다.

풀이 **335.6 교량에 시설하는 전선로**
가. 교량의 윗면에 시설하는 것은 전선의 높이를 교량의 노면상 5[m] 이상으로 하여 시설할 것.
나. 전선과 조영재 사이의 이격거리는 전선이 케이블인 경우 이외에는 0.3[m] 이상일 것.
335.8 급경사지에 시설하는 전선로의 시설
가. 전선의 지지점 간의 거리는 15[m] 이하일 것.
나. 저압 전선로와 고압 전선로를 같은 벼랑에 시설하는 경우에는 고압 전선로를 저압 전선로의 위로 하고 또한 고압전선과 저압 전선 사이의 이격거리는 0.5[m] 이상일 것.

152 특고압 전선로에 접속하는 배전용 변압기의 1차 및 2차 전압은?

① 1차 : 35[kV] 이하, 2차 : 저압 또는 고압
② 1차 : 50[kV] 이하, 2차 : 저압 또는 고압
③ 1차 : 35[kV] 이하, 2차 : 특고압 또는 고압
④ 1차 : 50[kV] 이하, 2차 : 특고압 또는 고압

풀이 **341.2 특고압 배전용 변압기의 시설**
특고압 전선로에 접속하는 배전용 변압기를 시설하는 경우에는 특고압 전선에 특고압 절연전선 또는 케이블을 사용하고 또한 다음에 따라야 한다.
가. 변압기의 1차 전압은 35[kV] 이하, 2차 전압은 저압 또는 고압일 것.
나. 변압기의 특고압측에 개폐기 및 과전류차단기를 시설할 것
다. 변압기의 2차 전압이 고압인 경우에는 고압측에 개폐기를 시설하고 또한 쉽게 개폐할 수 있도록 할 것.

정답 151. ② 152. ①

기 18-3
153 특고압 옥외 배전용 변압기가 1대일 경우 특고압측에 일반적으로 시설하여야 하는 것은?

① 방전기
② 계기용 변류기
③ 계기용 변압기
④ 개폐기 및 과전류차단기

풀이 341.2 특고압 배전용 변압기의 시설
특고압 전선로 에 접속하는 배전용 변압기를 시설하는 경우에는 특고압 전선에 특고압 절연전선 또는 케이블을 사용하고 또한 다음에 따라야 한다.
가. 변압기의 1차 전압은 35[kV] 이하, 2차 전압은 저압 또는 고압일 것.
나. 변압기의 특고압측에 개폐기 및 과전류차단기를 시설할 것.
다. 변압기의 2차 전압이 고압인 경우에는 고압측에 개폐기를 시설하고 또한 쉽게 개폐할 수 있도록 할 것.

기 18-1, 기 22-3
154 특고압을 직접 저압으로 변성하는 변압기를 시설하여서는 아니 되는 변압기는?

① 광산에서 물을 양수하기 위한 양수기용 변압기
② 전기로 등 전류가 큰 전기를 소비하기 위한 변압기
③ 교류식 전기철도용 신호회로에 전기를 공급하기 위한 변압기
④ 발전소 · 변전소 · 개폐소 또는 이에 준하는 곳의 소내용 변압기

풀이 341.3 특고압을 직접 저압으로 변성하는 변압기의 시설
특고압을 직접 저압으로 변성하는 변압기는 다음의 것 이외에는 시설하여서는 아니 된다.
가. 전기로 등 전류가 큰 전기를 소비하기 위한 변압기
나. 발전소 · 변전소 · 개폐소 또는 이에 준하는 곳의 소내용 변압기
다. 25[kV] 이하인 특고압 가공전선로(중성선 다중접지식의 것으로서 전로에 지락이 생겼을 때에 2초 이내에 자동적으로 이를 전로로부터 차단하는 장치가 되어 있는 것에 한한다.)에 접속 하는 변압기
라. 사용전압이 35[kV] 이하인 변압기로서 그 특고압측 권선과 저압측 권선이 혼촉한 경우에 자동적으로 변압기를 전로로부터 차단하기 위한 장치를 설치한 것.
마. 사용전압이 100[kV] 이하인 변압기로서 그 특고압측 권선과 저압측 권선사이에 접지저항 값이 10[Ω] 이하인 금속제의 혼촉방지판이 있는 것.
바. 교류식 전기철도용 신호회로에 전기를 공급하기 위한 변압기

정답 153. ④ 154. ①

155 66[kV]에 사용되는 변압기를 취급자 이외의 자가 들어가지 않도록 적당한 울타리·담 등을 설치하여 시설하는 경우 울타리·담 등의 높이와 울타리·담 등으로부터 충전부분까지의 거리의 합계는 최소 몇 [m] 이상으로 하여야 하는가?

① 5　　　　　　　　　② 6
③ 8　　　　　　　　　④ 10

풀이 341.4 특고압용 기계기구의 시설
특고압용 기계기구 충전부분의 지표상 높이

사용전압의 구분	울타리·담 등의 높이와 울타리·담 등으로부터 충전 부분까지의 거리의 합계
35[kV] 이하	5[m]
35[kV] 초과 160[kV] 이하	6[m]
160[kV] 초과	• 거리의 합계 = 6 + 단수 × 0.12[m] • 단수 = $\dfrac{사용전압 [kV] - 160}{10}$ 단수 계산에서 소수점 이하는 절상

156 동작시에 아크가 생기는 고압용 개폐기는 목재로부터 몇 [m] 이상 떼어 놓아야 하는가?

① 1　　　　　　　　　② 1.2
③ 1.5　　　　　　　　④ 2

풀이 341.7 아크를 발생하는 기구의 시설
고압용 또는 특고압용의 개폐기·차단기·피뢰기 기타 이와 유사한 기구로서 동작 시에 아크가 생기는 것은 목재의 벽 또는 천장 기타의 가연성 물체로부터 표 에서 정한 값 이상 이격하여 시설하여야 한다.

기구 등의 구분	이격거리
고압용의 것	1[m] 이상
특고압용의 것	2[m] 이상 (사용전압이 35[kV] 이하의 특고압용의 기구 등으로서 동작할 때에 생기는 아크의 방향과 길이를 화재가 발생할 우려가 없도록 제한하는 경우에는 1[m] 이상)

정답 155. ②　156. ①

157. 고압용 기계기구를 시가지에 시설할 때 지표상 몇 [m] 이상의 높이에 시설하고, 또한 사람이 쉽게 접촉할 우려가 없도록 하여야 하는가?

① 4.0
② 4.5
③ 5.0
④ 5.5

풀이 341.8 고압용 기계기구의 시설
고압용 기계기구는 다음의 어느 하나에 해당하는 경우와 발전소·변전소·개폐소 또는 이에 준하는 곳에 시설하는 경우 이외에는 시설하여서는 아니 된다.
가. 기계기구의 주위에 규정에 준하여 울타리·담 등을 시설하는 경우
나. 기계기구를 지표상 4.5[m](시가지 외에는 4[m]) 이상의 높이에 시설하고 또한 사람이 쉽게 접촉할 우려가 없도록 시설하는 경우
다. 옥내에 설치한 기계기구를 취급자 이외의 사람이 출입할 수 없도록 설치한 곳에 시설하는 경우
라. 기계기구를 콘크리트제의 함 또는 규정에 따른 접지공사를 한 금속제 함에 넣고 또한 충전부분이 노출하지 아니하도록 시설하는 경우

158. 고압용 기계기구를 시설하여서는 안 되는 경우는?

① 시가지 외로서 지표상 3[m]인 경우
② 발전소, 변전소, 개폐소 또는 이에 준하는 곳에 시설하는 경우
③ 옥내에 설치한 기계기구를 취급자 이외의 사람이 출입할 수 없도록 설치한 곳에 시설하는 경우
④ 공장 등의 구내에서 기계기구의 주위에 사람이 쉽게 접촉할 우려가 없도록 적당한 울타리를 설치하는 경우

풀이 341.8 고압용 기계기구의 시설
고압용 기계기구는 다음의 어느 하나에 해당하는 경우와 발전소·변전소·개폐소 또는 이에 준하는 곳에 시설하는 경우 이외에는 시설하여서는 아니 된다.
가. 기계기구의 주위에 규정에 준하여 울타리·담 등을 시설하는 경우
나. 기계기구를 지표상 4.5[m](시가지 외에는 4[m]) 이상의 높이에 시설하고 또한 사람이 쉽게 접촉할 우려가 없도록 시설하는 경우
다. 옥내에 설치한 기계기구를 취급자 이외의 사람이 출입할 수 없도록 설치한 곳에 시설하는 경우
라. 기계기구를 콘크리트제의 함 또는 규정에 따른 접지공사를 한 금속제 함에 넣고 또한 충전부분이 노출하지 아니하도록 시설하는 경우

정답 157. ② 158. ①

산기 24-2
159 고압용 또는 특고압용 개폐기의 시설에 있어서 법규상의 규정이 아닌 사항은?

① 그 동작에 따라 개폐 상태를 표시하는 장치를 가져야 한다.
② 중력 등에 의하여 자연히 작동할 우려가 있는 것은 자물쇠 장치 등이 있어야 한다.
③ 고압용 또는 특고압용이라는 위험 표시를 하여야 한다.
④ 부하 전로를 차단하기 위한 것이 아닌 단로기 등은 부하 전류가 통하고 있을 경우에 개로될 수 없도록 시설한다.

풀이 341.9 개폐기의 시설
1. 전로 중에 개폐기를 시설하는 경우에는 그곳의 각 극에 설치하여야 한다.
2. 고압용 또는 특고압용의 개폐기는 그 **작동에 따라 그 개폐상태를 표시하는 장치**가 되어 있는 것이어야 한다.
3. 고압용 또는 특고압용의 개폐기로서 중력 등에 의하여 자연히 작동할 우려가 있는 것은 **자물쇠 장치 기타 이를 방지하는 장치**를 시설하여야 한다.
4. 고압용 또는 특고압용의 개폐기로서 **부하전류**를 차단하기 위한 것이 아닌 개폐기는 부하전류가 통하고 있을 경우에는 개로할 수 없도록 시설하여야 한다.

기 18-1, 산기 22-2
160 과전류차단기로 시설하는 퓨즈 중 고압전로에 사용하는 포장퓨즈는 정격전류의 몇 배의 전류에 견디어야 하는가?

① 1.1
② 1.25
③ 1.3
④ 1.6

풀이 341.10 고압 및 특고압 전로 중의 과전류차단기의 시설
가. 과전류차단기로 시설하는 퓨즈 중 고압전로에 사용하는 포장 퓨즈는 정격전류의 1.3배의 전류에 견디고 또한 2배의 전류로 120분 안에 용단되는 것이어야 한다.
나. 과전류차단기로 시설하는 퓨즈 중 고압전로에 사용하는 비포장 퓨즈는 정격전류의 1.25배의 전류에 견디고 또한 2배의 전류로 2분 안에 용단되는 것이어야 한다.

산기 23-1
161 과전류차단기로 시설하는 퓨즈 중 고압전로에 사용하는 비포장 퓨즈는 정격전류의 몇 배의 전류에 견디어야 하는가?

① 1.1
② 1.25
③ 1.5
④ 2

풀이 341.10 고압 및 특고압 전로 중의 과전류차단기의 시설
가. 과전류차단기로 시설하는 퓨즈 중 고압전로에 사용하는 포장 퓨즈는 정격전류의 1.3배의 전류에 견디고 또한 2배의 전류로 120분 안에 용단되는 것.
나. 과전류차단기로 시설하는 퓨즈 중 고압전로에 사용하는 비포장 퓨즈는 정격전류의 1.25배의 전류에 견디고 또한 2배의 전류로 2분 안에 용단되는 것.

정답 159. ③ 160. ③ 161. ②

162. 과전류차단기로 시설하는 퓨즈 중 고압전로에 사용하는 비포장 퓨즈는 정격전류 2배 전류 시 몇 분 안에 용단되어야 하는가?

① 1분
② 2분
③ 5분
④ 10분

풀이 341.10 고압 및 특고압 전로 중의 과전류차단기의 시설

가. 과전류차단기로 시설하는 퓨즈 중 고압전로에 사용하는 포장 퓨즈는 정격전류의 1.3배의 전류에 견디고 또한 2배의 전류로 120분 안에 용단되는 것이어야 한다.

나. 과전류차단기로 시설하는 퓨즈 중 고압전로에 사용하는 비포장 퓨즈는 정격전류의 1.25배의 전류에 견디고 또한 2배의 전류로 2분 안에 용단되는 것이어야 한다.

163. 다음의 ⓐ, ⓑ에 들어갈 내용으로 옳은 것은?

> 과전류차단기로 시설하는 퓨즈 중 고압전로에 사용하는 비포장퓨즈는 정격전류의 (ⓐ)배의 전류에 견디고 또한 2배의 전류로 (ⓑ)분 안에 용단되는 것이어야 한다.

① ⓐ 1.1, ⓑ 1
② ⓐ 1.2, ⓑ 1
③ ⓐ 1.25, ⓑ 2
④ ⓐ 1.3, ⓑ 2

풀이 341.10 고압 및 특고압 전로 중의 과전류차단기의 시설

가. 과전류차단기로 시설하는 퓨즈 중 고압전로에 사용하는 포장 퓨즈는 정격전류의 1.3배의 전류에 견디고 또한 2배의 전류로 120분 안에 용단되는 것이어야 한다.

나. 과전류차단기로 시설하는 퓨즈 중 고압전로에 사용하는 비포장 퓨즈는 정격전류의 1.25배의 전류에 견디고 또한 2배의 전류로 2분 안에 용단되는 것이어야 한다.

164. 과전류차단기를 시설할 수 있는 곳은?

① 접지공사의 접지선
② 다선식 전로의 중성선
③ 단상 3선식 전로의 저압측 전선
④ 접지공사를 한 저압 가공전선로의 접지측 전선

풀이 341.11 과전류차단기의 시설 제한

접지공사의 접지도체, 다선식 전로의 중성선 및 전로의 일부에 접지공사를 한 저압 가공전선로의 접지측 전선에는 과전류차단기를 시설하여서는 안 된다.
다만, 다음의 경우에는 예외로 한다.
가. 다선식 전로의 중성선에 시설한 과전류차단기가 동작한 경우에 각 극이 동시에 차단될 때
나. 저항기·리액터 등을 사용하여 접지공사를 한 때에 과전류차단기의 동작에 의하여 그 접지도체가 비접지 상태로 되지 아니할 때

정답 162. ② 163. ③ 164. ③

165 가공 전선로와 지중 전선로가 접속되는 곳에 시설하여야 하는 것은?

① 조상기 ② 분로 리액터
③ 피뢰기 ④ 정류기

풀이 341.13 피뢰기의 시설
고압 및 특고압의 전로 중 다음에 열거하는 곳 또는 이에 근접한 곳에는 피뢰기를 시설하여야 한다.
① 발전소·변전소 또는 이에 준하는 장소의 가공전선 인입구 및 인출구
② 특고압 가공전선로에 접속하는 배전용 변압기의 고압측 및 특고압측
③ 고압 및 특고압 가공전선로로부터 공급을 받는 수용장소의 인입구
④ 가공전선로와 지중전선로가 접속되는 곳

166 피뢰기 설치기준으로 옳지 않은 것은?

① 발전소·변전소 또는 이에 준하는 장소의 가공전선의 인입구 및 인출구
② 가공전선로와 특고압 전선로가 접속되는 곳
③ 가공 전선로에 접속한 1차측 전압이 35[kV] 이하인 배전용 변압기의 고압측 및 특고압측
④ 고압 및 특고압 가공전선로로부터 공급 받는 수용장소의 인입구

풀이 341.13 피뢰기의 시설
고압 및 특고압의 전로 중 다음에 열거하는 곳 또는 이에 근접한 곳에는 피뢰기를 시설하여야 한다.
가. **발전소·변전소** 또는 이에 준하는 장소의 **가공전선 인입구 및 인출구**
나. 특고압 가공전선로에 접속하는 **배전용 변압기의 고압측 및 특고압측**
다. 고압 및 특고압 가공전선로로부터 공급을 받는 **수용장소의 인입구**
라. **가공전선로와 지중전선로가 접속되는 곳**

167 고압 가공전선로에 시설하는 피뢰기의 접지저항 값은 몇 [Ω]까지 허용되는가? 단, 피뢰기 접지공사의 접지선은 전용의 것으로 한다.

① 20 ② 30
③ 50 ④ 75

풀이 341.14 피뢰기의 접지
가. 고압 및 특고압의 전로에 시설하는 피뢰기 접지저항 값은 10[Ω] 이하로 하여야 한다.
나. 고압가공전선로에 시설하는 피뢰기의 접지공사의 접지선이 전용의 것인 경우에는 접지 저항치가 30[Ω]까지 허용된다.

정답 165. ③ 166. ② 167. ②

기 18-1

168 발전소·변전소·개폐소 또는 이에 준하는 곳에서 개폐기 또는 차단기에 사용하는 압축공기장치의 공기압축기는 최고 사용압력의 1.5배의 수압을 연속하여 몇 분간 가하여 시험을 하였을 때에 이에 견디고 또한 새지 아니하여야 하는가?

① 5
② 10
③ 15
④ 20

풀이 341.15 압축공기계통

발전소·변전소·개폐소 또는 이에 준하는 곳에서 개폐기 또는 차단기에 사용하는 압축공기장치는 최고 사용압력의 1.5배의 수압(최고 사용압력의 1.25배의 기압)을 연속하여 10분간 가하여 시험을 하였을 때에 이에 견디고 또한 새지 아니할 것.

기 22-3

169 발전소에서 개폐기 또는 차단기에 사용하는 압축공기 장치는 수압을 연속하여 10분간 가하여 시험하였을 때 최고 사용압력 몇 배의 수압에 견디고 새지 않아야 하는가?

① 1.1배
② 1.25배
③ 1.5배
④ 2배

풀이 341.15 압축공기계통

발전소·변전소·개폐소 또는 이에 준하는 곳에서 개폐기 또는 차단기에 사용하는 압축공기장치는 최고 사용압력의 1.5배의 수압(최고 사용압력의 1.25배의 기압)을 연속하여 10분간 가하여 시험을 하였을 때에 이에 견디고 또한 새지 아니할 것.

정답 168. ② 169. ③

기 18-3, 산기 24-3
170 발전소의 개폐기 또는 차단기에 사용하는 압축공기장치의 주 공기탱크에 시설하는 압력계의 최고 눈금의 범위로 옳은 것은?

① 사용압력의 1배 이상 2배 이하
② 사용압력의 1.15배 이상 2배 이하
③ 사용압력의 1.5배 이상 3배 이하
④ 사용압력의 2배 이상 3배 이하

풀이 341.15 압축공기계통
발전소·변전소·개폐소 또는 이에 준하는 곳에서 개폐기 또는 차단기에 사용하는 압축공기장치는 다음에 따라 시설하여야 한다.
가. 공기압축기는 최고 사용압력의 1.5배의 수압(수압을 연속하여 10분간 가하여 시험을 하기 어려울 때에는 최고 사용압력의 1.25배의 기압)을 연속하여 10분간 가하여 시험을 하였을 때에 이에 견디고 또한 새지 아니할 것.
나. 주 공기탱크 또는 이에 근접한 곳에는 사용압력의 1.5배 이상 3배 이하의 최고 눈금이 있는 압력계를 시설할 것.
다. 사용 압력에서 공기의 보급이 없는 상태로 개폐기 또는 차단기의 투입 및 차단을 연속하여 1회 이상 할 수 있는 용량을 가지는 것일 것.

기 17-3
171 고압 옥내배선의 시설 공사로 할 수 없는 것은?

① 케이블공사
② 금속제가요전선관공사
③ 케이블트레이공사
④ 애자공사(건조한 장소로서 전개된 장소)

풀이 342.1 고압 옥내배선 등의 시설
가. 고압 옥내배선은 다음에 따라 시설하여야 한다.
① 애자공사(건조한 장소로서 전개된 장소에 한한다)
② 케이블공사
③ 케이블트레이공사
나. 전선은 공칭단면적 6[mm^2] 이상의 연동선

정답 170. ③ 171. ②

172 고압 옥내배선의 공사방법으로 틀린 것은?

① 케이블공사
② 합성수지관공사
③ 케이블트레이공사
④ 애자공사(건조한 장소로서 전개된 장소에 한한다.)

> 풀이 342.1 고압 옥내배선 등의 시설
> 가. 고압 옥내배선은 다음에 따라 시설하여야 한다.
>   ① 애자공사(건조한 장소로서 전개된 장소에 한한다)
>   ② 케이블공사
>   ③ 케이블트레이공사
> 나. 전선은 공칭단면적 6[mm²] 이상의 연동선

173 고압 옥내배선의 공사법이 아닌 것은?

① 애자사용공사(건조한 장소로서 전개된 장소에 한한다.)
② 케이블 공사
③ 금속관공사
④ 케이블 트레이 공사

> 풀이 342.1 고압 옥내배선 등의 시설
> 가. 고압 옥내배선은 다음에 따라 시설하여야 한다.
>   ① 애자사용공사(건조한 장소로서 전개된 장소에 한한다.)
>   ② 케이블공사
>   ③ 케이블트레이공사
> 나. 전선은 공칭단면적 6[mm²] 이상의 연동선

정답 172. ② 173. ③

174 건조한 장소로서 전개된 장소에 고압옥내배선을 시설할 수 있는 공사방법은?

① 덕트공사
② 금속관공사
③ 애자공사
④ 합성수지관공사

풀이 342.1 고압 옥내배선 등의 시설
가. 고압 옥내배선은 다음에 따라 시설하여야 한다.
  ① 애자공사(건조한 장소로서 전개된 장소에 한한다)
  ② 케이블공사
  ③ 케이블트레이공사
나. 전선은 공칭단면적 6[mm²] 이상의 연동선

175 애자공사에 의한 고압 옥내배선을 시설하고자 한다. 다음 중 잘못된 내용은?

① 저압 옥내배선과 쉽게 식별되도록 시설한다.
② 전선은 공칭단면적 6[mm²] 이상의 연동선을 사용한다.
③ 전선 상호간의 간격은 8[cm] 이상이어야 한다.
④ 전선과 조영재 사이의 이격거리는 4[cm] 이상이어야 한다.

풀이 342.1 고압 옥내배선 등의 시설
가. 고압 옥내배선은 다음에 따라 시설하여야 한다.
  ① 애자공사(건조한 장소로서 전개된 장소에 한한다)
  ② 케이블공사
  ③ 케이블트레이공사
나. 전선은 공칭단면적 6[mm²] 이상의 연동선
다. 이격거리

전압	전선과 조영재와의 이격 거리	전선 상호 간격	전선 지지점간의 거리	
			조영재의 면을 따라 붙이는 경우	조영재에 따라 시설하지 않는 경우
고압	5[cm] 이상	8[cm] 이상	2[m] 이하	6[m] 이하

라. 고압 옥내배선은 저압 옥내배선과 쉽게 식별되도록 시설할 것.

176 고압 옥내배선이 수관과 접근하여 시설되는 경우에는 몇 [cm] 이상 이격시켜야 하는가?

① 15
② 30
③ 45
④ 60

풀이 342.1 고압 옥내배선 등의 시설
고압 옥내배선이 다른 고압 옥내배선·저압 옥내전선·관등회로의 배선·약전류 전선 등 또는 수관·가스관이나 이와 유사한 것과 접근하거나 교차하는 경우 이격거리
가. 다른 고압 옥내배선·저압 옥내전선·관등회로의 배선·약전류 전선 : 15[cm]
나. 수관·가스관이나 이와 유사한 것과 접근하거나 교차하는 경우 : 15[cm]
다. 애자공사에 의하여 시설하는 저압 옥내전선이 나전선인 경우 : 30[cm]
라. 가스계량기 및 가스관의 이음부와 전력량계 및 개폐기 : 60[cm]

177 고압 옥내배선에서 가스계량기 및 가스관의 이음부와 전력량계 및 개폐기의 최소 이격거리는 몇 [cm] 이상인가?

① 60
② 50
③ 40
④ 30

풀이 342.1 고압 옥내배선 등의 시설
고압 옥내배선이 다른 고압 옥내배선·저압 옥내전선·관등회로의 배선·약전류 전선 등 또는 수관·가스관이나 이와 유사한 것과 접근하거나 교차하는 경우 이격거리
가. 다른 고압 옥내배선·저압 옥내전선·관등회로의 배선·약전류 전선 : 15[cm]
나. 수관·가스관이나 이와 유사한 것과 접근하거나 교차하는 경우 : 15[cm]
다. 애자사용공사에 의하여 시설하는 저압 옥내전선이 나전선인 경우 : 30[cm]
라. 가스계량기 및 가스관의 이음부와 전력량계 및 개폐기 : 60[cm]

정답 176. ① 177. ①

178 옥내에 시설하는 고압용 이동전선으로 옳은 것은?

① 6[mm] 연동선
② 비닐외장케이블
③ 옥외용 비닐절연전선
④ 고압용의 캡타이어케이블

풀이 342.2 옥내 고압용 이동전선의 시설
옥내에 시설하는 고압의 이동전선은 다음에 따라 시설하여야 한다.
가. 전선은 고압용의 캡타이어케이블일 것.
나. 이동전선에 전기를 공급하는 전로에는 전용 개폐기 및 과전류 차단기를 각극(과전류 차단기는 다선식 전로의 중성극을 제외한다)에 시설하고, 또한 전로에 지락이 생겼을 때에 자동적으로 전로를 차단하는 장치를 시설할 것.

179 특고압을 옥내에 시설하는 경우 그 사용 전압의 최대한도는 몇 [kV] 이하인가? (단, 케이블 트레이공사는 제외)

① 25
② 80
③ 100
④ 160

풀이 342.4 특고압 옥내 전기설비의 시설
특고압 옥내배선의 사용전압은 100[kV] 이하일 것. 다만, 케이블트레이공사에 의하여 시설하는 경우에는 35[kV] 이하일 것.

180 특고압 옥내배선과 저압 옥내전선·관등회로의 배선 또는 고압 옥내전선 사이의 이격거리는 일반적으로 몇 [cm] 이상이어야 하는가?

① 15
② 30
③ 45
④ 60

풀이 342.4 특고압 옥내 전기설비의 시설
특고압 옥내배선은 다음에 따르고 또한 위험의 우려가 없도록 시설하여야 한다.
가. 사용전압은 100[kV] 이하일 것. 다만, 케이블트레이배선에 의하여 시설하는 경우에는 35[kV] 이하일 것.
나. 전선은 케이블일 것.
다. 특고압 옥내배선과 저압 옥내전선·관등회로의 배선 또는 고압 옥내전선 사이 : 0.6[m] 이상

정답 178. ④ 179. ③ 180. ④

181 고압 또는 특고압 가공전선과 금속제의 울타리가 교차하는 경우 교차점과 좌, 우로 몇 [m] 이내의 개소에 규정에 의한 접지공사를 하여야 하는가? (단, 전선에 케이블을 사용하는 경우는 제외한다.)

① 25
② 35
③ 45
④ 55

풀이 351.1 발전소 등의 울타리·담 등의 시설
고압 또는 특고압 가공전선(전선에 케이블을 사용하는 경우는 제외함)과 금속제의 울타리·담 등이 교차하는 경우에 금속제의 울타리·담 등에는 교차점과 좌, 우로 45[m] 이내의 개소에 규정에 의한 접지공사를 하여야 한다.
또한 울타리·담 등에 문 등이 있는 경우에는 접지공사를 하거나 울타리·담 등과 전기적으로 접속하여야한다. 다만, 토지의 상황에 의하여 규정에 의한 접지저항 값을 얻기 어려울 경우에는 100[Ω] 이하로 하고 또한 고압 가공전선로는 고압보안공사, 특고압 가공전선로는 제2종 특고압 보안공사에 의하여 시설할 수 있다.

182 사용전압 35000[V]인 기계기구를 옥외에 시설하는 개폐소의 구내에 취급자 이외의 자가 들어가지 않도록 울타리를 설치할 때 울타리와 특고압의 충전부분이 접근하는 경우에는 울타리의 높이와 울타리로부터 충전부분까지의 거리의 합은 최소 몇 [m] 이상이어야 하는가?

① 4
② 5
③ 6
④ 7

풀이 351.1 발전소 등의 울타리·담 등의 시설
가. 울타리·담 등의 높이는 2[m] 이상으로 하고 지표면과 울타리·담 등의 하단사이의 간격은 0.15[m] 이하로 할 것.
나. 울타리·담 등의 높이와 울타리·담 등으로부터 충전부분까지 거리의 합계는 표에서 정한 값 이상으로 할 것.

사용전압의 구분	울타리·담 등의 높이와 울타리·담 등으로부터 충전 부분까지의 거리의 합계
35[kV] 이하	5[m]
35[kV] 초과 160[kV] 이하	6[m]
160[kV] 초과	• 거리 = 6 + 단수 × 0.12[m] • 단수 = $\frac{\text{사용전압 [kV]}-160}{10}$ 단수 계산에서 소수점 이하는 절상

정답 181. ③ 182. ②

183 사용전압이 154[kV]인 모선에 접속되는 전력용 커패시터에 울타리를 시설하는 경우 울타리의 높이와 울타리로부터 충전부분까지 거리의 합계는 몇 [m] 이상 되어야 하는가?

① 2　　　　　　　　　　② 3
③ 5　　　　　　　　　　④ 6

풀이 351.1 발전소 등의 울타리 · 담 등의 시설

사용전압의 구분	울타리 · 담 등의 높이와 울타리 · 담 등으로부터 충전 부분까지의 거리의 합계
35[kV] 이하	5[m]
35[kV] 초과 160[kV] 이하	6[m]
160[kV] 초과	• 거리 = 6 + 단수 × 0.12[m] • 단수 = $\frac{사용전압[kV]-160}{10}$ 단수 계산에서 소수점 이하는 절상

184 345[kV] 변전소의 충전 부분에서 6[m]의 거리에 울타리를 설치하려고 한다. 울타리의 최소 높이는 약 몇 [m]인가?

① 2　　　　　　　　　　② 2.28
③ 2.57　　　　　　　　　④ 3

풀이 351.1 발전소 등의 울타리 · 담 등의 시설
가. 울타리 · 담 등의 높이는 2[m] 이상으로 하고 지표면과 울타리 · 담 등의 하단사이의 간격은 0.15[m] 이하로 할 것.
나. 울타리 · 담 등의 높이와 울타리 · 담 등으로부터 충전부분까지 거리의 합계는 표에서 정한 값 이상으로 할 것.

사용전압의 구분	울타리 · 담 등의 높이와 울타리 · 담 등으로부터 충전 부분까지의 거리의 합계
35[kV] 이하	5[m]
35[kV] 초과 160[kV] 이하	6[m]
160[kV] 초과	• 거리 = 6 + 단수 × 0.12[m] • 단수 = $\frac{사용전압[kV]-160}{10}$ 단수 계산에서 소수점 이하는 절상

• 단수 = $\frac{345-160}{10}$ = 18.5 → 19단
• 이격거리 + 울타리높이 = 6 + 19 × 0.12 = 8.28[m]
• 울타리높이 = 8.28 - 이격거리 = 8.28 - 6 = 2.28[m]

185 특고압의 기계기구 · 모선 등을 옥외에 시설하는 변전소의 구내에 취급자 이외의 자가 들어가지 못하도록 시설하는 울타리 · 담 등의 높이는 몇 [m] 이상으로 하여야 하는가?

① 2
② 2.2
③ 2.5
④ 3

풀이 351.1 발전소 등의 울타리 · 담 등의 시설
울타리 · 담 등의 높이는 2[m] 이상으로 하고 지표면과 울타리 · 담 등의 하단사이의 간격은 0.15[m] 이하로 할 것.

186 사용전압이 20[kV]인 변전소에 울타리 · 담 등을 시설하고자 할 때 울타리 · 담 등의 높이는 몇 [m] 이상이어야 하는가?

① 1
② 2
③ 5
④ 6

풀이 351.1 발전소 등의 울타리 · 담 등의 시설
가. 울타리 · 담 등의 높이는 2[m] 이상으로 하고 지표면과 울타리 · 담 등의 하단사이의 간격은 0.15[m] 이하로 할 것.
나. 울타리 · 담 등의 높이와 울타리 · 담 등으로부터 충전부분까지 거리의 합계는 표에서 정한 값 이상으로 할 것.

사용전압의 구분	울타리 · 담 등의 높이와 울타리 · 담 등으로부터 충전 부분까지의 거리의 합계
35[kV] 이하	5 [m]
35[kV] 초과 160[kV] 이하	6 [m]
160[kV] 초과	• 거리의 합계 = 6 + 단수 × 0.12 [m] • 단수 = $\dfrac{\text{사용전압 [kV]} - 160}{10}$ 단수 계산에서 소수점 이하는 절상

정답 185. ① 186. ②

기 21-3, 산기 22-1

187 변전소에 울타리·담 등을 시설할 때, 사용전압이 345[kV] 이면 울타리·담 등의 높이와 울타리·담 등으로부터 충전부분까지의 거리의 합계는 몇 [m] 이상으로 하여야 하는가?

① 8.16
② 8.28
③ 8.40
④ 9.72

풀이 351.1 발전소 등의 울타리·담 등의 시설

가. 울타리·담 등의 높이는 2[m] 이상으로 하고 지표면과 울타리·담 등의 하단사이의 간격은 0.15[m] 이하로 할 것.

나. 울타리·담 등과 고압 및 특고압의 충전 부분이 접근하는 경우에는 울타리·담 등의 높이와 울타리·담 등으로부터 충전부분까지 거리의 합계는 표에서 정한 값 이상으로 할 것.

사용전압의 구분	울타리·담 등의 높이와 울타리·담 등으로부터 충전 부분까지의 거리의 합계
35[kV] 이하	5[m]
35[kV] 초과 160[kV] 이하	6[m]
160[kV] 초과	• 거리 = 6 + 단수 × 0.12[m] • 단수 = $\dfrac{\text{사용전압 [kV]} - 160}{10}$ 단수 계산에서 소수점 이하는 절상

• 단수 = $\dfrac{345 - 160}{10} = 18.5 \rightarrow$ 19단

• 충전 부분까지의 거리[m] = $6 + 19 \times 0.12 = 8.28$[m]

기 20-3, 산기 25-3

188 변전소에서 오접속을 방지하기 위하여 특고압 전로의 보기 쉬운 곳에 반드시 표시해야 하는 것은?

① 상별표시
② 위험표시
③ 최대전류
④ 정격전압

풀이 351.2 특고압전로의 상 및 접속 상태의 표시

가. 발전소·변전소 또는 이에 준하는 곳의 특고압전로에는 그의 보기 쉬운 곳에 상별 표시를 하여야 한다.

나. 발전소·변전소 또는 이에 준하는 곳의 특고압전로에 대하여는 그 접속 상태를 모의모선의 사용 기타의 방법에 의하여 표시하여야 한다. 다만, 이러한 전로에 접속하는 특고압전선로의 회선 수가 2 이하이고 또한 특고압의 모선이 단일모선인 경우에는 그러하지 아니하다.

정답 187. ② 188. ①

189 발전소·변전소 또는 이에 준하는 곳의 특고압전로에 대한 접속상태를 모의모선의 사용 또는 기타의 방법으로 표시 하여야 하는데, 그 표시의 의무가 없는 것은?

① 전선로의 회선수가 3회선 이하로서 복모선
② 전선로의 회선수가 2회선 이하로서 복모선
③ 전선로의 회선수가 3회선 이하로서 단일모선
④ 전선로의 회선수가 2회선 이하로서 단일모선

> **풀이** 351.2 특고압전로의 상 및 접속 상태의 표시
> 가. 발전소 · 변전소 또는 이에 준하는 곳의 특고압전로에는 그의 보기 쉬운 곳에 상별 표시를 하여야 한다.
> 나. 발전소 · 변전소 또는 이에 준하는 곳의 특고압전로에 대하여는 그 접속 상태를 모의모선의 사용 기타의 방법에 의하여 표시하여야 한다. 다만, 이러한 전로에 접속하는 특고압전선로의 회선수가 2 이하이고 또한 특고압의 모선이 단일모선인 경우에는 그러하지 아니하다.

190 발전기의 용량에 관계없이 자동적으로 이를 전로로부터 차단하는 장치를 시설하여야 하는 경우는?

① 과전류 인입
② 베어링 과열
③ 발전기 내부 고장
④ 유압의 과팽창

> **풀이** 351.3 발전기 등의 보호장치
> 발전기에는 다음의 경우에 자동적으로 이를 전로로부터 차단하는 장치를 시설하여야 한다.
> 가. 발전기에 과전류나 과전압이 생긴 경우
> 나. 용량이 500 [kVA] 이상의 발전기를 구동하는 수차의 압유 장치의 유압이 현저히 저하한 경우
> 다. 용량이 100 [kVA] 이상의 발전기를 구동하는 풍차의 압유장치의 유압이 현저히 저하한 경우
> 라. 용량이 2,000 [kVA] 이상인 수차 발전기의 스러스트 베어링의 온도가 현저히 상승한 경우
> 마. 용량이 10,000 [kVA] 이상인 발전기의 내부에 고장이 생긴 경우
> 바. 정격출력이 10,000 [kW]를 초과하는 증기터빈은 그 스러스트 베어링이 현저하게 마모되거나 그의 온도가 현저히 상승한 경우

정답 189. ④ 190. ①

191
산기 25-2

발전기를 구동하는 풍차의 압유장치의 유압, 압축공기장치의 공기압 또는 전동식 브레이드 제어장치의 전원전압이 현저히 저하한 경우 발전기를 자동적으로 전로로부터 차단하는 장치를 시설하여야 하는 발전기 용량은 몇 [kVA] 이상인가?

① 100
② 300
③ 500
④ 1000

풀이 351.3 발전기 등의 보호장치
발전기에는 다음의 경우에 자동적으로 이를 전로로부터 차단하는 장치를 시설하여야 한다.
가. 발전기에 과전류나 과전압이 생긴 경우
나. 용량이 500[kVA] 이상의 발전기를 구동하는 수차의 압유 장치의 유압이 현저히 저하한 경우
다. **용량이 100[kVA] 이상의 발전기를 구동하는 풍차의 압유장치의 유압이 현저히 저하한 경우**
라. 용량이 2,000[kVA] 이상인 수차 발전기의 스러스트 베어링의 온도가 현저히 상승한 경우
마. 용량이 10,000[kVA] 이상인 발전기의 내부에 고장이 생긴 경우
바. 정격출력이 10,000[kW]를 초과하는 증기터빈은 그 스러스트베어링이 현저하게 마모되거나 그의 온도가 현저히 상승한 경우

192
기 18-2, 기 19-1

발전기를 전로로부터 자동적으로 차단하는 장치를 시설하여야 하는 경우에 해당 되지 않는 것은?

① 발전기에 과전류가 생긴 경우
② 용량이 5000[kVA] 이상인 발전기의 내부에 고장이 생긴 경우
③ 용량이 500[kVA] 이상의 발전기를 구동하는 수차의 압유장치의 유압이 현저히 저하한 경우
④ 용량이 100[kVA] 이상의 발전기를 구동하는 풍차의 압유장치의 유압, 압축공기장치의 공기압이 현저히 저하한 경우

풀이 351.3 발전기 등의 보호장치
발전기에는 다음의 경우에 자동적으로 이를 전로로부터 차단하는 장치를 시설하여야 한다.
가. 발전기에 과전류나 과전압이 생긴 경우
나. 용량이 500[kVA] 이상의 발전기를 구동하는 수차의 압유 장치의 유압이 현저히 저하한 경우
다. 용량이 100[kVA] 이상의 발전기를 구동하는 풍차의 압유장치의 유압이 현저히 저하한 경우
라. 용량이 2,000[kVA] 이상인 수차 발전기의 스러스트 베어링의 온도가 현저히 상승한 경우
마. 용량이 10,000[kVA] 이상인 발전기의 내부에 고장이 생긴 경우
바. 정격출력이 10,000 [kW]를 초과하는 증기터빈은 그 스러스트 베어링이 현저하게 마모되거나 그의 온도가 현저히 상승한 경우

정답 191. ① 192. ②

193 특고압용 변압기의 내부에 고장이 생겼을 경우에 자동차단장치 또는 경보장치를 하여야 하는 최소 뱅크용량은 몇 [kVA] 인가?

① 1000
② 3000
③ 5000
④ 10000

풀이 351.4 특고압용 변압기의 보호장치
특고압용의 변압기에는 그 내부에 고장이 생겼을 경우에 보호하는 장치를 표와 같이 시설하여야 한다.

뱅크 용량의 구분	동작 조건	장치의 종류
5,000[kVA] 이상 10,000[kVA] 미만	변압기 내부 고장	자동 차단 장치 또는 경보 장치
10,000[kVA] 이상	변압기 내부 고장	자동 차단 장치
타냉식 변압기 (변압기의 권선 및 철심을 직접 냉각시키기 위하여 봉입한 냉매를 강제 순환시키는 냉각 방식을 말한다.)	냉각 장치에 고장이 생긴 경우 또는 변압기의 온도가 현저히 상승한 경우	경보 장치

194 특고압용 변압기로서 그 내부에 고장이 생긴 경우에 반드시 자동 차단되어야 하는 변압기의 뱅크용량은 몇 [kVA] 이상인가?

① 5000
② 10000
③ 50000
④ 100000

풀이 351.4 특고압용 변압기의 보호장치
특고압용의 변압기에는 그 내부에 고장이 생겼을 경우에 보호하는 장치를 표와 같이 시설하여야 한다.

뱅크 용량의 구분	동작 조건	장치의 종류
5,000[kVA] 이상 10,000[kVA] 미만	변압기 내부 고장	자동 차단 장치 또는 경보 장치
10,000[kVA] 이상	변압기 내부 고장	자동 차단 장치
타냉식 변압기 (변압기의 권선 및 철심을 직접 냉각시키기 위하여 봉입한 냉매를 강제 순환시키는 냉각 방식을 말한다.)	냉각 장치에 고장이 생긴 경우 또는 변압기의 온도가 현저히 상승한 경우	경보 장치

정답 193. ③ 194. ②

산기 24-1

195 내부고장이 발생하는 경우를 대비하여 자동차단장치 또는 경보장치를 시설하여야 하는 특고압용 변압기의 뱅크용량의 구분으로 알맞은 것은?

① 5000 [kVA] 미만
② 5000 [kVA] 이상 10000 [kVA] 미만
③ 10000 [kVA] 이상
④ 타냉식 변압기

풀이 351.4 특고압용 변압기의 보호장치
특고압용의 변압기에는 그 내부에 고장이 생겼을 경우에 보호하는 장치를 표와 같이 시설하여야 한다.

뱅크 용량의 구분	동작조건	장치의 종류
5,000 [kVA] 이상 10,000 [kVA] 미만	변압기 내부 고장	자동차단장치 또는 경보장치
10,000 [kVA] 이상	변압기 내부 고장	자동차단장치
타냉식 변압기(변압기의 권선 및 철심을 직접 냉각시키기 위하여 봉입한 냉매를 강제 순환시키는 냉각 방식을 말한다.)	냉각 장치에 고장이 생긴 경우 또는 변압기의 온도가 현저히 상승한 경우	경보장치

기 18-3, 기 21-2, 산기 22-3

196 특고압용 타냉식 변압기의 냉각장치에 고장이 생긴 경우를 대비하여 어떤 보호장치를 하여야 하는가?

① 경보장치   ② 속도조정장치
③ 온도시험장치   ④ 냉매흐름장치

풀이 351.4 특고압용 변압기의 보호장치

뱅크 용량의 구분	동작 조건	장치의 종류
5,000[kVA] 이상 10,000[kVA] 미만	변압기 내부 고장	자동 차단 장치 또는 경보 장치
10,000[kVA] 이상	변압기 내부 고장	자동 차단 장치
타냉식 변압기 (변압기의 권선 및 철심을 직접 냉각시키기 위하여 봉입한 냉매를 강제 순환시키는 냉각 방식을 말한다.)	냉각 장치에 고장이 생긴 경우 또는 변압기의 온도가 현저히 상승한 경우	경보 장치

정답 195. ② 196. ①

197. 특고압용 변압기의 보호장치인 냉각장치에 고장이 생긴 경우 변압기의 온도가 현저하게 상승한 경우에 이를 경보하는 장치를 반드시 하지 않아도 되는 경우는?

① 유입 풍냉식
② 유입 자냉식
③ 송유 풍냉식
④ 송유 수냉식

풀이 351.4 특고압용 변압기의 보호장치

특고압용의 변압기에는 그 내부에 고장이 생겼을 경우에 보호하는 장치를 표와 같이 시설하여야 한다.

뱅크 용량의 구분	동작 조건	장치의 종류
5,000[kVA] 이상 10,000[kVA] 미만	변압기 내부 고장	자동 차단 장치 또는 경보 장치
10,000[kVA] 이상	변압기 내부 고장	자동 차단 장치
타냉식 변압기 (변압기의 권선 및 철심을 직접 냉각시키기 위하여 봉입한 냉매를 강제 순환시키는 냉각 방식을 말한다.)	냉각 장치에 고장이 생긴 경우 또는 변압기의 온도가 현저히 상승한 경우	경보 장치

※ 유입 자냉식 변압기는 타냉식 변압기가 아니므로 반드시 경보장치를 설치할 필요 없다.

198. 조상설비에 내부고장, 과전류 또는 과전압이 생긴 경우 자동적으로 차단되는 장치를 해야 하는 전력용 커패시터의 최소 뱅크용량은 몇 [kVA] 인가?

① 10000
② 12000
③ 13000
④ 15000

풀이 351.5 조상설비의 보호장치

조상 설비에는 그 내부에 고장이 생긴 경우에 보호하는 장치를 표와 같이 시설하여야 한다.

설비 종별	뱅크 용량의 구분	자동적으로 전로로부터 차단하는 장치
전력용 커패시터 및 분로리액터	500 [kVA] 초과 15,000 [kVA] 미만	·내부에 고장이 생긴 경우 ·과전류가 생긴 경우
	15,000 [kVA] 이상	·내부에 고장이 생긴 경우 ·과전류가 생긴 경우 ·과전압이 생긴 경우
조상기	15,000 [kVA] 이상	·내부에 고장이 생긴 경우

정답 197. ② 198. ④

199 뱅크용량이 20000[kVA]인 전력용 커패시터에 자동적으로 전로로부터 차단하는 보호장치를 하려고 한다. 반드시 시설하여야 할 보호장치가 아닌 것은?

① 내부에 고장이 생긴 경우에 동작하는 장치
② 절연유의 압력이 변화할 때 동작하는 장치
③ 과전류가 생긴 경우에 동작하는 장치
④ 과전압이 생긴 경우에 동작하는 장치

풀이 351.5 조상설비의 보호장치
조상 설비에는 그 내부에 고장이 생긴 경우에 보호하는 장치를 표와 같이 시설하여야 한다.

설비 종별	뱅크 용량의 구분	자동적으로 전로로부터 차단하는 장치
전력용 커패시터 및 분로리액터	500 [kVA] 초과 15,000 [kVA] 미만	·내부에 고장이 생긴 경우 ·과전류가 생긴 경우
	15,000 [kVA] 이상	·내부에 고장이 생긴 경우 ·과전류가 생긴 경우 ·과전압이 생긴 경우
조상기	15,000 [kVA] 이상	·내부에 고장이 생긴 경우

200 조상기에 내부 고장이 생긴 경우, 조상기의 뱅크용량이 몇 [kVA] 이상일 때 전로로부터 자동 차단하는 장치를 시설하여야 하는가?

① 5000
② 10000
③ 15000
④ 20000

풀이 351.5 조상설비의 보호장치
조상설비에는 그 내부에 고장이 생긴 경우에 보호하는 장치를 표와 같이 시설하여야 한다.

설비 종별	뱅크 용량의 구분	자동적으로 전로로부터 차단하는 장치
전력용 커패시터 및 분로리액터	500 [kVA] 초과 15,000 [kVA] 미만	·내부에 고장이 생긴 경우 ·과전류가 생긴 경우
	15,000 [kVA] 이상	·내부에 고장이 생긴 경우 ·과전류가 생긴 경우 ·과전압이 생긴 경우
조상기	15,000 [kVA] 이상	·내부에 고장이 생긴 경우

정답 199. ② 200. ③

201 조상설비의 조상기(調相機) 내부에 고장이 생긴 경우에 자동적으로 전로로부터 차단하는 장치를 시설해야 하는 뱅크용량[kVA]으로 옳은 것은?

① 1000
② 1500
③ 10000
④ 15000

풀이 351.5 조상설비의 보호장치
조상 설비에는 그 내부에 고장이 생긴 경우에 보호하는 장치를 표와 같이 시설하여야 한다.

설비 종별	뱅크 용량의 구분	자동적으로 전로로부터 차단하는 장치
전력용 커패시터 및 분로리액터	500 [kVA] 초과 15,000 [kVA] 미만	· 내부에 고장이 생긴 경우 · 과전류가 생긴 경우
	15,000 [kVA] 이상	· 내부에 고장이 생긴 경우 · 과전류가 생긴 경우 · 과전압이 생긴 경우
조상기	15,000 [kVA] 이상	· 내부에 고장이 생긴 경우

202 뱅크용량이 몇 [kVA] 이상인 조상기에는 그 내부에 고장이 생긴 경우에 자동적으로 이를 전로로부터 차단하는 보호장치를 하여야 하는가?

① 10000
② 15000
③ 20000
④ 25000

풀이 351.5 조상설비의 보호장치

설비 종별	뱅크 용량의 구분	자동적으로 전로로부터 차단하는 장치
조상기	15,000 [kVA] 이상	· 내부에 고장이 생긴 경우

203 일반 변전소 또는 이에 준하는 곳의 주요 변압기에 반드시 시설하여야 하는 계측장치가 아닌 것은?

① 주파수
② 전압
③ 전류
④ 전력

풀이 351.6 계측장치
변전소 또는 이에 준하는 곳에는 다음의 사항을 계측하는 장치를 시설하여야 한다. 다만, 전기철도용 변전소는 주요 변압기의 전압을 계측하는 장치를 시설하지 아니할 수 있다.
가. 주요 변압기의 전압 및 전류 또는 전력
나. 특고압용 변압기의 온도

정답 201. ④ 202. ② 203. ①

204 변전소의 주요 변압기에 계측장치를 시설하여 측정하여야 하는 것이 아닌 것은?

① 역률   ② 전압
③ 전력   ④ 전류

풀이 351.6 계측장치
변전소 또는 이에 준하는 곳에는 다음의 사항을 계측하는 장치를 시설하여야 한다. 다만, 전기철도용 변전소는 주요 변압기의 전압을 계측하는 장치를 시설하지 아니할 수 있다.
가. 주요 변압기의 전압 및 전류 또는 전력
나. 특고압용 변압기의 온도

205 변전소의 주요 변압기에 시설하지 않아도 되는 계측 장치는?

① 전압계   ② 역률계
③ 전류계   ④ 전력계

풀이 351.6 계측장치
변전소 또는 이에 준하는 곳에는 다음의 사항을 계측하는 장치를 시설하여야 한다.
가. 주요 변압기의 전압 및 전류 또는 전력
나. 특고압용 변압기의 온도

206 발전소의 계측요소가 아닌 것은?

① 발전기의 고정자 온도
② 저압용 변압기의 온도
③ 발전기의 전압 및 전류
④ 주요 변압기의 전류 및 전압

풀이 351.6 계측장치
발전소에서는 다음의 사항을 계측하는 장치를 시설하여야 한다.
가. 발전기의 전압 및 전류 또는 전력
나. 발전기의 베어링 및 고정자의 온도
다. 주요 변압기의 전압 및 전류 또는 전력
라. 특고압용 변압기의 온도

정답 204. ① 205. ② 206. ②

207 발전소에서 장치를 시설하여 계측하지 않아도 되는 것은?

① 발전기의 회전자 온도
② 특고압용 변압기의 온도
③ 발전기의 전압 및 전류 또는 전력
④ 주요 변압기의 전압 및 전류 또는 전력

> **풀이** 351.6 계측장치
> 발전소에서는 다음의 사항을 계측하는 장치를 시설하여야 한다.
> 가. 발전기의 전압 및 전류 또는 전력
> 나. 발전기의 베어링 및 고정자의 온도
> 다. 주요 변압기의 전압 및 전류 또는 전력
> 라. 특고압용 변압기의 온도

208 발전소에서 계측하는 장치를 시설하여야 하는 사항에 해당하지 않는 것은?

① 특고압용 변압기의 온도
② 발전기의 회전수 및 주파수
③ 발전기의 전압 및 전류 또는 전력
④ 발전기의 베어링(수중 메탈을 제외한다) 및 고정자의 온도

> **풀이** 351.6 계측장치
> 발전소에서는 다음의 사항을 계측하는 장치를 시설하여야 한다.
> 가. 발전기의 전압 및 전류 또는 전력
> 나. 발전기의 베어링 및 고정자의 온도
> 다. 주요 변압기의 전압 및 전류 또는 전력
> 라. 특고압용 변압기의 온도

209 동기발전기를 사용하는 전력계통에 시설하여야 하는 장치는?

① 비상 조속기
② 분로 리액터
③ 동기검정장치
④ 절연유 유출방지설비

> **풀이** 351.6 계측장치
> 동기발전기를 시설하는 경우에는 동기검정장치를 시설하여야 한다. 다만, 동기발전기의 용량이 그 발전기를 연계하는 전력계통의 용량과 비교하여 현저히 적은 경우에는 그러하지 아니하다.

정답 207. ① 208. ② 209. ③

210 사용전압이 170[kV] 이하의 변압기를 시설하는 변전소로서 기술원이 상주하여 감시하지는 않으나 수시로 순회하는 경우, 기술원이 상주하는 장소에 경보장치를 시설하지 않아도 되는 경우는?

① 옥내 및 옥외변전소에 화재가 발생한 경우
② 제어회로의 전압이 현저히 저하한 경우
③ 운전조작에 필요한 차단기가 자동적으로 차단한 후 재폐로한 경우
④ 수소냉각식 조상기는 그 조상기 안의 수소의 순도가 90[%] 이하로 저하한 경우

> **풀이** 351.9 상주 감시를 하지 아니하는 변전소의 시설
> 다음의 경우에는 변전제어소 또는 기술원이 상주하는 장소에 경보장치를 시설할 것.
> 가. 운전조작에 필요한 차단기가 자동적으로 차단한 경우(차단기가 재폐로한 경우를 제외한다)
> 나. 주요 변압기의 전원측 전로가 무전압으로 된 경우
> 다. 제어 회로의 전압이 현저히 저하한 경우
> 라. 옥내 및 옥외변전소에 화재가 발생한 경우
> 마. 출력 3,000 [kVA]를 초과하는 특고압용변압기는 그 온도가 현저히 상승한 경우
> 바. 특고압용 타냉식변압기는 그 냉각장치가 고장난 경우
> 사. 조상기는 내부에 고장이 생긴 경우
> 아. 수소냉각식조상기는 그 조상기 안의 수소의 순도가 90% 이하로 저하한 경우, 수소의 압력이 현저히 변동한 경우 또는 수소의 온도가 현저히 상승한 경우
> 자. 가스절연기기의 절연가스의 압력이 현저히 저하한 경우

211 변전소를 관리하는 기술원이 상주하는 장소에 경보장치를 시설하지 아니하여도 되는 것은?

① 조상기 내부에 고장이 생긴 경우
② 주요 변압기의 전원측 전로가 무전압으로 된 경우
③ 특고압용 타냉식변압기의 냉각장치가 고장난 경우
④ 출력 2000[kVA] 특고압용 변압기의 온도가 현저히 상승한 경우

> **풀이** 351.9 상주 감시를 하지 아니하는 변전소의 시설
> 다음의 경우에는 변전제어소 또는 기술원이 상주하는 장소에 경보장치를 시설할 것.
> 가. 운전조작에 필요한 차단기가 자동적으로 차단한 경우
> 나. 주요 변압기의 전원측 전로가 무전압으로 된 경우
> 다. 제어 회로의 전압이 현저히 저하한 경우
> 라. 출력 3,000[kVA]를 초과하는 특고압용변압기는 그 온도가 현저히 상승한 경우
> 마. 특고압용 타냉식변압기는 그 냉각장치가 고장난 경우
> 바. 조상기는 내부에 고장이 생긴 경우
> 사. 수소냉각식조상기는 그 조상기 안의 수소의 순도가 90[%] 이하로 저하한 경우, 수소의 압력이 현저히 변동한 경우 또는 수소의 온도가 현저히 상승한 경우

정답 210. ③ 211. ④

기 20-1,2

212 수소냉각식 발전기 등의 시설기준으로 틀린 것은?

① 발전기안 또는 조상기안의 수소의 온도를 계측하는 장치를 시설할 것
② 발전기축의 밀봉부로부터 수소가 누설될 때 누설된 수소를 외부로 방출하지 않을 것
③ 발전기안 또는 조상기안의 수소의 순도가 85[%] 이하로 저하한 경우에 이를 경보하는 장치를 시설할 것
④ 발전기 또는 조상기는 수소가 대기압에서 폭발하는 경우에 생기는 압력에 견디는 강도를 가지는 것일 것

풀이 351.10 수소냉각식 발전기 등의 시설
수소냉각식의 발전기·조상기 또는 이에 부속하는 수소 냉각 장치는 다음 각 호에 따라 시설하여야 한다.
가. 발전기 또는 조상기는 기밀구조 것이고 또한 수소가 대기압에서 폭발하는 경우에 생기는 압력에 견디는 강도를 가지는 것일 것.
나. 발전기축의 밀봉부에는 질소 가스를 봉입할 수 있는 장치 또는 발전기 축의 밀봉부로부터 누설된 수소 가스를 안전하게 외부에 방출할 수 있는 장치를 시설할 것.
다. 발전기 내부 또는 조상기 내부의 수소의 순도가 85[%] 이하로 저하한 경우에 이를 경보하는 장치를 시설할 것.
라. 발전기 내부 또는 조상기 내부의 수소의 압력을 계측하는 장치 및 그 압력이 현저히 변동한 경우에 이를 경보하는 장치를 시설할 것.
마. 발전기 내부 또는 조상기 내부의 수소의 온도를 계측하는 장치를 시설할 것.
바. 발전기 내부 또는 조상기 내부로 수소를 안전하게 도입할 수 있는 장치 및 발전기안 또는 조상기안의 수소를 안전하게 외부로 방출할 수 있는 장치를 시설할 것.
사. 발전기 또는 조상기에 붙인 유리제의 점검 창 등은 쉽게 파손되지 아니하는 구조로 되어 있을 것.

산기 25-1

213 수소 냉각식 발전기·조상기 또는 이에 부속하는 수소 냉각 장치의 시설방법으로 틀린 것은?

① 발전기안 또는 조상기안의 수소의 순도가 70 [%] 이하로 저하한 경우에 경보장치를 시설할 것
② 발전기 또는 조상기는 기밀구조의 것이고 또한 수소가 대기압에서 폭발하는 경우 생기는 압력에 견디는 강도를 가지는 것일 것
③ 발전기안 또는 조상기안의 수소의 압력을 계측하는 장치 및 그 압력이 현저히 변동할 경우에 이를 경보하는 장치를 시설할 것
④ 발전기축의 밀봉부에는 질소 가스를 봉입할 수 있는 장치와 누설한 수소가스를 안전하게 외부에 방출할 수 있는 장치를 설치할 것

풀이 351.10 수소냉각식 발전기 등의 시설
수소냉각식의 발전기·조상기 또는 이에 부속하는 수소 냉각 장치는 발전기 내부 또는 조상기 내부의 **수소의 순도가 85[%]** 이하로 저하한 경우에 이를 **경보하는** 장치를 시설할 것.

정답 212. ② 213. ①

214 수소냉각식 발전기 및 이에 부속하는 수소냉각장치의 시설에 대한 설명으로 틀린 것은?

① 발전기안의 수소의 밀도를 계측하는 장치를 시설할 것
② 발전기안의 수소의 순도가 85[%] 이하로 저하한 경우에 이를 경보하는 장치를 시설할 것
③ 발전기안의 수소의 압력을 계측하는 장치 및 그 압력이 현저히 변동한 경우에 이를 경보하는 장치를 시설할 것
④ 발전기는 기밀구조의 것이고 또한 수소가 대기압에서 폭발하는 경우에 생기는 압력에 견디는 강도를 가지는 것일 것

풀이 351.10 수소냉각식 발전기 등의 시설
수소냉각식의 발전기 · 조상기 또는 이에 부속하는 수소 냉각 장치는 다음 각 호에 따라 시설하여야 한다.
가. 발전기 또는 조상기는 기밀구조의 것이고 또한 수소가 대기압에서 폭발하는 경우에 생기는 압력에 견디는 강도를 가지는 것일 것.
나. 발전기축의 밀봉부에는 질소 가스를 봉입할 수 있는 장치 또는 발전기 축의 밀봉부로부터 누설된 수소 가스를 안전하게 외부에 방출할 수 있는 장치를 시설할 것.
다. 발전기 내부 또는 조상기 내부의 수소의 순도가 85[%] 이하로 저하한 경우에 이를 경보하는 장치를 시설할 것.
라. 발전기 내부 또는 조상기 내부의 수소의 압력을 계측하는 장치 및 그 압력이 현저히 변동한 경우에 이를 경보하는 장치를 시설할 것.
마. 발전기 내부 또는 조상기 내부의 수소의 온도를 계측하는 장치를 시설할 것.
바. 발전기 내부 또는 조상기 내부로 수소를 안전하게 도입할 수 있는 장치 및 발전기안 또는 조상기안의 수소를 안전하게 외부로 방출할 수 있는 장치를 시설할 것.
사. 발전기 또는 조상기에 붙인 유리제의 점검 창 등은 쉽게 파손되지 아니하는 구조로 되어 있을 것.

215 수소냉각식 발전기안의 수소 순도가 몇 [%] 이하로 저하한 경우에 이를 경보하는 장치를 시설해야 하는가?

① 65
② 75
③ 85
④ 95

풀이 351.10 수소냉각식 발전기 등의 시설
발전기 내부 또는 조상기 내부의 수소의 순도가 85[%] 이하로 저하한 경우에 이를 경보하는 장치를 시설할 것.

정답 214. ① 215. ③

기 16-3, 기 21-1

216 수소냉각식 발전기 및 이에 부속하는 수소냉각장치에 대한 시설기준으로 틀린 것은?

① 발전기 내부의 수소의 온도를 계측하는 장치를 시설할 것
② 발전기 내부의 수소의 순도가 70[%] 이하로 저하한 경우에 경보를 하는 장치를 시설할 것
③ 발전기는 기밀구조의 것이고 또한 수소가 대기압에서 폭발하는 경우에 생기는 압력에 견디는 강도를 가지는 것일 것
④ 발전기 내부의 수소의 압력을 계측하는 장치 및 그 압력이 현저히 변동한 경우에 이를 경보하는 장치를 시설할 것

> **풀이** 351.10 수소냉각식 발전기 등의 시설
> 수소냉각식의 발전기·조상기 또는 이에 부속하는 수소 냉각 장치는 다음 각 호에 따라 시설하여야 한다.
> 가. 발전기 또는 조상기는 기밀구조의 것이고 또한 수소가 대기압에서 폭발하는 경우에 생기는 압력에 견디는 강도를 가지는 것일 것.
> 나. 발전기축의 밀봉부에는 질소 가스를 봉입할 수 있는 장치 또는 발전기 축의 밀봉부로부터 누설된 수소 가스를 안전하게 외부에 방출할 수 있는 장치를 시설할 것.
> 다. 발전기 내부 또는 조상기 내부의 수소의 순도가 85[%] 이하로 저하한 경우에 이를 경보하는 장치를 시설할 것.
> 라. 발전기 내부 또는 조상기 내부의 수소의 압력을 계측하는 장치 및 그 압력이 현저히 변동한 경우에 이를 경보하는 장치를 시설할 것.
> 마. 발전기 내부 또는 조상기 내부의 수소의 온도를 계측하는 장치를 시설할 것.
> 바. 발전기 내부 또는 조상기 내부로 수소를 안전하게 도입할 수 있는 장치 및 발전기안 또는 조상기안의 수소를 안전하게 외부로 방출할 수 있는 장치를 시설할 것.
> 사. 발전기 또는 조상기에 붙인 유리제의 점검 창 등은 쉽게 파손되지 아니하는 구조로 되어 있을 것.

산기 23-2

217 수소 냉각식 발전기·조상기 또는 이에 부속하는 수소 냉각 장치의 시설방법으로 틀린 것은?

① 발전기안 또는 조상기안의 수소의 순도가 70[%] 이하로 저하한 경우에 경보장치를 시설할 것
② 발전기 또는 조상기는 기밀구조의 것이고 또한 수소가 대기압에서 폭발하는 경우 생기는 압력에 견디는 강도를 가지는 것일 것
③ 발전기안 또는 조상기안의 수소의 압력을 계측하는 장치 및 그 압력이 현저히 변동할 경우에 이를 경보하는 장치를 시설할 것
④ 발전기축의 밀봉부에는 질소 가스를 봉입할 수 있는 장치와 누설한 수소가스를 안전하게 외부에 방출할 수 있는 장치를 설치할 것

> **풀이** 351.10 수소냉각식 발전기 등의 시설
> 수소냉각식의 발전기·조상기 또는 이에 부속하는 수소 냉각 장치는 발전기 내부 또는 조상기 내부의 수소의 순도가 85[%] 이하로 저하한 경우에 이를 경보하는 장치를 시설할 것.

정답 216. ② 217. ①

기 17-1
218 수소냉각식 발전기 등의 시설기준으로 틀린 것은?
① 발전기 안의 수소의 온도를 계측하는 장치를 시설할 것
② 수소를 통하는 관은 수소가 대기압에서 폭발하는 경우에 생기는 압력에 견디는 강도를 가질 것
③ 발전기 안의 수소의 순도가 95[%] 이하로 저하한 경우에 이를 경보하는 장치를 시설할 것
④ 발전기 안의 수소의 압력을 계측하는 장치 및 그 압력이 현저히 변동한 경우에 이를 경보하는 장치를 시설할 것

풀이 351.10 수소냉각식 발전기 등의 시설
발전기 내부 또는 조상기 내부의 수소의 순도가 85 [%] 이하로 저하한 경우에 이를 경보하는 장치를 시설할 것.

기 22-1
219 수소냉각식 발전기에서 사용하는 수소 냉각 장치에 대한 시설기준으로 틀린 것은?
① 수소를 통하는 관으로 동관을 사용할 수 있다.
② 수소를 통하는 관은 이음매가 있는 강판이어야 한다.
③ 발전기 내부의 수소의 온도를 계측하는 장치를 시설하여야 한다.
④ 발전기 내부의 수소의 순도가 85[%] 이하로 저하한 경우에 이를 경보하는 장치를 시설하여야 한다.

풀이 351.10 수소냉각식 발전기 등의 시설
수소냉각식의 발전기·조상기 또는 이에 부속하는 수소 냉각 장치는 다음 각 호에 따라 시설하여야 한다.
가. 발전기 또는 조상기는 기밀구조의 것이고 또한 수소가 대기압에서 폭발하는 경우에 생기는 압력에 견디는 강도를 가지는 것일 것.
나. 발전기 내부 또는 조상기 내부의 수소의 순도가 85[%] 이하로 저하한 경우에 이를 경보하는 장치를 시설할 것.
다. 발전기 내부 또는 조상기 내부의 수소의 압력을 계측하는 장치 및 그 압력이 현저히 변동한 경우에 이를 경보하는 장치를 시설할 것.
라. 발전기 내부 또는 조상기 내부의 수소의 온도를 계측하는 장치를 시설할 것.
마. 수소를 통하는 관은 동관 또는 이음매 없는 강판이어야 하며 또한 수소가 대기압에서 폭발하는 경우에 생기는 압력에 견디는 강도의 것일 것.

정답 218. ③ 219. ②

220 전력 보안 통신용 전화설비를 시설하여야 하는 곳은?

① 2개 이상의 발전소 상호 간
② 원격 감시 제어가 되는 변전소
③ 원격 감시 제어가 되는 급전소
④ 원격 감시 제어가 되지 않는 발전소

풀이 362.1 전력보안통신설비의 시설 요구사항
발전소, 변전소 및 변환소에서의 전력보안통신설비의 시설 장소는 다음에 따른다.
가. **원격감시제어가 되지 아니하는 발전소**·변전소·개폐소·전선로 및 이를 운용하는 급전소 및 급전분소 간
나. 2개 이상의 급전소(분소) 상호 간과 이들을 통합 운용하는 급전소(분소) 간
다. 수력설비의 안전상 필요한 양수소 및 강수량 관측소와 수력발전소 간
라. 동일 수계에 속하고 안전상 긴급 연락의 필요가 있는 수력발전소 상호 간
마. 동일 전력계통에 속하고 또한 안전상 긴급연락의 필요가 있는 발전소·변전소 및 개폐소 상호 간

221 배전선로에서의 전력보안통신설비를 하여야 하는 곳의 기준으로 틀린 것은?

① 154[kV]계통 구간(가공, 지중, 해저)
② 22.9[kV]계통에 연결되는 분산전원형 발전소
③ 폐회로 배전 등 신 배전방식 도입 개소
④ 배전자동화, 원격검침, 부하감시 등 지능형전력망 구현을 위해 필요한 구간

풀이 362.1 전력보안통신설비의 시설 요구사항
배전선로에서 전력보안통신설비의 시설 장소는 다음에 따른다.
가. 22.9[kV]계통 배전선로 구간(가공, 지중, 해저)
나. 22.9[kV]계통에 연결되는 분산전원형 발전소
다. 폐회로 배전 등 신 배전방식 도입 개소
라. 배전자동화, 원격검침, 부하감시 등 지능형전력망 구현을 위해 필요한 구간

정답 220. ④ 221. ①

222 저압 가공전선로의 지지물에 시설하는 통신선 또는 이에 직접 접속하는 가공통신선이 도로를 횡단하는 경우, 일반적으로 지표상 몇 [m] 이상의 높이로 시설하여야 하는가?

① 6.0 ② 4.0
③ 5.0 ④ 3.0

풀이 362.2 전력보안통신선의 시설 높이와 이격거리

가공전선로의 지지물에 시설하는 통신선 또는 이에 직접 접속하는 가공 통신선의 높이는 다음에 따라야 한다.

시설 장소		가공전선로의 지지물에 시설	
		고·저압[m]	특고압[m]
도로횡단	일반적인 경우	6[m] 이상	6[m] 이상
	교통에 지장을 안 주는 경우	5[m] 이상	
철도 횡단(레일면상)		6.5[m] 이상	6.5[m] 이상
횡단 보도교 위	노면상	3.5[m] 이상	5[m] 이상
	절연전선 사용	3[m] 이상	
	광섬유 케이블 사용		4[m] 이상
기타의 장소	일반적인 경우 (절연전선 사용)	4[m] 이상	5[m] 이상
	광섬유 케이블 사용	3.5[m] 이상	

223 고압 가공전선로의 지지물에 시설하는 통신선의 높이는 도로를 횡단하는 경우 교통에 지장을 줄 우려가 없다면 지표상 몇 [m]까지로 감할 수 있는가?

① 4   ② 4.5
③ 5   ④ 6

풀이 362.2 전력보안통신선의 시설 높이와 이격거리

가공전선로의 지지물에 시설하는 통신선 또는 이에 직접 접속하는 가공 통신선의 높이는 다음에 따라야 한다.

시설 장소		가공전선로의 지지물에 시설	
		고·저압[m]	특고압[m]
도로횡단	일반적인 경우	6[m] 이상	6[m] 이상
	교통에 지장을 안 주는 경우	5[m] 이상	
철도 횡단(레일면상)		6.5[m] 이상	6.5[m] 이상
횡단 보도교 위	노면상	3.5[m] 이상	5[m] 이상
	절연전선 사용	3[m] 이상	
	광섬유 케이블 사용		4[m] 이상
기타의 장소	일반적인 경우 (절연전선 사용)	4[m] 이상	5[m] 이상
	광섬유 케이블 사용	3.5[m] 이상	

정답 222. ① 223. ③

224
전력보안 가공통신선을 횡단보도교 위에 시설하는 경우 그 노면상 높이는 몇 [m] 이상인가? (단, 가공전선로의 지지물에 시설하는 통신선 또는 이에 직접 접속하는 가공통신선은 제외한다.)

① 3
② 4
③ 5
④ 6

풀이 362.2 전력보안통신선의 시설 높이와 이격거리

전력 보안 가공통신선(이하 "가공통신선"이라 한다)의 높이는 다음을 따른다.

구 분		지상고	비고
도로(차도)	일반적인 경우	5.0[m] 이상	
	교통에 지장을 안 주는 경우	4.5[m] 이상	
철도 또는 궤도 횡단 시		6.5[m] 이상	레일면상
횡단보도교 위		3.0[m] 이상	그 노면상
기타		3.5[m] 이상	

225
전력보안 가공통신선의 시설 높이에 대한 기준으로 옳은 것은?

① 철도의 궤도를 횡단하는 경우에는 레일면상 5[m] 이상
② 횡단보도교 위에 시설하는 경우에는 그 노면상 3[m] 이상
③ 도로(차도와 도로의 구별이 있는 도로는 차도) 위에 시설하는 경우에는 지표상 2[m] 이상
④ 교통에 지장을 줄 우려가 없도록 도로 (차도와 도로의 구별이 있는 도로는 차도) 위에 시설하는 경우에는 지표상 2[m]까지로 감할 수 있다.

풀이 362.2 전력보안통신선의 시설 높이와 이격거리

전력 보안 가공통신선(이하 "가공통신선"이라 한다)의 높이는 다음을 따른다.

구 분		지상고	비고
도로(차도)	일반적인 경우	5.0[m] 이상	
	교통에 지장을 안 주는 경우	4.5[m] 이상	
철도 또는 궤도 횡단 시		6.5[m] 이상	레일면상
횡단보도교 위		3.0[m] 이상	그 노면상
기타		3.5[m] 이상	

정답 224. ① 225. ②

226 통신선과 저압 가공전선 또는 특고압 가공전선로의 다중 접지를 한 중성선 사이의 이격거리는 몇 [cm] 이상인가?

① 15　　　　　　　　　　　② 30
③ 60　　　　　　　　　　　④ 90

풀이 362.2 전력보안통신선의 시설 높이와 이격거리
가공전선과 첨가 통신선과의 이격거리
가. 통신선은 가공전선의 아래에 시설할 것.
나. 이격거리

가공전선		통신선		
		일반	절연전선	광섬유 케이블
중성선	25[kV]이하, 다중접지중성선	0.6[m] 이상		

227 가공전선과 첨가 통신선과의 시공방법으로 틀린 것은?

① 통신선은 가공전선의 아래에 시설 할 것
② 통신선과 고압 가공전선 사이의 이격거리는 60[cm] 이상일 것
③ 통신선과 특고압 가공전선로의 다중접지한 중성선 사이의 이격거리는 1.2[m] 이상일 것
④ 통신선은 특고압 가공전선로의 지지물에 시설하는 기계기구에 부속되는 전선과 접촉할 우려가 없도록 지지물 또는 완금류에 견고히게 시설할 것

풀이 362.2 전력보안통신선의 시설 높이와 이격거리
가. 통신선은 가공전선의 아래에 시설할 것.
나. 이격거리

가공전선		통신선		
		일반	절연전선	광섬유 케이블
중성선	25[kV]이하, 다중접지중성선	0.6[m] 이상		

정답 226. ③　227. ③

기 21-1

228 사용전압이 22.9[kV]인 가공전선로의 다중접지한 중성선과 첨가 통신선의 이격거리는 몇 [cm] 이상이어야 하는가? (단, 특고압 가공전선로는 중성선 다중접지식의 것으로 전로에 지락이 생긴 경우 2초 이내에 자동적으로 이를 전로로부터 차단하는 장치가 되어 있는 것으로 한다.)

① 60
② 75
③ 100
④ 120

풀이 362.2 전력보안통신선의 시설 높이와 이격거리
가. 통신선은 가공전선의 아래에 시설할 것.
나. 이격거리

가공전선		통신선		
		일반	절연전선	광섬유 케이블
중성선	25[kV] 이하, 다중접지중성선	0.6[m] 이상		
저압 가공전선	일반	0.6[m] 이상		
	절연전선 또는 케이블		0.3[m] 이상	
	인입선			0.15[m] 이상
고압 가공전선	일반	0.6[m] 이상		
	케이블		0.3[m] 이상	
특고압 가공전선	일반	1.2[m] 이상		
	케이블		0.3[m] 이상	
	25[kV] 이하, 다중 접지방식	0.75[m] 이상		

정답 228. ①

229 3상 4선식 22.9[kV], 중성선 다중접지 방식의 특고압 가공전선 아래에 통신선을 첨가 하고자 한다. 특고압 가공전선과 통신선과의 이격거리는 몇 [cm] 이상인가?

① 60
② 75
③ 100
④ 120

풀이 362.2 전력보안통신선의 시설 높이와 이격거리
가공전선과 첨가 통신선과의 이격거리
가. 통신선은 가공전선의 아래에 시설할 것.
나. 이격거리

가공전선		통신선		
		일반	절연전선	광섬유 케이블
중성선	25[kV]이하, 다중접지중성선	0.6[m] 이상		
저압 가공전선	일반	0.6[m] 이상		
	절연전선 또는 케이블	0.6[m] 이상	0.3[m] 이상	
	인입선			0.15[m] 이상
고압 가공전선	일반	0.6[m] 이상		
	케이블	0.6[m] 이상	0.3[m] 이상	
특고압 가공전선	일반	1.2[m] 이상		
	케이블	1.2[m] 이상	0.3[m] 이상	
	25[kV]이하, 다중 접지방식	0.75[m] 이상		

230 전력보안 가공통신선(광섬유 케이블은 제외)을 조가 할 경우 조가용 선은?

① 금속으로 된 단선
② 강심 알루미늄 연선
③ 금속선으로 된 연선
④ 알루미늄으로 된 단선

풀이 362.3 조가선 시설기준
조가선은 단면적 38[mm²] 이상의 아연도강연선을 사용할 것.

정답 229. ② 230. ③

231. 특고압 가공전선로의 지지물에 첨가하는 통신선 보안장치에 사용되는 피뢰기의 동작전압은 교류 몇 [V] 이하인가?

① 300
② 600
③ 1000
④ 1500

풀이 362.5 특고압 가공전선로 첨가설치 통신선의 시가지 인입 제한
특고압 가공전선로의 지지물에 시설하는 통신선 또는 이것에 직접 접속하는 통신선인 경우에는 다음의 보안장치일 것.

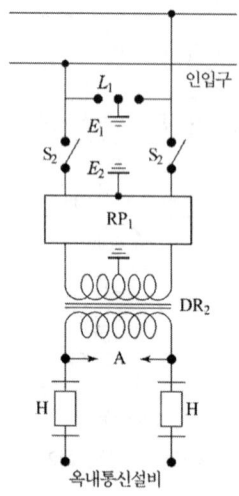

특고압용 제1종 보안장치

S_2 : 인입용 고압개폐기
DR_2 : 특고압용 배류 중계 코일(선로측 코일과 옥내측 코일 사이 및 선로측 코일과 대지사이의 절연내력은 교류 6[kV]의 시험전압으로 시험하였을 때 연속하여 1분간 이에 견디는 것일 것.)
L_1 : 교류 1[kV] 이하에서 동작하는 피뢰기
E_3 : 접지

정답 231. ③

기 18-3, 산기 24-3

232 다음 그림에서 L_1은 어떤 크기로 동작하는 기기의 명칭인가?

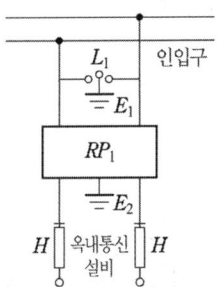

① 교류 1000[V] 이하에서 동작하는 단로기
② 교류 1000[V] 이하에서 동작하는 피뢰기
③ 교류 1500[V] 이하에서 동작하는 단로기
④ 교류 1500[V] 이하에서 동작하는 피뢰기

풀이 362.5 특고압 가공전선로 첨가설치 통신선의 시가지 인입 제한

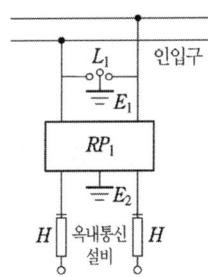

- H : 250[mA] 이하에서 동작하는 열 코일
- RP_1 : 교류 300[V] 이하에서 동작하고, 최소 감도 전류가 3[A] 이하로서 최소 감도전류 때의 응동시간이 1사이클 이하이고 또한 전류 용량이 50[A], 20초 이상인 자복성(自復性)이 있는 릴레이 보안기
- L_1 : 교류 1 [kV] 이하에서 동작하는 피뢰기
- E_1 및 E_2 : 접지

정답 232. ②

233
기 16-1

특고압용 제2종 보안 장치 또는 이에 준하는 보안 장치 등이 되어 있지 않은 25[kV] 이하인 특고압 가공 전선로의 지지물에 시설하는 통신선 또는 이에 직접 접속하는 통신선으로 사용할 수 있는 것은?

① 광섬유 케이블
② CN/CV 케이블
③ 캡타이어 케이블
④ 지름 2.6 [mm] 이상의 절연 전선

풀이 362.6 25[kV] 이하인 특고압 가공전선로 첨가 통신선의 시설에 관한 특례
특고압 가공전선로의 지지물에 시설하는 통신선은 광섬유 케이블일 것. 다만, 표준에 적합한 특고압용 제2종 보안장치 또는 이에 준하는 보안장치를 시설할 때에는 그러하지 아니하다.

234
산기 24-2

전력보안통신설비의 전원공급기 시설에 대한 다음 설명 중 옳지 않은 것은?

① 누전차단기를 내장하여야 한다.
② 지상에서 3[m] 이상 유지하여야 한다.
③ 통신사업자는 기기 전면에 명판을 부착하여야 한다.
④ 기기주, 변대주 및 분기주 등 설비 복잡개소에는 시설하지 않아야 한다.

풀이 362.9 전원공급기의 시설
1. 전원공급기는 다음에 따라 시설하여야 한다.
   가. **지상에서 4[m] 이상 유지할 것.**
   나. 누전차단기를 내장할 것.
   다. 시설방향은 인도측으로 시설하며 외함은 접지를 시행할 것.
2. 기기주, 변대주 및 분기주 등 설비 복잡개소에는 전원공급기를 시설할 수 없다.
3. 전원공급기 시설시 통신사업자는 기기 전면에 명판을 부착하여야 한다.

정답 233. ① 234. ②

235 그림은 전력선 반송통신용 결합장치의 보안장치이다. 여기에서 CC는 어떤 커패시터인가?

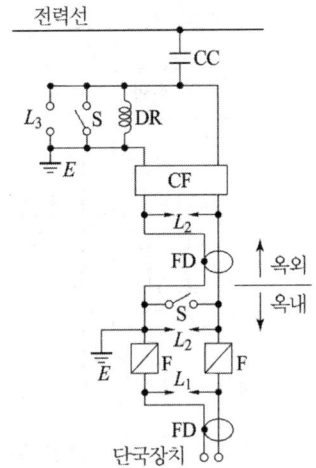

① 결합 커패시터 ② 전력용 커패시터
③ 정류용 커패시터 ④ 축전용 커패시터

풀이 362.11 전력선 반송 통신용 결합장치의 보안장치

전력선 반송통신용 결합 커패시터에 접속하는 회로에는 그림의 보안장치 또는 이에 준하는 보안장치를 시설하여야 한다.

전력선 반송 통신용 결합 장치의 보안장치
- FD : 동축 케이블
- F : 정격 전류 10[A] 이하의 포장 퓨즈
- DR : 전류 용량 2[A] 이상의 배류 선륜
- L_1 : 교류 300[V] 이하에서 동작하는 피뢰기
- L_2 : 동작 전압이 교류 1,300[V]를 넘고 1,600[V] 이하로 조정된 방전갭
- L_3 : 동작 전압이 교류 2[kV]를 넘고 3[kV] 이하로 구상 방전갭
- S : 접지용 개폐기
- CF : 결합 필터
- CC : 결합 콘덴서(결합 안테나를 포함한다)
- E : 접지

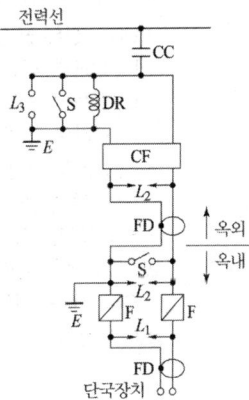

235. ①

236 그림은 전력선 반송통신용 결합장치의 보안장치이다. 그림에서 DR은 무엇인가?

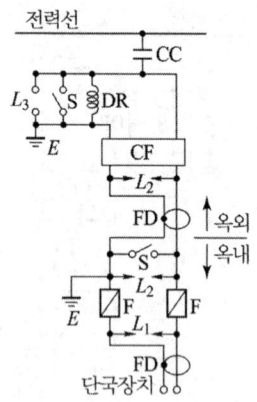

① 접지형 개폐기
② 결합 필터
③ 방전갭
④ 배류선륜

풀이 362.11 전력선 반송 통신용 결합장치의 보안장치

전력선 반송통신용 결합 커패시터에 접속하는 회로에는 그림의 보안장치 또는 이에 준하는 보안장치를 시설하여야 한다.

전력선 반송 통신용 결합 장치의 보안장치
- FD : 동축 케이블
- F : 정격 전류 10[A] 이하의 포장 퓨즈
- DR : 전류 용량 2[A] 이상의 배류 선륜
- L_1 : 교류 300[V] 이하에서 동작하는 피뢰기
- L_2 : 동작 전압이 교류 1,300[V]를 넘고 1,600[V] 이하로 조정된 방전갭
- L_3 : 동작 전압이 교류 2[kV]를 넘고 3[kV] 이하로 구상 방전갭
- S : 접지용 개폐기
- CF : 결합 필터
- CC : 결합 콘덴서(결합 안테나를 포함한다)
- E : 접지

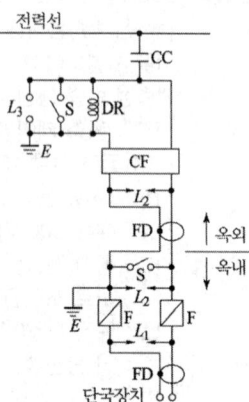

236. ④

237 그림은 전력선 반송통신용 결합장치의 보안장치를 나타낸 것이다. S의 명칭으로 옳은 것은?

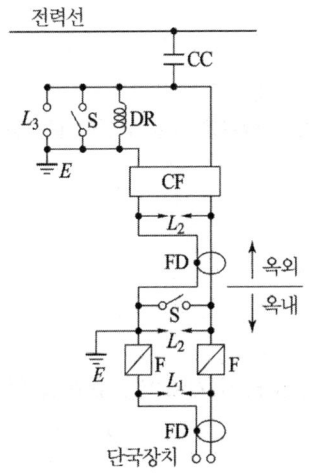

① 동축 케이블
② 결합 콘덴서
③ 접지용 개폐기
④ 구상용 방전갭

풀이 362.11 전력선 반송 통신용 결합장치의 보안장치

전력선 반송통신용 결합 커패시터에 접속하는 회로에는 그림의 보안장치 또는 이에 준하는 보안장치를 시설하여야 한다.

전력선 반송 통신용 결합 장치의 보안장치
- FD : 동축 케이블
- F : 정격 전류 10[A] 이하의 포장 퓨즈
- DR : 전류 용량 2[A] 이상의 배류 선륜
- L_1 : 교류 300[V] 이하에서 동작하는 피뢰기
- L_2 : 동작 전압이 교류 1,300[V]를 넘고 1,600[V] 이하로 조정된 방전갭
- L_3 : 동작 전압이 교류 2[kV]를 넘고 3[kV] 이하로 조정된 구상 방전갭
- S : 접지용 개폐기
- CF : 결합 필터
- CC : 결합 콘덴서(결합 안테나를 포함한다)
- E : 접지

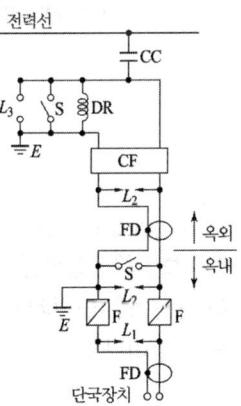

정답 237. ③

238. 지중 공가설비로 사용하는 광섬유 케이블 및 동축케이블은 지름 몇 [mm] 이하여야 하는가?

① 14　　② 22
③ 30　　④ 38

풀이 363.1 지중통신선로설비 시설
지중 공가설비로 사용하는 광섬유 케이블 및 동축케이블은 지름 22[mm] 이하일 것

239. 무선용 안테나 등을 지지하는 철탑의 기초 안전율은 얼마 이상이어야 하는가?

① 1.0　　② 1.5
③ 2.0　　④ 2.5

풀이 364.1 무선용 안테나 등을 지지하는 철탑 등의 시설
전력보안통신설비인 무선통신용 안테나 또는 반사판을 지지하는 목주·철주·철근 콘크리트주 또는 철탑은 다음에 따라 시설하여야 한다. 다만, 무선용 안테나 등이 전선로의 주위상태를 감시할 목적으로 시설되는 것일 경우에는 그러하지 아니하다.
가. 목주는 풍압하중에 대한 안전율은 1.5 이상이어야 한다.
나. 철주·철근 콘크리트주 또는 철탑의 기초 안전율은 1.5 이상이어야 한다.

240. 전력보안통신설비인 무선통신용 안테나 등을 지지하는 철주의 기초 안전율은 얼마 이상이어야 하는가? (단, 무선용 안테나 등이 전선로의 주위상태를 감시할 목적으로 시설되는 것이 아닌 경우이다.)

① 1.3　　② 1.5
③ 1.8　　④ 2.0

풀이 364.1 무선용 안테나 등을 지지하는 철탑 등의 시설
전력보안통신설비인 무선통신용 안테나 또는 반사판을 지지하는 목주·철주·철근 콘크리트주 또는 철탑은 다음에 따라 시설하여야 한다. 다만, 무선용 안테나 등이 전선로의 주위상태를 감시할 목적으로 시설되는 것일 경우에는 그러하지 아니하다.
가. 목주는 풍압하중에 대한 안전율은 1.5 이상이어야 한다.
나. 철주·철근 콘크리트주 또는 철탑의 기초 안전율은 1.5 이상이어야 한다.

정답 238. ② 239. ② 240. ②

241. 가공전선로의 지지물에 시설하는 통신선 또는 이에 직접 접속하는 가공 통신선이 철도 또는 궤도를 횡단하는 경우 그 높이는 레일면상 몇 [m] 이상으로 하여야 하는가?

① 3
② 3.5
③ 5
④ 6.5

풀이 362.2 전력보안통신선의 시설 높이와 이격거리

가공전선로의 지지물에 시설하는 통신선 또는 이에 직접 접속하는 가공 통신선의 높이는 다음에 따라야 한다.

시설 장소		가공전선로의 지지물에 시설	
		고·저압[m]	특고압[m]
도로횡단	일반적인 경우	6[m] 이상	6[m] 이상
	교통에 지장을 안 주는 경우	5[m] 이상	
철도 횡단(레일면상)		6.5[m] 이상	6.5[m] 이상
횡단 보도교 위	노면상	3.5[m] 이상	5[m] 이상
	절연전선 사용	3[m] 이상	
	광섬유 케이블 사용		4[m] 이상
기타의 장소	일반적인 경우 (절연전선 사용)	4[m] 이상	5[m] 이상
	광섬유 케이블 사용	3.5[m] 이상	

242. 전력보안통신설비의 조가선은 단면적 몇 [mm²] 이상의 아연도강연선을 사용하여야 하는가?

① 16
② 38
③ 50
④ 55

풀이 362.3 조가선 시설기준

조가선은 단면적 38[mm²] 이상의 아연도강연선을 사용할 것.

정답 241. ④ 242. ②

243 통신선에 직접 접속하는 옥내 통신 설비를 시설하는 곳에 반드시 하여야 하는 것은? 단, 통신선은 광섬유 케이블을 제외하며, 뇌 또는 전선과의 혼촉에 의하여 사람에게 위험의 우려는 있다고 한다.

① 유도 조절 장치
② 전류 제한 장치
③ 전력 절감 장치
④ 보안 장치

풀이 362.10 전력보안통신설비의 보안장치
통신선(광섬유 케이블을 제외한다)에 직접 접속하는 옥내통신 설비를 시설하는 곳에는 통신선의 구별에 따라 적합한 보안장치 또는 이에 준하는 보안장치를 시설하여야 한다. 다만, 통신선이 통신용 케이블인 경우에 뇌(雷) 또는 전선과의 혼촉에 의하여 사람에게 위험을 줄 우려가 없도록 시설하는 경우에는 그러하지 아니하다.

244 다음 통신설비의 식별표시에 대한 설명 중 옳지 않은 것은?

① 분기주, 인류주는 매 전주에 설비표시명판을 시설하여야 한다.
② 직선주는 전주 5경간마다 설비표시명판을 시설하여야 한다.
③ 지중설비에 시설하는 통신설비의 설비표시명판은 전력구내 행거는 100[m] 간격으로 시설할 것.
④ 설비표시명판은 플라스틱 및 금속판 등 견고하고 가벼운 재질로 하고 글씨는 각인하거나 지워지지 않도록 제작된 것을 사용하여야 한다.

풀이 365.1 통신설비의 식별표시
통신설비의 식별은 다음에 따라 표시하여야 한다.
가. 모든 통신기기에는 식별이 용이하도록 인식용 표찰을 부착하여야 한다.
나. 통신사업자의 설비표시명판은 플라스틱 및 금속판 등 견고하고 가벼운 재질로 하고 글씨는 각인하거나 지워지지 않도록 제작된 것을 사용하여야 한다.
다. 설비표시명판 시설기준
  (1) 배전주에 시설하는 통신설비의 설비표시명판은 다음에 따른다.
    (가) 직선주는 전주 5경간마다 시설할 것.
    (나) 분기주, 인류주는 매 전주에 시설할 것.
  (2) 지중설비에 시설하는 통신설비의 설비표시명판은 다음에 따른다.
    (가) 관로는 맨홀마다 시설할 것.
    (나) 전력구내 행거는 50[m] 간격으로 시설할 것.

정답 243. ④ 244. ③

CHAPTER 4 전기철도

1. 통칙

1) 전기철도의 용어 정의

① 전기철도설비 : 전기철도설비는 전철 변전설비, 급전설비, 부하설비(전기철도차량 설비 등)로 구성된다.
② 궤도 : 레일·침목 및 도상과 이들의 부속품으로 구성된 시설을 말한다.
③ 차량 : 전동기가 있거나 또는 없는 모든 철도의 차량(객차, 화차 등)을 말한다.
④ 열차 : 동력차에 객차, 화차 등을 연결하고 본선을 운전할 목적으로 조성된 차량을 말한다.
⑤ 레일 : 철도에 있어서 차륜을 직접 지지하고 안내해서 차량을 안전하게 주행시키는 설비를 말한다.
⑥ 전차선 : 전기철도차량의 집전장치와 접촉하여 전력을 공급하기 위한 전선을 말한다.
⑦ 전차선로 : 전기철도차량에 전력을 공급하기 위하여 선로를 따라 설치한 시설물로서 전차선, 급전선, 귀선과 그 지지물 및 설비를 총괄한 것을 말한다.
⑧ 장기 과전압 : 지속시간이 20[ms] 이상인 과전압을 말한다.

2. 전기철도의 전기방식

1) 전력수급조건

① 수전선로의 전력수급조건은 부하의 크기 및 특성, 지리적 조건, 환경적 조건, 전력조류, 전압강하, 수전 안정도, 회로의 공진 및 운용의 합리성, 장래의 수송수요, 전기사업자 협의 등을 고려하여 표의 공칭전압(수전전압)으로 선정하여야 한다.

표. 공칭전압(수전전압)

공칭전압(수전전압)[kV]	교류 3상 22.9, 154, 345

② 수전선로의 계통구성에는 3상 단락전류, 3상 단락용량, 전압강하, 전압불평형 및 전압 왜형율, 플리커 등을 고려하여 시설하여야 한다.

3. 전기철도의 전차선로

1) 전차선 가선방식

전차선의 가선방식은 열차의 속도 및 노반의 형태, 부하전류 특성에 따라 적합한 방식을 채택하여야 하며, 가공방식, 강체방식, 제3레일방식을 표준으로 한다.

2) 전차선로의 충전부와 건조물 간의 절연이격

전차선과 건조물 간의 최소 절연이격거리

시스템 종류	공칭전압(V)	동적[mm]		정적[mm]	
		비오염	오염	비오염	오염
직류	750	25	25	25	25
	1,500	100	110	150	160
단상교류	25,000	170	220	270	320

3) 전차선로의 충전부와 차량 간의 절연이격

전차선과 차량 간의 최소 절연이격거리

시스템 종류	공칭전압(V)	동적(mm)	정적(mm)
직류	750	25	25
	1,500	100	150
단상교류	25,000	170	270

4) 전차선 등과 식물사이의 이격거리

교류 전차선 등 충전부와 식물사이의 이격거리는 5[m] 이상이어야 한다. 다만, 5[m] 이상 확보하기 곤란한 경우에는 현장여건을 고려하여 방호벽 등 안전조치를 하여야 한다.

4. 전기철도의 전기철도차량 설비

1) 회생제동

① 전기철도차량은 다음과 같은 경우에 회생제동의 사용을 중단해야 한다.
　가. 전차선로 지락이 발생한 경우

나. 전차선로에서 전력을 받을 수 없는 경우
　　다. 규정된 선로전압이 장기 과전압 보다 높은 경우
　② 회생전력을 다른 전기장치에서 흡수할 수 없는 경우에는 전기철도차량은 다른 제동시스템으로 전환되어야 한다.
　③ 전기철도 전력공급시스템은 회생제동이 상용제동으로 사용이 가능하고 다른 전기철도차량과 전력을 지속적으로 주고받을 수 있도록 설계되어야 한다.

2) 전기철도차량 전기설비의 전기위험방지를 위한 보호대책

　① 감전을 일으킬 수 있는 충전부는 직접접촉에 대한 보호가 있어야 한다.
　② 간접 접촉에 대한 보호대책은 노출된 도전부는 고장 조건하에서 부근 충전부와의 유도 및 접촉에 의한 감전이 일어나지 않아야 한다. 그 목적은 위험도가 노출된 도전부가 같은 전위가 되도록 보장하는데 있다. 이는 보호용 본딩으로만 달성될 수 있으며 또는 자동급전 차단 등 적절한 방법을 통하여 달성할 수 있다.
　③ 주행레일과 분리되어 있거나 또는 공동으로 되어있는 보호용 도체를 채택한 시스템에서 운행되는 모든 전기철도차량은 차체와 고정 설비의 보호용 도체 사이에는 최소 2개 이상의 보호용 본딩 연결로가 있어야 하며, 한쪽 경로에 고장이 발생하더라도 감전 위험이 없어야 한다.
　④ 차체와 주행 레일과 같은 고정설비의 보호용 도체 간의 임피던스는 이들 사이에 위험 전압이 발생하지 않을 만큼 낮은 수준인 표에 따른다. 이 값은 적용전압이 50[V]를 초과하지 않는 곳에서 50[A]의 일정 전류로 측정하여야 한다.

차량 종류	최대 임피던스[Ω]
기관차, 객차	0.05
화차	0.15

5. 전기철도의 설비를 위한 보호

1) 피뢰기 설치장소

　① 다음의 장소에 피뢰기를 설치하여야 한다.
　　가. 변전소 인입측 및 급전선 인출측
　　나. 가공전선과 직접 접속하는 지중케이블에서 낙뢰에 의해 절연파괴의 우려가 있는 케이블 단말
　② 피뢰기는 가능한 한 보호하는 기기와 가깝게 시설하되 누설전류 측정이 용이하도록 지지대와 절연하여 설치한다.

6. 전기철도의 안전을 위한 보호

1) 레일 전위의 위험에 대한 보호

① 레일 전위는 고장 조건에서의 접촉전압 또는 정상 운전조건에서의 접촉전압으로 구분하여야 한다.

② 교류 전기철도 급전시스템에서의 레일 전위의 최대 허용 접촉전압은 표의 값 이하여야 한다. 단, 작업장 및 이와 유사한 장소에서는 최대 허용 접촉전압을 25[V](실효값)를 초과하지 않아야 한다.

표. 교류 전기철도 급전시스템의 최대 허용 접촉전압

시간 조건	최대 허용 접촉전압(실효값)
순시조건($t \leq 0.5$초)	670[V]
일시적 조건(0.5초 $< t \leq 300$초)	65[V]
영구적 조건($t > 300$초)	60[V]

③ 직류 전기철도 급전시스템에서의 레일 전위의 최대 허용 접촉전압은 표의 값 이하여야 한다. 단, 작업장 및 이와 유사한 장소에서 최대 허용 접촉전압은 60[V]를 초과하지 않아야 한다.

표. 직류 전기철도 급전시스템의 최대 허용 접촉전압

시간 조건	최대 허용 접촉전압
순시조건($t \leq 0.5$초)	535[V]
일시적 조건(0.5초 $< t \leq 300$초)	150[V]
영구적 조건($t > 300$초)	120[V]

2) 전기부식방지

① 주행레일을 귀선으로 이용하는 경우에는 누설전류에 의하여 케이블, 금속제 지중관로 및 선로 구조물 등에 영향을 미치는 것을 방지하기 위한 적절한 시설을 하여야 한다.

② 전기철도 측의 전기부식방지를 위해서는 다음 방법을 고려하여야 한다.
    가. 변전소 간 간격 축소
    나. 레일본드의 양호한 시공
    다. 장대레일채택
    라. 절연도상 및 레일과 침목 사이에 절연층의 설치
    마. 기타

③ 매설금속체 측의 누설전류에 의한 전식의 피해가 예상되는 곳은 다음 방법을 고려하여야 한다.
   가. 배류장치 설치
   나. 절연코팅
   다. 매설금속체 접속부 절연
   라. 저준위 금속체를 접속
   마. 궤도와의 이격거리 증대
   바. 금속판 등의 도체로 차폐

3) 누설전류 간섭에 대한 방지
① 직류 전기철도 시스템의 누설전류를 최소화하기 위해 귀선전류를 금속귀선로 내부로만 흐르도록 하여야 한다.
② 직류 전기철도 시스템이 매설 배관 또는 케이블과 인접할 경우 누설전류를 피하기 위해 최대한 이격시켜야 하며, 주행레일과 최소 1[m] 이상의 거리를 유지하여야 한다.

CHAPTER. 4 전기철도
출제예상문제

01 기 23-2

직류방식의 전차선로에서 공칭전압 별 지속성 최저전압과 최고전압이 옳은 것은?

① 공칭전압 750[V]에서 지속성 최저전압 300[V]
② 공칭전압 750[V]에서 지속성 최고전압 950[V]
③ 공칭전압 1500[V]에서 지속성 최저전압 900[V]
④ 공칭전압 1500[V]에서 지속성 최고전압 1950[V]

풀이 411.2 전차선로의 전압

직류방식: 사용전압과 각 전압별 최고, 최저전압은 다음의 표에 따라 선정하여야 한다. 다만, 비지속성 최고전압은 지속시간이 5분 이하로 예상되는 전압의 최고값으로 하되, 기존 운행 중인 전기철도차량과의 인터페이스를 고려한다.

직류방식의 급전전압

구분	지속성 최저전압 [V]	공칭 전압 [V]	지속성 최고전압 [V]	비지속성 최고전압 [V]	장기 과전압 [V]
DC (평균값)	500	750	900	950[1]	1,269
	900	1,500	1,800	1,950	2,538

(1) 회생제동의 경우 1,000[V]의 비지속성 최고전압은 허용 가능하다.

02 기 23-1, 기 23-3, 산기 25-3

급전용변압기는 교류 전기철도의 경우 어떤 변압기의 적용을 원칙으로 하고, 급전계통에 적합하게 선정하여야 하는가?

① 3상 정류기용 변압기
② 단상 정류기용 변압기
③ 3상 스코트결선 변압기
④ 단상 스코트결선 변압기

풀이 421.4 변전소의 설비

1. 변전소 등의 계통을 구성하는 각종 기기는 운용 및 유지보수성, 시공성, 내구성, 효율성, 친환경성, 안전성 및 경제성 등을 종합적으로 고려하여 선정하여야 한다.
2. 급전용 변압기는 직류 전기철도의 경우 3상 정류기용 변압기, 교류 전기철도의 경우 3상 스코트결선 변압기의 적용을 원칙으로 하고, 급전계통에 적합하게 선정하여야 한다.

정답 01. ③ 02. ③

03 전기철도의 변전소 설비에 대한 설명 중 옳지 않은 것은?

① 급전용변압기는 직류 전기철도의 경우 3상 정류기용 변압기의 적용을 원칙으로 한다.
② 교류 전기철도의 경우 3상 스코트결선 변압기의 적용을 원칙으로 한다.
③ 제어용 교류전원은 상용과 예비의 2계통으로 구성하여야 한다.
④ 제어반의 경우 아날로그전기방식을 원칙으로 하여야 한다.

풀이 421.4 변전소의 설비
1. 변전소 등의 계통을 구성하는 각종 기기는 운용 및 유지보수성, 시공성, 내구성, 효율성, 친환경성, 안전성 및 경제성 등을 종합적으로 고려하여 선정하여야 한다.
2. 급전용변압기는 직류 전기철도의 경우 3상 정류기용 변압기, 교류 전기철도의 경우 3상 스코트결선 변압기의 적용을 원칙으로 하고, 급전계통에 적합하게 선정하여야 한다.
3. 차단기는 계통의 장래계획을 고려하여 용량을 결정하고, 회로의 특성에 따라 기종과 동작책무 및 차단시간을 선정하여야 한다.
4. 개폐기는 선로 중 중요한 분기점, 고장발견이 필요한 장소, 빈번한 개폐를 필요로 하는 곳에 설치하며, 개폐상태의 표시, 잠금장치 등을 설치하여야 한다.
5. 제어용 교류전원은 상용과 예비의 2계통으로 구성하여야 한다.
6. **제어반의 경우 디지털계전기방식을 원칙으로 하여야 한다.**

04 전기철도차량에 전력을 공급하는 전차선의 가선방식에 포함되지 않는 것은?

① 가공방식
② 강체방식
③ 제3레일방식
④ 지중조가선방식

풀이 431.1 전차선 가선방식
전차선의 가선방식은 열차의 속도 및 노반의 형태, 부하전류 특성에 따라 적합한 방식을 채택하여야 하며, 가공방식, 강체방식, 제3레일방식을 표준으로 한다.

05 건조물과 전차선, 급전선 및 전기철도차량 집전장치의 공기절연 이격거리는 시스템 종류 및 공칭전압에 따라 정적 및 동적 최소 절연이격거리 이상을 확보하여야 한다. 다음 빈 칸에 들어갈 공칭전압은?

시스템 종류	공칭전압 (V)	동적(mm)		정적(mm)	
		비오염	오염	비오염	오염
직류	( )	25	25	25	25

① 750
② 1,500
③ 3,000
④ 25,000

풀이 431.2 전차선로의 충전부와 건조물 간의 절연이격

건조물과 전차선, 급전선 및 전기철도차량 집전장치의 공기절연 이격거리는 표에 제시되어 있는 정적 및 동적 최소 절연이격거리 이상을 확보하여야 한다. 동적 절연이격의 경우 팬터그래프가 통과하는 동안의 일시적인 전선의 움직임을 고려하여야 한다.

표. 전차선과 건조물 간의 최소 절연이격거리

시스템 종류	공칭전압 (V)	동적(mm)		정적(mm)	
		비오염	오염	비오염	오염
직류	750	25	25	25	25
	1,500	100	110	150	160
단상교류	25,000	170	220	270	320

06 직류 750[V]인 경우 전차선로의 충전부와 차량 간의 동적 절연이격 거리는 몇 [mm] 이상인가?

① 25
② 100
③ 150
④ 170

풀이 431.3 전차선로의 충전부와 차량 간의 최소 절연이격

시스템 종류	공칭전압(V)	동적(mm)	정적(mm)
직류	750	25	25
	1,500	100	150
단상교류	25,000	170	270

정답 05. ① 06. ①

07 단상교류 25,000[V]인 경우 전차선로의 충전부와 차량 간의 동적 절연이격 거리는 몇 [mm] 이상인가?

① 25
② 100
③ 150
④ 170

풀이 431.3 전차선로의 충전부와 차량 간의 최소 절연이격

시스템 종류	공칭전압[V]	동적[mm]	정적[mm]
직류	750	25	25
	1,500	100	150
단상교류	25,000	170	270

08 급전선에 대한 설명으로 틀린 것은?

① 급전선은 비절연보호도체, 매설접지도체, 레일 등으로 구성하여 단권변압기 중성점과 공통접지에 접속한다.
② 가공식은 전차선의 높이 이상으로 전차선로 지지물에 병행 설치하며, 나전선의 접속은 직선접속을 원칙으로 한다.
③ 선상승강장, 인도교, 과선교 또는 교량 하부 등에 설치할 때에는 최소 절연이격거리 이상을 확보하여야 한다.
④ 신설 터널 내 급전선을 가공으로 설계할 경우 지지물의 취부는 C찬넬 또는 매입전을 이용하여 고정하여야 한다.

풀이 431.4 급전선로
- 급전선은 나전선을 적용하여 가공식으로 가설을 원칙으로 한다.
- ①번은 귀선로에 대한 설명이다.

정답 07. ④ 08. ①

09 귀선로에 대한 설명으로 틀린 것은?

① 나전선을 적용하여 가공식으로 가설을 원칙으로 한다.
② 사고 및 지락 시에도 충분한 허용전류용량을 갖도록 하여야 한다.
③ 비절연보호도체, 매설접지도체, 레일 등으로 구성하여 단권변압기 중성점과 공통접지에 접속한다.
④ 비절연보호도체의 위치는 통신유도장해 및 레일전위의 상승의 경감을 고려하여 결정하여야 한다.

풀이 431.5 귀선로
1. 귀선로는 비절연보호도체, 매설접지도체, 레일 등으로 구성하여 단권변압기 중성점과 공통접지에 접속한다.
2. 비절연보호도체의 위치는 통신유도장해 및 레일전위의 상승의 경감을 고려하여 결정하여야 한다.
3. 귀선로는 사고 및 지락 시에도 충분한 허용전류용량을 갖도록 하여야 한다.

10 열차 설계속도가 250< V ≤300[km/h], 속도 등급이 300킬로급인 경우, 전차선의 기울기(천분율)는? 단, 구분장치 또는 분기 구간이 아닌 경우 이다.

① 0
② 1
③ 2
④ 3

풀이 431.7 전차선의 기울기
전차선의 기울기는 해당 구간의 열차 통과 속도에 따라 표 를 따른다. 다만 구분장치 또는 분기 구간에서는 전차선에 기울기를 주지 않아야 한다. 또한, 궤도면상으로부터 전차선 높이는 같은 높이로 가선하는 것을 원칙으로 하되 터널, 과선교 등 특정 구간에서 높이 변화가 필요한 경우에는 가능한 한 작은 기울기로 이루어져야 한다.

전차선의 기울기

설계속도 V (km/시간)	속도등급	기울기(천분율)
300< V≤350	350킬로급	0
250< V≤300	**300킬로급**	**0**
200< V≤250	250킬로급	1
150< V≤200	200킬로급	2
120< V≤150	150킬로급	3
70< V≤120	120킬로급	4
V≤70	70킬로급	10

정답 09. ① 10. ①

11 전차선로가 경동선인 경우 안전율은 얼마 이상인가?

① 1.0
② 2.0
③ 2.2
④ 2.5

풀이 431.10 전차선로 설비의 안전율
하중을 지탱하는 전차선로 설비의 강도는 작용이 예상되는 하중의 최악 조건 조합에 대하여 다음의 최소 안전율이 곱해진 값을 견디어야 한다.
1. 합금전차선의 경우 2.0 이상
2. **경동선의 경우 2.2 이상**
3. 조가선 및 조가선 장력을 지탱하는 부품에 대하여 2.5 이상
4. 복합체 자재(고분자 애자 포함)에 대하여 2.5 이상
5. 지지물 기초에 대하여 2.0 이상
6. 장력조정장치 2.0 이상
7. 빔 및 브래킷은 소재 허용응력에 대하여 1.0 이상
8. 철주는 소재 허용응력에 대하여 1.0 이상
9. 브래킷의 애자는 최대 굽힘하중에 대하여 2.5 이상
10. 지지선은 선형일 경우 2.5 이상, 강봉형은 소재 허용응력에 대하여 1.0 이상

12 교류 전차선 등 충전부와 식물 사이의 이격거리는 몇 [m] 이상이어야 하는가? (단, 현장여건을 고려한 방호벽 등의 안전조치를 하지 않은 경우이다.)

① 1
② 3
③ 5
④ 10

풀이 431.11 전차선 등과 식물사이의 이격거리
교류 전차선 등 충전부와 식물사이의 이격거리는 5[m] 이상이어야 한다. 다만, 5[m] 이상 확보하기 곤란한 경우에는 현장여건을 고려하여 방호벽 등 안전조치를 하여야 한다.

정답 11. ③ 12. ③

13 전기철도차량이 전차선로와 접촉한 상태에서 견인력을 끄고 보조전력을 가동한 상태로 정지해 있는 경우, 가공 전차선로의 유효전력이 200[kW] 이상일 경우 총 역률은 얼마보다 작아서는 안되는가?

① 0.6
② 0.7
③ 0.8
④ 0.9

풀이 441.4 전기철도차량의 역률
1. 최저 비영구전압에서 최고 비영구전압까지의 전압범위에서 유도성 역률 및 전력소비에 대해서만 적용되며, 회생제동 중에는 전압을 제한 범위내로 유지시키기 위하여 유도성 역률을 낮출 수 있다. 다만, 전기철도차량이 전차선로와 접촉한 상태에서 견인력을 끄고 보조전력을 가동한 상태로 정지해 있는 경우, 가공 전차선로의 **유효전력이 200[kW] 이상**일 경우 총 **역률은 0.8보다는 작아서는 안된다**.
2. 역행 모드에서 전압을 제한 범위 내로 유지하기 위하여 용량성 역률이 허용되며, 규정된 최저 비영구전압에서 최고비영구 전압까지의 전압범위에서 용량성 역률은 제한 받지 않는다.

14 전기철도차량의 회생제동 사용을 중단해야 하는 경우가 아닌 것은?

① 전차선로 지락이 발생한 경우
② 회생전력을 다른 전기장치에서 흡수할 수 있는 경우
③ 전차선로에서 전력을 받을 수 없는 경우
④ 선로전압이 장기 과전압보다 높은 경우

풀이 441.5 회생제동
1. 전기철도차량은 다음과 같은 경우에 회생제동의 사용을 중단해야 한다.
   가. 전차선로 지락이 발생한 경우
   나. 전차선로에서 전력을 받을 수 없는 경우
   다. 선로전압이 장기 과전압 보다 높은 경우
2. 회생전력을 다른 전기장치에서 흡수할 수 없는 경우에는 전기철도차량은 다른 제동시스템으로 전환되어야 한다.
3. 전기철도 전력공급시스템은 회생제동이 상용제동으로 사용이 가능하고 다른 전기철도차량과 전력을 지속적으로 주고받을 수 있도록 설계되어야 한다.

정답 13. ③ 14. ②

기 23-1
15 전기철도의 설비를 위한 보호협조 사항으로 옳지 않은 것은?

① 전차선로용 애자를 섬락사고로부터 보호하고 접지전위 상승을 억제하기 위하여 적정한 보호설비를 구비하여야 한다.
② 보호계전방식은 신뢰성, 선택성, 협조성, 적절한 동작, 양호한 감도, 취급 및 보수점검이 용이하도록 구성하여야 한다.
③ 가공 선로측에서 발생한 지락 및 사고전류의 파급을 방지하기 위하여 피뢰기를 설치하여야 한다.
④ 급전선로는 안정도 향상, 자동복구, 정전시간 감소를 위하여 COS를 구비하여야 한다.

풀이 451 설비보호의 일반사항
451.1 보호협조
1. 사고 또는 고장의 파급을 방지하기 위하여 계통 내에서 발생한 사고전류를 검출하고 차단장치에 의해서 신속하고 순차적으로 차단할 수 있는 보호시스템을 구성하며 설비계통 전반의 보호협조가 되도록 하여야 한다.
2. 보호계전방식은 신뢰성, 선택성, 협조성, 적절한 동작, 양호한 감도, 취급 및 보수점검이 용이하도록 구성하여야 한다.
3. 급전선로는 안정도 향상, 자동복구, 정전시간 감소를 위하여 보호계전방식에 자동재폐로 기능을 구비하여야 한다.
4. 전차선로용 애자를 섬락사고로부터 보호하고 접지전위 상승을 억제하기 위하여 적정한 보호설비를 구비하여야 한다.
5. 가공 선로측에서 발생한 지락 및 사고전류의 파급을 방지하기 위하여 피뢰기를 설치하여야 한다.

정답 15. ④

16 전기철도의 설비를 보호하기 위해 시설하는 피뢰기의 시설기준으로 틀린 것은?

① 피뢰기는 변전소 인입측 및 급전선 인출측에 설치하여야 한다.
② 피뢰기는 가능한 한 보호하는 기기와 가깝게 시설하되 누설전류 측정이 용이하도록 지지대와 절연하여 설치한다.
③ 피뢰기는 개방형을 사용하고 유효보호거리를 증가시키기 위하여 방전개시전압 및 제한전압이 낮은 것을 사용한다.
④ 피뢰기는 가공전선과 직접 접속하는 지중케이블에서 낙뢰에 의해 절연파괴의 우려가 있는 케이블 단말에 설치하여야 한다.

풀이 451.3 피뢰기 설치장소
1. 다음의 장소에 피뢰기를 설치하여야 한다.
   가. 변전소 인입측 및 급전선 인출측
   나. 가공전선과 직접 접속하는 지중케이블에서 낙뢰에 의해 절연파괴의 우려가 있는 케이블 단말
2. 피뢰기는 가능한 한 보호하는 기기와 가깝게 시설하되 누설전류 측정이 용이하도록 지지대와 절연하여 설치한다.

451.4 피뢰기의 선정
피뢰기는 다음의 조건을 고려하여 선정한다.
1. 피뢰기는 밀봉형을 사용하고 유효 보호거리를 증가시키기 위하여 방전개시전압 및 제한전압이 낮은 것을 사용한다.
2. 유도뢰서지에 대하여 2선 또는 3선의 피뢰기 동시동작이 우려되는 변전소 근처의 단락 전류가 큰 장소에는 속류차단능력이 크고 또한 차단성능이 회로조건의 영향을 받을 우려가 적은 것을 사용한다.

정답 16. ③

기 21-3

17 순시조건($t \leq 0.5$초)에서 교류 전기철도 급전시스템에서의 레일 전위의 최대 허용접촉전압 (실효값)으로 옳은 것은?

① 60[V]
② 65[V]
③ 440[V]
④ 670[V]

풀이 461.2 레일 전위의 위험에 대한 보호
1. 레일 전위는 고장 조건에서의 접촉전압 또는 정상 운전조건에서의 접촉전압으로 구분하여야 한다.
2. 교류 전기철도 급전시스템에서의 레일 전위의 최대 허용 접촉전압은 표 의 값 이하여야 한다. 단, 작업장 및 이와 유사한 장소에서는 최대 허용 접촉전압을 25[V](실효값)를 초과하지 않아야 한다.

표. 교류 전기철도 급전시스템의 최대 허용 접촉전압

시간 조건	최대 허용 접촉전압(실효값)
순시조건($t \leq 0.5$초)	670[V]
일시적 조건(0.5초 < $t \leq 300$초)	65[V]
영구적 조건($t > 300$초)	60[V]

기 21-2

18 전기 부식 방지를 위해서 매설금속체측의 누설전류에 의한 전식의 피해가 예상되는 곳에 고려하여야 하는 방법으로 틀린 것은?

① 절연코팅
② 배류장치 설치
③ 변전소 간 간격 축소
④ 저준위 금속체를 접속

풀이 461.4 전기 부식 방지
가. 전기철도측의 전기 부식 방지를 위해서는 다음 방법을 고려하여야 한다.
  ① 변전소 간 간격 축소
  ② 레일본드의 양호한 시공
  ③ 장대레일채택
  ④ 절연도상 및 레일과 침목사이에 절연층의 설치
나. 매설금속체측의 누설전류에 의한 전식의 피해가 예상되는 곳은 다음 방법을 고려하여야 한다.
  ① 배류장치 설치
  ② 절연코팅
  ③ 매설금속체 접속부 절연
  ④ 저준위 금속체를 접속
  ⑤ 궤도와의 이격거리 증대
  ⑥ 금속판 등의 도체로 차폐

정답 17. ④ 18. ③

19 다음 ( )에 들어갈 내용으로 옳은 것은?

전차선로는 무선설비의 기능에 계속적이고 또한 중대한 장해를 주는 (　　)가 생길 우려가 있는 경우에는 이를 방지하도록 시설하여야 한다.

① 정전유도 ② 전자유도
③ 누설전류 ④ 전자파

풀이 461.6 전자파 장해의 방지
전차선로는 무선설비의 기능에 계속적이고 또한 중대한 장해를 주는 전자파가 생길 우려가 있는 경우에는 이를 방지하도록 시설하여야 한다.

20 통신상의 유도 장해방지 시설에 대한 설명이다. 다음 ( )에 들어갈 내용으로 옳은 것은?

교류식 전기철도용 전차선로는 기설 가공약전류 전선로에 대하여 (　　)에 의한 통신상의 장해가 생기지 않도록 시설하여야 한다.

① 정전작용 ② 유도작용
③ 가열작용 ④ 산화작용

풀이 461.7 통신상의 유도 장해방지 시설
교류식 전기철도용 전차선로는 기설 가공약전류 전선로에 대하여 유도작용에 의한 통신상의 장해가 생기지 않도록 시설하여야 한다.

정답　19. ④　20. ②

CHAPTER 5 분산형 전원설비

1. 전기저장장치

전기저장장치를 시설하는 곳에는 다음의 사항을 계측하는 장치를 시설하여야 한다.
① 이차전지 출력 단자의 전압, 전류, 전력 및 충방전 상태
② 주요변압기의 전압, 전류 및 전력

2. 이차전지 용량 및 종류에 따른 시설

1) 리튬계 · 나트륨계 이차전지의 시설

20[kWh]를 초과하는 리튬계 · 나트륨계의 이차전지를 사용한 전기저장장치에 적용한다.

2) 제어, 감시 및 보호장치 등

① 낙뢰 및 서지 등 과도과전압으로부터 주요 설비를 보호하기 위해 직류 전로에 직류 서지보호장치(SPD)를 설치하여야 한다.
② 제조사가 정하는 정격 이상의 과충전, 과방전, 과전압, 과전류, 지락전류 및 온도 상승, 냉각장치 고장, 통신불량, 가연성 · 인화성가스 발생 등 긴급상황이 발생한 경우에는 관리자에게 경보할 수 있는 시설을 하여야 하며 다음의 요건을 만족하여야 한다.
　가. 긴급상황이 발생하였을 때 전기저장장치를 자동 및 수동으로 정지시킬 수 있는 비상정지장치를 설치하여야 하며, 자동 비상정지는 5초 이내로 동작하여야 한다.
　나. 수동 조작을 위한 비상정지장치는 신속한 접근 및 조작이 가능한 장소에 설치하여야 한다.
③ 이차전지를 시설하는 장소의 내부 및 외부에는 가능한 한 사각지대가 없도록 감시하기 위한 CCTV를 시설하여야 한다.
④ 전기저장장치의 상시 운영정보 및 CCTV 영상정보, 제2의 긴급상황 관련 계측정보에서 기록되는 시간을 실시간으로 동기화하고, 이차전지실 외부의 안전한 장소에 전송되어 최소 1개월 이상 보관하여야 한다. 다만, CCTV 영상정보는 7일간 보관하여야 한다.

3) 전용건물에 시설하는 경우

전기저장장치를 일반인이 출입하는 건물에서 분리된 별도의 장소에 시설하는 경우에는 다음에 따라 시설하여야 한다.

① 전기저장장치 시설장소의 바닥, 천장(지붕), 벽면 재료는 불연재료이어야 한다. 단, 단열재는 준불연재료 또는 이와 동등 이상의 것을 사용할 수 있다.

② 전기저장장치 시설장소는 지표면을 기준으로 높이 22[m] 이내로 하고 해당 장소의 출구가 있는 바닥면을 기준으로 깊이 9[m] 이내로 하여야 한다.

③ 이차전지는 전력변환장치 등의 다른 전기설비와 분리된 격실(이차전지실)에 설치하고 다음에 따라야 한다.

    가. 이차전지는 벽면으로부터 1[m] 이상 이격하여 설치하여야 한다. 다만, 옥외의 전용 컨테이너 및 인클로저는 제조사가 정하는 적정 거리를 이격한 경우에는 예외로 할 수 있으며, 컨테이너 및 인클로저의 면적은 42[m^2] 이하여야 한다.

    나. 이차전지, 전력변환장치, 배전반 등은 침수의 우려가 없도록 하며, 지표면에서부터 최소 0.3[m] 이상 높이에 설치하여야 하며, 염전 또는 간척지 등에 시설하는 경우 지표면에서 최소 0.6[m] 이상 높이에 설치하여야 한다.

④ 이차전지실은 이차전지 용량의 5[MWh] 이하 단위로 「건축물의 피난·방화구조 등의 기준에 관한 규칙」에 따른 내화구조의 격벽을 설치하여야 한다.

4) 전용건물 이외의 장소에 시설하는 경우

전기저장장치를 일반인이 출입하는 건물의 부속공간에 시설(옥상에는 설치할 수 없다)하는 경우에는 다음에 따라 시설하여야 한다.

① 전기저장장치 시설장소는 「건축물의 피난·방화구조 등의 기준에 관한 규칙」에 따른 내화구조이어야 한다.

② 이차전지모듈의 직렬 연결체(이차전지랙)의 용량은 50[kWh] 이하로 하고 건물 내 시설 가능한 이차전지의 총 용량은 600[kWh] 이하이어야 한다.

③ 이차전지랙과 랙 사이는 1[m] 이상 이격하고, 랙과 벽면 사이는 전면부의 경우 1[m] 이상, 측면과 후면부의 경우 0.8[m] 이상 이격하여야 한다.

④ 이차전지실은 건물 내 다른 시설(수전설비, 가연물질 등)로부터 1.5[m] 이상 이격하고 각 실의 출입구나 피난계단 등 이와 유사한 장소로부터 3[m] 이상 이격하여야 한다.

3. 태양광발전설비

1) 태양광설비의 시설

전선은 다음에 의하여 시설하여야 한다.
① 모듈 및 기타 기구에 전선을 접속하는 경우는 나사로 조이고, 기타 이와 동등 이상의 효력이 있는 방법으로 기계적·전기적으로 안전하게 접속하고, 접속점에 장력이 가해지지 않도록 할 것
② 모듈의 출력배선은 극성별로 확인할 수 있도록 표시할 것
③ 전선은 공칭단면적 2.5[mm^2] 이상의 연동선 또는 이와 동등 이상의 세기 및 굵기의 것일 것.
④ 배선설비 공사는 옥내에 시설할 경우에는 합성수지관공사, 금속관공사, 금속제가요전선관공사, 케이블공사의 규정에 준하여 시설할 것.

2) 전력변환장치의 시설

인버터, 절연변압기 및 계통 연계 보호장치 등 전력변환장치의 시설은 다음에 따라 시설하여야 한다.
① 인버터는 실내·실외용을 구분할 것
② 각 직렬군의 태양전지 개방전압은 인버터 입력전압 범위 이내일 것
③ 옥외에 시설하는 경우 방수등급은 IPX4 이상일 것

3) 태양광설비의 계측장치

태양광설비에는 전압, 전류 및 전력을 계측하는 장치를 시설하여야 한다.

4. 풍력발전설비

1) 간선의 시설기준

풍력발전기에서 출력배선에 쓰이는 전선은 CV선 또는 TFR-CV선을 사용하거나 동등 이상의 성능을 가진 제품을 사용하여야 한다.

2) 제어 및 보호장치 등

제어 및 보호장치는 다음과 같이 시설하여야 한다.
① 제어장치는 다음과 같은 기능 등을 보유하여야 한다.

　　　　가. 풍속에 따른 출력 조절
　　　　나. 출력제한
　　　　다. 회전속도제어
　　　　라. 계통과의 연계
　　　　마. 기동 및 정지
　　　　바. 계통 정전 또는 부하의 손실에 의한 정지
　　　　사. 요잉에 의한 케이블 꼬임 제한
　　② 보호장치는 다음의 조건에서 풍력발전기를 보호하여야 한다.
　　　　가. 과풍속
　　　　나. 발전기의 과출력 또는 고장
　　　　다. 이상진동
　　　　라. 계통 정전 또는 사고
　　　　마. 케이블의 꼬임 한계

3) 접지설비

접지설비는 풍력발전설비 타워기초를 이용한 통합접지공사를 하여야 하며, 설비 사이의 전위차가 없도록 등전위본딩을 하여야 한다.

4) 피뢰설비

　① 피뢰설비는 별도의 언급이 없다면 피뢰레벨(Lightning Protection Level : LPL)은 I 등급을 적용하여야 한다.
　② 풍향·풍속계가 보호범위에 들도록 나셀 상부에 피뢰침을 시설하고 피뢰도선은 나셀프레임에 접속하여야 한다.
　③ 전력기기·제어기기 등의 피뢰설비는 다음에 따라 시설하여야 한다.
　　　가. 전력기기는 금속시스케이블, 내뢰변압기 및 서지보호장치(SPD)를 적용할 것
　　　나. 제어기기는 광케이블 및 포토커플러를 적용할 것

5) 계측장치의 시설

풍력터빈에는 설비의 손상을 방지하기 위하여 운전 상태를 계측하는 다음의 계측장치를 시설하여야 한다.
가. 회전속도계
나. 나셀(nacelle) 내의 진동을 감시하기 위한 진동계
다. 풍속계　　　라. 압력계　　　마. 온도계

5. 연료전지설비

1) 연료전지설비의 보호장치

연료전지는 다음의 경우에 자동적으로 이를 전로에서 차단하고 연료전지에 연료가스 공급을 자동적으로 차단하며 연료전지 내의 연료가스를 자동적으로 배기하는 장치를 시설하여야 한다.

가. 연료전지에 과전류가 생긴 경우
나. 발전요소의 발전전압에 이상이 생겼을 경우 또는 연료가스 출구에서의 산소농도 또는 공기 출구에서의 연료가스 농도가 현저히 상승한 경우
다. 연료전지의 온도가 현저하게 상승한 경우

2) 연료전지설비의 계측장치

연료전지설비에는 전압과 전류 또는 전압과 전력을 계측하는 장치를 시설하여야 한다.

3) 연료전지설비의 비상정지장치

"운전 중에 일어나는 이상"이란 다음에 열거하는 경우를 말한다.
가. 연료 계통 설비 내의 연료가스의 압력 또는 온도가 현저하게 상승하는 경우
나. 증기계통 설비내의 증기의 압력 또는 온도가 현저하게 상승하는 경우
다. 실내에 설치되는 것에서는 연료가스가 누설하는 경우

4) 접지설비

연료전지에 대하여 전로의 보호장치의 확실한 동작의 확보 또는 대지전압의 저하를 위하여 특히 필요할 경우에 연료전지의 전로 또는 이것에 접속하는 직류전로에 접지공사를 할 때에는 다음에 따라 시설하여야 한다.

가. 접지도체는 공칭단면적 16[mm^2] 이상의 연동선 또는 이와 동등 이상의 세기 및 굵기의 쉽게 부식하지 아니하는 금속선(저압 전로의 중성점에 시설하는 것은 공칭단면적 6[mm^2] 이상의 연동선 또는 이와 동등 이상의 세기 및 굵기의 쉽게 부식하지 않는 금속선)으로서 고장 시 흐르는 전류가 안전하게 통할 수 있는 것을 사용하고 또한 손상을 받을 우려가 없도록 시설할 것.
나. 접지도체·저항기·리액터 등은 취급자 이외의 자가 출입하지 아니하도록 설비한 곳에 시설하는 경우 이외에는 사람이 접촉할 우려가 없도록 시설할 것.

CHAPTER. 5 분산형 전원설비
출제예상문제

01 [산기 25-1]
태양광발전이나 풍력발전 등이 현재 조건에서 가능한 최대의 전력을 생산할 수 있도록 인버터 제어를 이용하여 해당 발전원의 전압이나 회전속도를 조정하는 기능을 무엇이라 하는가?

① BIPV
② BAPV
③ MPPT
④ BMS

풀이 502 용어의 정의
① 건물일체형 태양광발전(BIPV : Building-Integrated Photovoltaic) : 태양광모듈을 건축물에 설치하여 건축 부자재의 역할 및 기능과 전력생산을 동시에 할 수 있는 설비
② 건물부착형 태양광발전(BAPV : Building-Attached Photovoltaic) : 건축물 경사 지붕 또는 외벽 등에 밀착하여 설치하는 태양광설비의 유형을 말한다.
③ 최대출력추종(MPPT : Maximum Power Point Tracking) : 태양광발전이나 풍력발전 등이 현재 조건에서 가능한 최대의 전력을 생산할 수 있도록 인버터 제어를 이용하여 해당 발전원의 전압이나 회전속도를 조정하는 기능을 말한다.
④ 전지관리시스템(BMS : Battery Management System) : 이차전지의 전압, 전류, 온도 등의 값을 측정하여 이차전지를 효율적으로 사용할 수 있도록 상위 시스템과의 통신을 통해 현재의 상태를 전송하며, 이상 징후 발생 시 내부 안전장치를 작동시키는 등 이차전지를 관리하는 시스템을 말한다.

02 [기 22-2, 산기 25-1]
주택의 전기저장장치의 축전지에 접속하는 부하 측 옥내배선을 사람이 접촉할 우려가 없도록 케이블배선에 의하여 시설하고 전선에 적당한 방호장치를 시설한 경우 주택의 옥내전로의 대지전압은 직류 몇 [V] 까지 적용할 수 있는가? (단, 전로에 지락이 생겼을 때 자동적으로 전로를 차단하는 장치를 시설한 경우이다.)

① 150
② 300
③ 400
④ 600

풀이 511.1.3 옥내전로의 대지전압 제한
주택에 시설하는 전기저장장치는 이차전지에서 전력변환장치에 이르는 옥내 직류전로를 다음에 따라 시설하는 경우에 주택의 옥내전로의 대지전압은 직류 600[V]까지 적용할 수 있다.
가. 전로에 지락이 생겼을 때 자동적으로 전로를 차단하는 장치를 시설할 것
나. 사람이 접촉할 우려가 없는 은폐된 장소에 합성수지관배선, 금속관배선 및 케이블배선에 의하여 시설하거나, 사람이 접촉할 우려가 없도록 케이블배선에 의하여 시설하고 전선에 적당한 방호장치를 시설할 것

정답 01. ③ 02. ④

03 전기저장장치를 시설하는 곳에서 계측장치를 시설하지 않아도 되는 것은?

① 주요변압기의 전압, 전류 및 전력
② 이차전지 출력 단자의 전압, 전류, 전력
③ 이차전지 출력 단자의 충방전 상태
④ 주요변압기의 온도

풀이 511.2.10 계측장치
전기저장장치를 시설하는 곳에는 다음의 사항을 계측하는 장치를 시설하여야 한다.
가. 이차전지 출력 단자의 전압, 전류, 전력 및 충방전 상태
나. 주요 변압기의 전압 및 전류 또는 전력

04 전기저장장치를 전용건물 이외의 장소에 시설하는 경우로서 일반인이 출입하는 건물의 부속공간에 시설하는 (옥상에는 설치하지 않는 경우이다.) 경우 이차전지랙과 랙 사이는 몇 [m] 이상 이격하여야 하는가?

① 0.8
② 1
③ 1.5
④ 3

풀이 512.1.6 전용건물 이외의 장소에 시설하는 경우
전기저장장치를 일반인이 출입하는 건물의 부속공간에 시설(옥상에는 설치할 수 없다)하는 경우에는 다음에 따라 시설하여야 한다.
가. 전기저장장치 시설장소는 내화구조이어야 한다.
나. 이차전지모듈의 직렬 연결체의 용량은 50[kWh] 이하로 하고 건물 내 시설 가능한 이차전지의 총 용량은 600[kWh] 이하이어야 한다.
다. 이차전지랙과 랙 사이는 1[m] 이상 이격하고, 랙과 벽면 사이는 전면부의 경우 1[m] 이상, 측면과 후면부의 경우 0.8[m] 이상 이격하여야 한다.
라. 이차전지실은 건물 내 다른 시설(수전설비, 가연물질 등)로부터 1.5[m] 이상 이격하고 각 실의 출입구나 피난계단 등 이와 유사한 장소로부터 3[m] 이상 이격하여야 한다.
마. 배선설비가 이차전지실 벽면을 관통하는 경우 관통부는 해당 구획부재의 내화성능을 저하시키지 않도록 충전(充塡)하여야 한다.

정답 03. ④ 04. ②

05 전기저장장치의 이차전지에 자동으로 전로로부터 차단하는 장치를 시설하여야 하는 경우로 틀린 것은?

① 과저항이 발생한 경우
② 과전압이 발생한 경우
③ 제어장치에 이상이 발생한 경우
④ 이차전지 모듈의 내부 온도가 급격히 상승할 경우

풀이 512.2 제어 및 보호장치 등
512.2.1 제어 및 보호장치
1. 전기저장장치가 비상용 예비전원 용도를 겸하는 경우에는 다음에 따라 시설하여야 한다.
    가. 상용전원이 정전되었을 때 비상용 부하에 전기를 안정적으로 공급할 수 있는 시설을 갖출 것
    나. 관련 법령에서 정하는 전원유지시간 동안 비상용 부하에 전기를 공급할 수 있는 충전용량을 상시 보존하도록 시설할 것
2. 전기저장장치의 이차전지는 다음에 따라 자동으로 전로로부터 차단하는 장치를 시설하여야 한다.
    가. 과전압 또는 과전류가 발생한 경우
    나. 제어장치에 이상이 발생한 경우
    다. 이차전지 모듈의 내부 온도가 급격히 상승할 경우
3. 직류전로에는 지락이 생겼을 때에 자동적으로 전로를 차단하는 장치를 시설하여야 한다.
4. 발전소 또는 변전소 혹은 이에 준하는 장소에 전기저장장치를 시설하는 경우 전로가 차단되었을 때에 경보하는 장치를 시설하여야 한다.

06 전기저장장치를 시설하는 곳에서 계측장치를 시설하지 않아도 되는 것은?

① 주요변압기의 전압, 전류 및 전력
② 축전지 출력 단자의 전압, 전류, 전력
③ 축전지 출력 단자의 충방전 상태
④ 주요변압기의 온도

풀이 512.2.3 계측장치
전기저장장치를 시설하는 곳에는 다음의 사항을 계측하는 장치를 시설하여야 한다.
    가. 축전지 출력 단자의 전압, 전류, 전력 및 충방전 상태
    다. 주요 변압기의 전압 및 전류 또는 전력

정답 05. ① 06. ④

07 전기저장장치를 전용건물에 시설하는 경우에 대한 설명이다. 다음 (   )에 들어갈 내용으로 옳은 것은?

> 전기저장장치 시설장소는 주변 시설(도로, 건물, 가연물질 등)로부터 (㉠)[m] 이상 이격하고 다른 건물의 출입구나 피난계단 등 이와 유사한 장소로부터는 (㉡)[m] 이상 이격하여야 한다.

① ㉠ 3, ㉡ 1
② ㉠ 2, ㉡ 1.5
③ ㉠ 1, ㉡ 2
④ ㉠ 1.5, ㉡ 3

풀이 515.2.1 전용건물에 시설하는 경우
전기저장장치 시설장소는 주변 시설(도로, 건물, 가연물질 등)로부터 1.5[m] 이상 이격하고 다른 건물의 출입구나 피난계단 등 이와 유사한 장소로부터는 3[m] 이상 이격하여야 한다.

08 태양전지 모듈의 시설에 대한 설명으로 옳은 것은?

① 충전부분은 노출하여 시설할 것
② 출력배선은 극성별로 확인 가능토록 표시할 것
③ 전선은 공칭단면적 1.5[mm²] 이상의 연동선을 사용할 것
④ 전선을 옥내에 시설할 경우에는 애자공사에 준하여 시설할 것

풀이 520 태양광발전설비
가. 태양전지 모듈, 전선, 개폐기 및 기타 기구는 충전부분이 노출되지 않도록 시설하여야 한다.
나. 모듈의 출력배선은 극성별로 확인할 수 있도록 표시할 것
다. 전선은 공칭단면적 2.5[mm²] 이상의 연동선 또는 이와 동등 이상의 세기 및 굵기의 것일 것.
라. 모듈을 병렬로 접속하는 전로에는 그 주된 전로에 단락전류가 발생할 경우에 전로를 보호하는 과전류차단기 또는 기타 기구를 시설할 것
마. 배선설비 공사는 옥내에 시설할 경우에는 합성수지관공사, 금속관공사, 금속제가요전선관공사, 케이블공사의 규정에 준하여 시설할 것.

정답 07. ④ 08. ②

09 태양전지 발전소에 시설하는 태양전지 모듈, 전선 및 개폐기의 시설에 대한 설명으로 틀린 것은?

① 전선은 공칭단면적 2.5[mm^2] 이상의 연동선을 사용할 것
② 태양전지 모듈에 접속하는 부하측 전로에는 개폐기를 시설할 것
③ 태양전지 모듈을 병렬로 접속하는 전로에 과전류차단기를 시설할 것
④ 옥측에 시설하는 경우 금속관공사, 합성수지관공사, 애자공사로 배선할 것

풀이 520 태양광발전설비
  가. 태양전지 모듈에 접속하는 부하측의 태양전지 어레이에서 전력변환장치에 이르는 전로에는 그 접속점에 근접하여 개폐기 기타 이와 유사한 기구(부하전류를 개폐할 수 있는 것에 한한다)를 시설할 것
  나. 모듈을 병렬로 접속하는 전로에는 그 주된 전로에 단락전류가 발생할 경우에 전로를 보호하는 과전류차단기 또는 기타 기구를 시설할 것
  다. 전선은 공칭단면적 2.5[mm^2] 이상의 연동선 또는 이와 동등 이상의 세기 및 굵기의 것일 것.
  라. 배선설비 공사는 옥내에 시설할 경우에는 합성수지관공사, 금속관공사, 금속제가요전선관공사, 케이블공사의 규정에 준하여 시설할 것.

10 태양전지 발전소에 시설하는 태양전지 모듈, 전선 및 개폐기 기타 기구의 시설기준에 대한 내용으로 틀린 것은?

① 충전부분은 노출되지 아니하도록 시설할 것
② 옥내에 시설하는 경우에는 전선을 케이블공사로 시설할 수 있다.
③ 태양전지 모듈의 프레임은 지지물과 전기적으로 완전하게 접속하여야 한다.
④ 태양전지 모듈을 병렬로 접속하는 전로에는 과전류차단기를 시설하지 않아도 된다.

풀이 522 태양광설비의 시설
  가. 전선은 공칭단면적 2.5[mm^2] 이상의 연동선 또는 이와 동등 이상의 세기 및 굵기의 것일 것.
  나. 배선설비 공사는 옥내에 시설할 경우에는 합성수지관공사, 금속관공사, 금속제 가요전선관공사, 케이블공사 의 규정에 준하여 시설할 것.
  다. 모듈을 병렬로 접속하는 전로에는 그 주된 전로에 단락전류가 발생할 경우에 전로를 보호하는 과전류차단기 또는 기타 기구를 시설할 것
  라. 태양전지 모듈에 접속하는 부하측의 태양전지 어레이에서 전력변환장치에 이르는 전로에는 그 접속점에 근접하여 개폐기 기타 이와 유사한 기구(부하전류를 개폐할 수 있는 것에 한한다)를 시설할 것

정답 09. ④ 10. ④

11 태양광설비에 시설하여야 하는 계측장치가 아닌 것은?

① 전압
② 전류
③ 역률
④ 전력

풀이 522.3.3 태양광설비의 계측장치
태양광설비에는 전압, 전류 및 전력을 계측하는 장치를 시설하여야 한다.

12 태양광설비에 시설하여야 하는 계측기의 계측대상에 해당하는 것은?

① 전압과 전류
② 전력과 역률
③ 전류와 역률
④ 역률과 주파수

풀이 522.3.6 태양광설비의 계측장치
태양광설비에는 전압과 전류 또는 전압과 전력을 계측하는 장치를 시설하여야 한다.

13 풍력터빈의 피뢰설비 시설기준에 대한 설명으로 틀린 것은?

① 풍력터빈에 설치한 피뢰설비(리셉터, 인하도선 등)의 기능저하로 인해 다른 기능에 영향을 미치지 않을 것
② 풍력터빈 내부의 계측 센서용 케이블은 금속관 또는 차폐케이블 등을 사용하여 뇌유도과전압으로부터 보호할 것
③ 풍력터빈에 설치하는 인하도선은 쉽게 부식되지 않는 금속선으로서 뇌격전류를 안전하게 흘릴 수 있는 충분한 굵기여야 하며, 가능한 직선으로 시설할 것
④ 수뢰부를 풍력터빈 중앙부분에 배치하되 뇌격전류에 의한 발열에 용손(溶損)되지 않도록 재질, 크기, 두께 및 형상 등을 고려할 것

풀이 532.3.5 피뢰설비
풍력터빈의 피뢰설비는 수뢰부를 풍력터빈 선단부분 및 가장자리 부분에 배치하되 뇌격전류에 의한 발열에 용손(溶損)되지 않도록 재질, 크기, 두께 및 형상 등을 고려할 것

정답 11. ③ 12. ① 13. ④

14 풍력터빈에 설비의 손상을 방지하기 위하여 시설하는 운전상태를 계측하는 계측장치로 틀린 것은?

① 조도계　　　　　② 압력계
③ 온도계　　　　　④ 풍속계

풀이 532.3.6 계측장치의 시설
풍력터빈에는 설비의 손상을 방지하기 위하여 운전 상태를 계측하는 다음의 계측장치를 시설하여야 한다.
1. 회전속도계
2. 나셀(nacelle) 내의 진동을 감시하기 위한 진동계
3. 풍속계
4. 압력계
5. 온도계

15 풍력터빈에 설비의 손상을 방지하기 위하여 시설하는 운전상태를 계측하는 계측장치로 틀린 것은?

① 조도계　　　　　② 압력계
③ 온도계　　　　　④ 풍속계

풀이 532.3.7 계측장치의 시설
풍력터빈에는 설비의 손상을 방지하기 위하여 운전상태를 계측하는 다음의 계측장치를 시설하여야 한다.
1. 회전속도계
2. 나셀(nacelle) 내의 진동을 감시하기 위한 진동계
3. 풍속계　4. 압력계　5. 온도계

16 연료전지의 내압시험은 연료전지 설비의 내압 부분 중 최고 사용압력이 0.1[MPa] 이상의 부분은 최고 사용압력의 몇 배의 수압까지 가압하여 압력이 안정된 후 최소 10분간 유지하는 시험을 실시하였을 때 이것에 견디고 누설이 없어야 하는가?

① 1　　　　　　　② 1.25
③ 1.5　　　　　　④ 2

풀이 542.1.3 연료전지설비의 구조
내압시험은 연료전지 설비의 내압 부분 중 최고 사용압력이 0.1[MPa] 이상의 부분은 최고 사용압력의 1.5배의 수압(수압으로 시험을 실시하는 것이 곤란한 경우는 최고 사용압력의 1.25배의 기압)까지 가압하여 압력이 안정된 후 최소 10분간 유지하는 시험을 실시하였을 때 이것에 견디고 누설이 없어야 한다.

정답 14. ①　15. ①　16. ③

CHAPTER 6 기술기준

1. 유도장해 방지(기술기준 제17조)

1) 교류 특고압 가공전선로에서 발생하는 극저주파 전자계는 지표상 1[m]에서 전계가 3.5[kV/m] 이하, 자계가 83.3[μT] 이하가 되도록 시설하고, 직류 특고압 가공전선로에서 발생하는 직류전계는 지표면에서 25[kV/m] 이하, 직류자계는 지표상 1[m]에서 400,000 [μT] 이하가 되도록 시설하는 등 상시 정전유도 및 전자유도 작용에 의하여 사람에게 위험을 줄 우려가 없도록 시설하여야 한다. 다만, 논밭, 산림 그 밖에 사람의 왕래가 적은 곳에서 사람에 위험을 줄 우려가 없도록 시설하는 경우에는 그러하지 아니하다.
2) 특고압의 가공전선로는 전자유도작용이 약전류전선로(전력보안 통신설비는 제외한다)를 통하여 사람에 위험을 줄 우려가 없도록 시설하여야 한다.
3) 전력보안 통신설비는 가공전선로로부터의 정전유도작용 또는 전자유도작용에 의하여 사람에 위험을 줄 우려가 없도록 시설하여야 한다.

2. 절연유(기술기준 제20조)

1) 사용전압이 100[kV] 이상의 중성점 직접접지식 전로에 접속하는 변압기를 설치하는 곳에는 절연유의 구외 유출 및 지하 침투를 방지하기 위한 설비를 갖추어야 한다.
2) 폴리염화비페닐을 함유한 절연유를 사용한 전기기계기구는 전로에 시설하여서는 아니된다.
3) 모든 부하가 선간에 접속된 전기설비에서는 중성선의 설치가 필요하지 않을 수 있다.

3. 발전기 등의 기계적 강도(기술기준 제23조)

1) 발전기·변압기·조상기·계기용변성기·모선 및 이를 지지하는 애자는 단락전류에 의하여 생기는 기계적 충격에 견디는 것이어야 한다.
2) 수차 또는 풍차에 접속하는 발전기의 회전하는 부분은 부하를 차단한 경우에 일어나는 속도에 대하여, 증기터빈, 가스터빈 또는 내연기관에 접속하는 발전기의 회전하는 부분

은 비상 조속장치 및 그 밖의 비상 정지장치가 동작하여 도달하는 속도에 대하여 견디는 것이어야 한다.
3) 증기터빈에 접속하는 발전기의 진동에 대한 기계적 강도는 가스의 온도가 현저하게 상승하여 연료의 유입을 자동적으로 차단하는 장치가 작동했을 때의 가스온도에 대해서 구조상 충분한 기계적강도 및 열적강도를 가지는 것이어야 한다.

4. 전선로의 전선 및 절연성능(기술기준 제27조)

저압 전선로 중 절연 부분의 전선과 대지사이 및 전선의 심선 상호 간의 절연저항은 사용전압에 대한 누설 전류(I_g)가 최대 공급전류의 1/2000을 넘지 않도록 하여야 한다.

5. 저압전로의 절연성능(기술기준 제52조)

전기사용 장소의 사용전압이 저압인 전로의 전선 상호간 및 전로와 대지 사이의 절연저항은 개폐기 또는 과전류차단기로 구분할 수 있는 전로마다 다음 표에서 정한 값 이상이어야 한다. 다만, 전선 상호간의 절연저항은 기계기구를 쉽게 분리가 곤란한 분기회로의 경우 기기 접속 전에 측정할 수 있다. 또한, 측정 시 영향을 주거나 손상을 받을 수 있는 SPD 또는 기타 기기 등은 측정 전에 분리시켜야 하고, 부득이하게 분리가 어려운 경우에는 시험전압을 250[V] DC로 낮추어 측정할 수 있지만 절연저항 값은 1[MΩ] 이상이어야 한다.

전로의 사용전압[V]	DC 시험전압[V]	절연저항[MΩ]
SELV 및 PELV	250	0.5
FELV, 500[V]이하	500	1.0
500[V] 초과	1,000	1.0

[주] 특별저압(extra low voltage : 2차 전압이 AC 50[V], DC 120[V] 이하)으로 SELV(비접지회로 구성) 및 PELV(접지회로 구성)은 1차와 2차가 전기적으로 절연된 회로, FELV는 1차와 2차가 전기적으로 절연되지 않은 회로

CHAPTER. 6 기술기준
출제예상문제

01 전로에 대한 설명 중 옳은 것은?

① 통상의 사용 상태에서 전기를 절연한 곳
② 통상의 사용 상태에서 전기를 접지한 곳
③ 통상의 사용 상태에서 전기가 통하고 있는 곳
④ 통상의 사용 상태에서 전기가 통하고 있지 않은 곳

풀이 전로 : 통상의 사용 상태에서 전기가 통하고 있는 곳

02 전기설비기술기준에서 정하는 안전원칙에 대한 내용으로 틀린 것은?

① 전기설비는 감전, 화재 그 밖에 사람에게 위해를 주거나 물건에 손상을 줄 우려가 없도록 시설하여야 한다.
② 전기설비는 다른 전기설비, 그 밖의 물건의 기능에 전기적 또는 자기적인 장해를 주지 않도록 시설하여야 한다.
③ 전기설비는 경쟁과 새로운 기술 및 사업의 도입을 촉진함으로써 전기사업의 건전한 발전을 도모하도록 시설하여야 한다.
④ 전기설비는 사용목적에 적절하고 안전하게 작동하여야 하며, 그 손상으로 인하여 전기공급에 지장을 주지 않도록 시설하여야 한다.

풀이 안전원칙(기술기준 제2조)
① 전기설비는 감전, 화재 그 밖에 사람에게 위해(危害)를 주거나 물건에 손상을 줄 우려가 없도록 시설하여야 한다.
② 전기설비는 사용목적에 적절하고 안전하게 작동하여야 하며, 그 손상으로 인하여 전기 공급에 지장을 주지 않도록 시설하여야 한다.
③ 전기설비는 다른 전기설비, 그 밖의 물건의 기능에 전기적 또는 자기적인 장해를 주지 않도록 시설하여야 한다.

정답 01. ③ 02. ③

기 21-3

03 가공전선로의 지지물로 볼 수 없는 것은?

① 철주
② 지선
③ 철탑
④ 철근 콘크리트주

풀이 정의(기술기준 제3조)
지지물이란 목주·철주·철근 콘크리트주 및 철탑과 이와 유사한 시설물로서 전선·약전류전선 또는 광섬유케이블을 지지하는 것을 주된 목적으로 하는 것을 말한다.

기 23-1

04 유도장해방지에 대한 설명으로 옳지 않은 것은?

① 교류 특고압 가공전선로에서 발생하는 극저주파 전자계는 지표상 1[m]에서 전계가 3.5[kV/m] 이하, 자계가 83.3[μT] 이하가 되도록 시설하여야 한다.
② 직류 특고압 가공전선로에서 발생하는 직류전계는 지표면에서 25[kV/m] 이하가 되도록 하여야 한다.
③ 직류 특고압 가공전선로에서 발생하는 직류자계는 지표상 1[m]에서 1,000,000[μT] 이하가 되도록 시설하여야 한다.
④ 전력보안 통신설비는 가공전선로로부터의 정전유도작용 또는 전자유도작용에 의하여 사람에 위험을 줄 우려가 없도록 시설하여야 한다.

풀이 유도장해 방지(기술기준 제17조)
직류자계(DC Magnetic Fields)란 0[Hz]인 직류전로에서 형성되는 정자계(Static Magnetic Fields)를 말한다.

기술기준 제17조 (유도장해 방지)
① 교류 특고압 가공전선로에서 발생하는 극저주파 전자계는 지표상 1[m]에서 전계가 3.5[kV/m] 이하, 자계가 83.3[μT] 이하가 되도록 시설하고, 직류 특고압 가공전선로에서 발생하는 직류전계는 지표면에서 25[kV/m] 이하, 직류자계는 지표상 1[m]에서 400,000[μT] 이하가 되도록 시설하는 등 상시 정전유도(靜電誘導) 및 전자유도(電磁誘導) 작용에 의하여 사람에게 위험을 줄 우려가 없도록 시설하여야 한다. 다만, 논밭, 산림 그 밖에 사람의 왕래가 적은 곳에서 사람에 위험을 줄 우려가 없도록 시설하는 경우에는 그러하지 아니하다.
② 특고압의 가공전선로는 전자유도작용이 약전류전선로(전력보안 통신설비는 제외한다)를 통하여 사람에 위험을 줄 우려가 없도록 시설하여야 한다.
③ 전력보안 통신설비는 가공전선로로부터의 정전유도작용 또는 전자유도작용에 의하여 사람에 위험을 줄 우려가 없도록 시설하여야 한다.

정답 03. ② 04. ③

기 21-3, 산기 25-3

05 특고압 가공전선로에서 발생하는 극저주파 전계는 지표상 1[m]에서 몇 [kV/m] 이하이어야 하는가?

① 2.0
② 2.5
③ 3.0
④ 3.5

풀이 유도장해 방지(기술기준 제17조)
특고압 가공전선로에서 발생하는 극저주파 전자계는 지표상 1[m]에서 전계가 3.5[kV/m] 이하, 자계가 83.3[μT] 이하가 되도록 시설하는 등 상시 정전유도 및 전자유도 작용에 의하여 사람에게 위험을 줄 우려가 없도록 시설하여야 한다.

기 16-2

06 특고압 가공전선로에서 발생하는 극저주파 전자계는 자계의 경우 지표상 1[m]에서 측정 시 몇 [μT] 이하인가?

① 28.0
② 46.5
③ 70.0
④ 83.3

풀이 유도장해 방지(기술기준 제17조)
특고압 가공전선로에서 발생하는 극저주파 전자계는 지표상 1[m]에서 전계가 3.5[kV/m] 이하, 자계가 83.3[μT] 이하가 되도록 시설하는 등 상시 정전유도 및 전자유도 작용에 의하여 사람에게 위험을 줄 우려가 없도록 시설하여야 한다.

산기 23-2

07 사용전압이 몇 [kV] 이상의 중성점 직접접지식 전로에 접속하는 변압기를 설치하는 곳에는 절연유의 구외 유출 및 지하 침투를 방지하기 위한 설비를 갖추어야 하는가?

① 50
② 100
③ 150
④ 200

풀이 기술기준 제20조 절연유
사용전압이 100[kV] 이상의 중성점 직접접지식 전로에 접속하는 변압기를 설치하는 곳에는 절연유의 구외 유출 및 지하 침투를 방지하기 위한 설비를 갖추어야 한다.

정답 05. ④ 06. ④ 07. ②

08 발전소, 변전소, 개폐소의 시설부지조성을 위해 산지를 전용할 경우에 전용하고자 하는 산지의 평균 경사도는 몇 도 이하이어야 하는가?

① 10
② 15
③ 20
④ 25

풀이 발전소 등의 부지 시설조건(기술기준 제21조의 2)
부지조성을 위해 산지를 전용할 경우에는 전용하고자 하는 산지의 평균 경사도가 25도 이하여야 하며, 산지전용면적중 산지전용으로 발생되는 절·성토 경사면의 면적이 100분의 50을 초과해서는 아니 된다.

09 발전기 · 변압기 · 조상기 · 계기용변성기 · 모선 또는 이를 지지하는 애자는 어떤 전류에 의하여 생기는 기계적 충격에 견디는 것인가?

① 지상전류
② 유도전류
③ 충전전류
④ 단락전류

풀이 발전기 등의 기계적 강도(기술기준 제23조)
발전기, 변압기, 조상기, 모선 또는 이를 지지하는 애자는 단락 전류에 의하여 생기는 기계적 충격에 견디어야 한다.

10 저압의 전선로 중 절연부분의 전선과 대지간의 절연저항은 사용전압에 대한 누설전류가 최대 공급전류의 얼마를 넘지 않도록 유지하여야 하는가?

① $\dfrac{1}{1000}$
② $\dfrac{1}{2000}$
③ $\dfrac{1}{3000}$
④ $\dfrac{1}{4000}$

풀이 전선로의 전선 및 절연성능(기술기준 제27조)
저압의 전선로 중 대지간의 절연 저항은 사용 전압에 대한 누설 전류가 최대 공급 전류의 1/2000을 넘지 않도록 유지하여야 한다.

정답 08. ④ 09. ④ 10. ②

11 사용전압이 저압인 전로의 전선 상호간 및 전로와 대지 사이의 절연저항은 DC 시험전압 250[V]에서 몇 [MΩ] 이상이어야 하는가? 단, 전로의 사용전압은 SELV 및 PELV인 경우이다.

① 0.5
② 1.0
③ 1.5
④ 2.0

풀이 **저압전로의 절연성능(기술기준 제52조)**
전기사용 장소의 사용전압이 저압인 전로의 전선 상호간 및 전로와 대지 사이의 절연저항은 개폐기 또는 과전류차단기로 구분할 수 있는 전로마다 다음 표에서 정한 값 이상이어야 한다. 다만, 전선 상호간의 절연저항은 기계기구를 쉽게 분리가 곤란한 분기회로의 경우 기기 접속 전에 측정할 수 있다. 또한, 측정 시 영향을 주거나 손상을 받을 수 있는 SPD 또는 기타 기기 등은 측정 전에 분리시켜야 하고, 부득이하게 분리가 어려운 경우에는 시험전압을 250[V] DC로 낮추어 측정할 수 있지만 절연저항 값은 1[MΩ] 이상이어야 한다.

전로의 사용전압[V]	DC 시험전압[V]	절연저항[MΩ]
SELV 및 PELV	250	0.5
FELV, 500[V]이하	500	1.0
500[V] 초과	1,000	1.0

[주] 특별저압(extra low voltage : 2차 전압이 AC 50[V], DC 120[V] 이하)으로 SELV(비접지회로 구성) 및 PELV(접지회로 구성)은 1차와 2차가 전기적으로 절연된 회로, FELV는 1차와 2차가 전기적으로 절연되지 않은 회로

12 발전용 수력 설비에서 필댐의 축제재료로 필댐의 본체에 사용하는 토질재료로 적합하지 않은 것은?

① 묽은 진흙으로 되지 않을 것
② 댐의 안정에 필요한 강도 및 수밀성이 있을 것
③ 유기물을 포함하고 있으며 광물성분은 불용성일 것
④ 댐의 안정에 지장을 줄 수 있는 팽창성 또는 수축성이 없을 것

풀이 **필댐 축제재료 (기술기준 제145조)**
필댐의 본체에 사용하는 토질재료는 다음에 적합한 것이어야 한다.
① 댐의 안정에 필요한 강도 및 수밀성이 있을 것.
② 댐의 안정에 지장을 줄 수 있는 팽창성 또는 수축성이 없을 것.
③ 묽은 진흙으로 되지 않을 것.
④ 유기물을 포함하지 않으며 광물성분은 불용성일 것.

정답 11. ① 12. ③

MEMO

PART 2
실전 모의고사

PART. 2 전기설비기술기준

실전 모의고사 1회

01 정격전류가 63[A] 초과인 경우 배선용 차단기(주택용)는 정격전류의 몇 배의 전류에 견뎌야 하는가?
① 1.05
② 1.13
③ 1.3
④ 1.45

02 고압 가공전선로의 지지물에 시설하는 통신선의 높이는 도로를 횡단하는 경우 교통에 지장을 줄 우려가 없다면 지표상 몇 [m]까지로 감할 수 있는가?
① 4
② 4.5
③ 5
④ 6

03 전기용 알루미늄에 미량의 지르코늄(Zr)을 첨가하여 내열성능을 향상시킨 내열 강심알루미늄 합금연선의 약호는?
① HDCC
② ACSR
③ CNCV
④ TACSR

04 저압 옥내배선에 사용하는 연동선의 최소 굵기는 몇 [mm^2]인가?
① 1.5
② 2.5
③ 4.0
④ 6.0

05 전력보안 통신설비 시설시 가공전선로로부터 가장 주의하여야 하는 것은?
① 전선의 굵기
② 단락전류에 의한 기계적 충격
③ 전자유도작용
④ 와류손

06 고압 및 특고압 가공전선로로부터 공급을 받는 수용 장소의 인입구에 반드시 시설하여야 하는 것은?
① 댐퍼　　　　　　　　　　② 아킹혼
③ 조상기　　　　　　　　　　④ 피뢰기

07 도로 또는 옥외 주차장에 표피전류 가열장치를 시설하는 경우 발열선에 전기를 공급하는 전로의 대지전압은 교류 몇 [V] 이하여야 하는가?(단, 주파수가 60[Hz]의 것에 한한다.)
① 150　　　　　　　　　　② 300
③ 400　　　　　　　　　　④ 600

08 주택의 전기저장장치의 축전지에 접속하는 부하 측 옥내배선을 사람이 접촉할 우려가 없도록 케이블배선에 의하여 시설하고 전선에 적당한 방호장치를 시설한 경우 주택의 옥내전로의 대지전압은 직류 몇 [V] 까지 적용할 수 있는가? (단, 전로에 지락이 생겼을 때 자동적으로 전로를 차단하는 장치를 시설한 경우이다.)
① 150　　　　　　　　　　② 300
③ 400　　　　　　　　　　④ 600

09 변압기에 의하여 특고압 전로에 결합되는 고압 전로에는 사용 전압의 3배 이하인 전압이 가하여진 경우에 어떤 장치를 그 변압기 단자의 가까운 1극에 설치하여야 하는가?
① 스위치 장치　　　　　　② 계전 보호 장치
③ 누설 전류 검지 장치　　④ 방전하는 장치

10 저압 가공전선이 건조물의 상부 조영재 옆쪽으로 접근하는 경우 저압 가공전선과 건조물의 조영재 사이의 이격거리는 몇 [m] 이상이어야 하는가? (단, 전선에 사람이 쉽게 접촉할 우려가 없도록 시설한 경우와 전선이 고압 절연전선, 특고압 절연전선 또는 케이블인 경우는 제외한다.)
① 0.6　　　　　　　　　　② 0.8
③ 1.2　　　　　　　　　　④ 2.0

11 사용전압이 154[kV]인 가공 송전선의 시설에서 전선과 식물과의 이격거리는 일반적인 경우에 몇 [m] 이상으로 하여야 하는가?

① 2.8　　　　　　　　② 3.2
③ 3.6　　　　　　　　④ 4.2

12 고압 옥내배선이 수관과 접근하여 시설되는 경우에는 몇 [cm] 이상 이격시켜야 하는가?

① 15　　　　　　　　② 30
③ 45　　　　　　　　④ 60

13 사용전압이 154[kV]인 전선로를 제1종 특고압 보안공사로 시설할 경우, 여기에 사용되는 경동연선의 단면적은 몇 [mm^2] 이상이어야 하는가?

① 100　　　　　　　② 125
③ 150　　　　　　　④ 200

14 사용전압 22.9 [kV]인 가공전선로의 중성선 다중접지식에 사용되는 접지선의 굵기는 단면적 몇 [mm^2]의 연동선 또는 이와 동등이상의 굵기로서 고장전류를 안전하게 통할 수 있는 것이어야 하는가? 단, 전로에 지기가 생긴 경우 2초안에 전로로부터 자동 차단하는 장치를 하였다.

① 4　　　　　　　　② 6
③ 10　　　　　　　　④ 16

15 금속제 가요전선관공사에 대한 설명으로 틀린 것은?

① 옥외용 비닐절연전선을 사용하여 시설할 것
② 가요전선관 안에는 전선에 접속점이 없도록 할 것
③ 안쪽 면은 전선의 피복을 손상하지 아니하도록 매끈한 것일 것
④ 관의 끝부분은 피복을 손상하지 아니하는 구조로 되어 있을 것

16 특고압 가공전선로의 지지물 양측의 경간의 차가 큰 곳에 사용하는 철탑의 종류는?
① 내장형　　　　　　　　② 보강형
③ 직선형　　　　　　　　④ 인류형

17 다음 설명의 (　)안에 알맞은 내용은?

> 고압 가공전선이 다른 고압 가공전선과 접근상태로 시설되거나 교차하여 시설되는 경우에 고압 가공 전선 상호 간의 이격거리는 (　)이상, 하나의 고압 가공전선과 다른 고압 가공전선로의 지지물 사이의 이격거리는 (　)이상일 것. 단, 고압 가공전선은 케이블이 아닌 경우 이다.

① 80 [cm], 50 [cm]　　　　② 80 [cm], 60 [cm]
③ 60 [cm], 30 [cm]　　　　④ 40 [cm], 30 [cm]

18 전로를 대지로부터 절연을 하여야 하는 것은 다음 중 어느 것인가?
① 전기로　　　　　　　　② 전기욕기
③ 전기다리미　　　　　　④ 전해조

19 특수장소에 시설하는 전선로의 기준으로 틀린 것은?
① 교량의 윗면에 시설하는 저압전선로는 교량 노면상 5[m] 이상으로 할 것
② 교량에 시설하는 고압전선로에서 전선과 조영재 사이의 이격거리는 20[cm] 이상일 것
③ 저압전선로와 고압전선로를 같은 벼랑에 시설하는 경우 고압전선과 저압전선 사이의 이격거리는 50[cm] 이상일 것
④ 벼랑과 같은 수직부분에 시설하는 전선로는 부득이한 경우에 시설하며, 이 때 전선의 지지점간의 거리는 15[m] 이하이어야 한다.

20 전선을 접속하는 경우 전선의 세기(인장하중)는 몇 [%] 이상 감소되지 않아야 하는가?
① 10　　　　　　　　　　② 15
③ 20　　　　　　　　　　④ 25

PART. 2 전기설비기술기준

실전 모의고사 2회

01 옥외설비의 절연유 유출방지설비에 대한 사항으로 중 옳지 않은 것은?
① 절연유 유출 방지설비의 선정은 기기에 들어 있는 절연유의 양, 빗물 및 화재보호시스템의 용수량, 근접 수로 및 토양조건을 고려하여야 한다.
② 벽, 집유조 및 집수탱크에 관련된 배관은 액체가 침투하지 않는 것이어야 한다.
③ 집유조 및 집수탱크는 바닥을 통하여 수로로 절연유 및 냉각액을 흘러 보낼 수 있어야 한다.
④ 절연유 및 냉각액에 대한 집유조 및 집수탱크의 용량은 물의 유입으로 지나치게 감소되지 않아야 하며, 자연배수 및 강제배수가 가능하여야 한다.

02 사용전압이 400[V] 이하인 경우의 저압 보안 공사에 전선으로 경동선을 사용할 경우 지름은 몇 [mm] 이상인가?
① 2.6
② 3.5
③ 4.0
④ 5.0

03 옥내 배선공사 중 반드시 절연전선을 사용하지 않아도 되는 공사방법은? (단, 옥외용 비닐절연전선은 제외한다.)
① 금속관공사
② 버스덕트공사
③ 합성수지관공사
④ 플로어덕트공사

04 지중 전선로의 매설방법이 아닌 것은?
① 관로식
② 인입식
③ 암거식
④ 직접 매설식

05 고압 지중전선이 지중 약전류전선 등과 접근하거나 교차하는 경우에 이격거리가 몇 [cm] 이하인 때에는 양 전선 사이에 견고한 내화성의 격벽을 설치하는 경우 이외에는 지중전선을 견고한 불연성 또는 난연성의 관에 넣어 그 관이 지중 약전류전선 등과 직접 접촉되지 않도록 하여야 하는가?
① 15
② 20
③ 30
④ 40

06 철도 또는 궤도를 횡단하는 저고압 가공전선의 높이는 레일면상 몇 [m] 이상인가?
① 5.5
② 6.5
③ 7.5
④ 8.5

07 귀선로에 대한 설명으로 틀린 것은?
① 단권변압기 중성점과 단독접지에 접속한다.
② 사고 및 지락 시에도 충분한 허용전류용량을 갖도록 하여야 한다.
③ 비절연보호도체, 매설접지도체, 레일 등으로 구성한다.
④ 비절연보호도체의 위치는 통신유도장해 및 레일전위의 상승의 경감을 고려하여 결정하여야 한다.

08 급전선에 대한 설명으로 틀린 것은?
① 급전선은 비절연보호도체, 매설접지도체, 레일 등으로 구성하여 단권변압기 중성점과 공통접지에 접속한다.
② 급전선은 나전선을 적용하여 가공식으로 가설을 원칙으로 한다
③ 선상승강장, 인도교, 과선교 또는 교량 하부 등에 설치할 때에는 최소 절연이격거리 이상을 확보하여야 한다.
④ 신설 터널 내 급전선을 가공으로 설계할 경우 지지물의 취부는 C찬넬 또는 매입전을 이용하여 고정하여야 한다.

09 사용전압이 22.9[kV]인 특고압 가공전선과 그 지지물 · 완금류 · 지주 또는 지선 사이의 이격거리는 몇 [cm] 이상이어야 하는가?

① 15 ② 20
③ 25 ④ 30

10 최대사용전압 22.9[kV]인 3상 4선식 다중접지방식의 지중 전선로의 절연내력시험을 직류로 할 경우 시험전압은 몇 [V] 인가?

① 16448 ② 21068
③ 32796 ④ 42136

11 66[kV] 가공전선과 6[kV] 가공전선을 동일 지지물에 병행설치하여 시설하는 경우 이격거리는 몇 [m] 이상이어야 하는가? 단, 특고압 전선은 케이블 사용 이외의 조건이다.

① 1 ② 2
③ 3 ④ 4

12 저압 가공전선이 도로 등과의 접근상태로 시설되는 경우 이격거리는 몇 [m] 이상이어야 하는가? 단, 가공전선과 도로 · 횡단보도교 · 철도 또는 궤도와의 수평 이격거리가 1[m] 이상인 경우가 아니다.

① 1 ② 3
③ 5.5 ④ 6

13 공칭전압 직류 750[V]인 전차선과 건조물 간의 동적 절연이격 거리는 몇 [mm] 이상인가?

① 25 ② 100
③ 150 ④ 170

14 "고압 또는 특별고압의 기계기구, 모선 등을 옥외에 시설하는 발전소, 변전소, 개폐소 또는 이에 준하는 곳에 시설하는 울타리, 담 등의 높이는 2[m] 이상으로 하고, 지표면과 울타리, 담 등의 하단사이의 간격은 몇 [m] 이하로 하여야 하는가?

① 0.12
② 0.15
③ 0.3
④ 0.5

15 교통신호등 제어장치의 2차측 배선의 최대사용전압은 몇 [V] 이하이어야 하는가?

① 110
② 220
③ 300
④ 380

16 특고압용의 개폐기, 차단기, 피뢰기 기타 이와 유사한 기구로서 동작 시에 아크가 생기는 것은 목재의 벽 또는 천정 기타의 가연성 물체로부터 몇 [m] 이상 떼어놓아야 하는가? (단, 사용전압이 35[kV] 초과인 경우 이다.)

① 1
② 1.2
③ 1.5
④ 2

17 제2종 특고압 보안공사의 기준으로 틀린 것은?

① 특고압 가공전선은 연선일 것
② 지지물이 목주일 경우 그 경간은 100[m] 이하일 것
③ 지지물이 A종 철주일 경우 그 경간은 150 [m] 이하일 것
④ 지지물로 사용하는 목주의 풍압하중에 대한 안전율은 2 이상일 것

18 주택 등 저압 수용 장소에서 고정 전기설비에 TN-C-S 접지방식으로 접지공사 시 중성선 겸용 보호도체(PEN)를 알루미늄으로 사용할 경우 단면적은 몇 [mm^2] 이상이어야 하는가?

① 2.5
② 6
③ 10
④ 16

19 교류계통에서 일반적으로 사용되며 일반인이 사용하는 정격전류 몇 [A] 이하의 콘센트에는 누전차단기에 의한 추가적 보호를 하여야 하는가?

① 16
② 20
③ 32
④ 63

20 60[kV] 이하인 특고압 가공전선과 고압 가공전선이 1차 접근상태로 시설되는 경우 최소 이격거리는 몇 [m] 인가? (단, 케이블을 사용하지 않는다고 한다.)

① 1
② 1.2
③ 1.5
④ 2

PART. 2 전기설비기술기준
실전 모의고사 3회

01 한국전기설비규정에 준한 전선의 식별에서 N상은 어떤 색을 쓰고 있는가?
① 청색
② 검은색
③ 노란색
④ 갈색

02 풍력터빈의 피뢰설비 시설기준에 대한 설명으로 틀린 것은?
① 풍력터빈에 설치한 피뢰설비(리셉터, 인하도선 등)의 기능저하로 인해 다른 기능에 영향을 미치지 않을 것
② 풍력터빈 내부의 계측 센서용 케이블은 금속관 또는 차폐케이블 등을 사용하여 뇌유도과전압으로부터 보호할 것
③ 풍력터빈에 설치하는 인하도선은 쉽게 부식되지 않는 금속선으로서 뇌격전류를 안전하게 흘릴 수 있는 충분한 굵기여야 하며, 가능한 직선으로 시설할 것
④ 수뢰부를 풍력터빈 중앙부분에 배치하되 뇌격전류에 의한 발열에 용손(溶損)되지 않도록 재질, 크기, 두께 및 형상 등을 고려할 것

03 ACSR 전선을 사용전압 직류 1500[V]의 가공 급전선으로 사용할 경우 안전율은 얼마 이상이 되는 이도로 시설하여야 하는가?
① 2.0
② 2.1
③ 2.2
④ 2.5

04 중성점 접지식 전선로에 접속한 66[kV] 변압기의 절연 내력 시험 전압[kV]은?
① 72.6
② 75.0
③ 82.5
④ 99.0

05 저압의 이동용 전기기계의 금속제 외함을 접지할 경우 다심 코드 및 다심 캡타이어케이블의 일심 이외의 가요성이 있는 연동연선으로 접지공사 시 접지선의 단면적은 몇 [mm²] 이상이어야 하는가?

① 0.75　　　　　　　　　　② 1.5
③ 6　　　　　　　　　　　　④ 10

06 금속덕트공사에 의한 저압 옥내배선공사시설에 대한 설명으로 틀린 것은?
① 금속덕트 안에는 전선에 접속점이 없도록 할 것
② 금속덕트 안에는 전선의 피복을 손상할 우려가 있는 것을 넣지 아니할 것
③ 금속덕트에 넣은 전선의 단면적(절연피복의 단면적을 포함한다)의 합계는 덕트의 내부 단면적의 15[%](전광표시장치 기타 이와 유사한 장치 또는 제어회로 등의 배선만을 넣는 경우에는 50[%]) 이하일 것
④ 금속덕트에 의하여 저압 옥내배선이 건축물의 방화 구획을 관통하거나 인접 조영물로 연장되는 경우에는 그 방화벽 또는 조영물 벽면의 덕트 내부는 불연성의 물질로 차폐하여야 함.

07 의료 장소에서 인접하는 의료장소와의 바닥면적 합계가 몇 [m²] 이하인 경우 등전위본딩 바를 공용으로 할 수 있는가?

① 30　　　　　　　　　　　② 50
③ 80　　　　　　　　　　　④ 100

08 사용전압이 22.9[kV]인 가공전선이 철도를 횡단하는 경우, 전선의 레일면상의 높이는 몇 [m] 이상인가?

① 5　　　　　　　　　　　　② 5.5
③ 6　　　　　　　　　　　　④ 6.5

09 3300[V] 고압 가공전선을 교통이 번잡한 도로를 횡단하여 시설하는 경우 지표상 높이를 몇 [m] 이상으로 하여야 하는가?

① 5.0   ② 5.5
③ 6.0   ④ 6.5

10 직류 전기철도 시스템이 매설 배관 또는 케이블과 인접할 경우 누설전류를 피하기 위해 최대한 이격시켜야 하는데, 주행레일과 최소 몇 [m] 이상의 거리를 유지하여야 하는가?

① 0.5   ② 1
③ 1.5   ④ 2

11 상주 감시를 요하지 아니하는 변전소에서 그 온도가 현저히 상승한 경우 기술원 주재소에 경보하는 장치를 시설하여야 할 특고압용 변압기의 출력은 얼마인가?

① 1,000[kVA] 넘는 것
② 2,000[kVA] 넘는 것
③ 3,000[kVA] 넘는 것
④ 5,000[kVA] 넘는 것

12 고압가공전선로의 지지물로 철탑을 사용한 경우 최대경간은 몇 [m] 이하이어야 하는가?

① 300   ② 400
③ 500   ④ 600

13 가공전선로의 지지물에 하중이 가하여지는 경우에 그 하중을 받는 지지물의 기초 안전율은 얼마 이상이어야 하는가? (단, 이상 시 상정하중은 무관)

① 1.5   ② 2.0
③ 2.5   ④ 3.0

14 35[kV] 이하의 특고압 가공 전선이 건조물의 상부 조영재와 제1차 접근 상태로 시설되는 경우의 이격 거리는 일반적인 경우 몇 [m] 이상이어야 하는가? 단, 특고압 절연전선 및 케이블이 아닌 경우이다.
① 3
② 3.5
③ 4
④ 4.5

15 66[kV] 가공 전선로에 6[kV] 가공전선을 동일 지지물에 시설하는 경우 특고압 가공전선은 케이블인 경우를 제외하고 인장 강도가 몇 [kN] 이상의 연선이어야 하는가?
① 5.26 [kN]
② 8.31 [kN]
③ 14.5 [kN]
④ 21.67 [kN]

16 저압 옥내전로의 인입구에 가까운 곳으로서 쉽게 개폐할 수 있는 곳에 개폐기를 시설하여야 한다. 그러나 사용전압이 400[V] 이하인 옥내전로로서 다른 옥내전로에 접속하는 길이가 몇 [m] 이하인 경우는 개폐기를 생략할 수 있는가? (단, 정격전류가 16[A] 이하인 과전류 차단기 또는 정격전류가 16[A]를 초과하고 20[A] 이하인 배선용 차단기로 보호되고 있는 것에 한한다.)
① 15
② 20
③ 25
④ 30

17 다음 중 특고압의 전선로로 시설하여서는 아니 되는것은?
① 터널 안 전선로
② 지중 전선로
③ 물밑 전선로
④ 옥상 전선로

18 전기울타리의 시설에 관한 규정 중 틀린 것은?
① 전선과 수목 사이의 이격거리는 50[cm] 이상 이어야 한다.
② 전기울타리는 사람이 쉽게 출입하지 아니하는 곳에 시설하여야 한다.
③ 전선은 인장강도 1.38[kN] 이상의 것 또는 지름 2[mm] 이상의 경동선이어야 한다.
④ 전기울타리용 전원 장치에 전기를 공급하는 전로의 사용전압은 250[V] 이하이어야 한다.

19. 특고압 지중전선이 가연성이나 유독성의 유체를 내포하는 관과 접근하기 때문에 상호간에 견고한 내화성의 격벽을 시설하였다. 상호 간의 이격거리가 몇 [m] 이하인 경우인가?
① 0.4
② 0.6
③ 0.8
④ 1

20. 관광숙박업 또는 숙박업을 하는 객실의 입구등에 조명용 전등을 설치할 때는 몇 분 이내에 소등되는 타임스위치를 시설하여야 하는가?
① 1
② 3
③ 5
④ 10

PART. 2 전기설비기술기준

실전 모의고사 풀이 및 정답

1 실전 모의고사

해답
01. ② 02. ③ 03. ④ 04. ② 05. ③ 06. ④ 07. ②
08. ④ 09. ④ 10. ③ 11. ② 12. ① 13. ③ 14. ②
15. ① 16. ① 17. ② 18. ③ 19. ② 20. ③

01 212.3.4 보호장치의 특성
과전류트립 동작시간 및 특성(주택용 배선용 차단기)

정격전류의 구분	시간	정격전류의 배수(모든 극에 통전)	
		부동작 전류	동작 전류
63[A] 이하	60분	1.13배	1.45배
63[A] 초과	120분	1.13배	1.45배

02 362.2 전력보안통신선의 시설 높이와 이격거리
가공전선로의 지지물에 시설하는 통신선 또는 이에 직접 접속하는 가공 통신선의 높이는 다음에 따라야 한다.

시설 장소		가공전선로의 지지물에 시설	
		고·저압[m]	특고압[m]
도로횡단	일반적인 경우	6[m] 이상	6[m] 이상
	교통에 지장을 안 주는 경우	5[m] 이상	
철도 횡단(레일면상)		6.5[m] 이상	6.5[m] 이상
횡단 보도교 위	노면상	3.5[m] 이상	5[m] 이상
	절연전선 사용	3[m] 이상	
	광섬유 케이블 사용		4[m] 이상
기타의 장소	일반적인 경우 (절연전선 사용)	4[m] 이상	5[m] 이상
	광섬유 케이블 사용	3.5[m] 이상	

03 TACSR(Thermal-resistant Aluminum Conductor Steel Reinforced)
이 전선은 알루미늄에 소량의 지르코늄(Zr)을 첨가한 내열 알루미늄 합금선을 사용한 것으로 내열성이 우수하다.

04 231.3 저압 옥내배선의 사용전선
가. 저압 옥내배선의 전선 : **단면적 2.5[mm^2] 이상의 연동선**
나. 옥내배선의 사용 전압이 400[V] 이하인 경우는 다음에 의하여 시설할 수 있다.
① 전광표시 장치 또는 제어 회로
• 단면적 1.5[mm^2] 이상의 연동선
• 단면적 0.75[mm^2] 이상인 다심케이블 또는 다심 캡타이어 케이블을 사용하고 또한 과전류가 생겼을 때에 자동적으로 전로에서 차단하는 장치를 시설
② 진열장 또는 이와 유사한 것의 내부 배선 : 단면적 0.75[mm^2] 이상인 코드 또는 캡타이어케이블

05 362.4 전력유도의 방지
전력보안통신설비는 가공전선로로부터의 **정전유도작용 또는 전자유도작용**에 의하여 사람에게 위험을 줄 우려가 없도록 시설하여야 한다.

06 341.13 피뢰기의 시설
고압 및 특고압의 전로 중 다음에 열거하는 곳 또는 이에 근접한 곳에는 **피뢰기를 시설**하여야 한다.
가. 발전소·변전소 또는 이에 준하는 장소의 가공전선 인입구 및 인출구
나. 특고압 가공전선로에 접속하는 배전용 변압기의 고압측 및 특고압측
다. **고압 및 특고압 가공전선로로부터 공급을 받는 수용장소의 인입구**
라. 가공전선로와 지중전선로가 접속되는 곳

07 241.12.4 표피전류 가열장치의 시설
도로 또는 옥외 주차장에 표피전류 가열장치를 시설하는 경우 발열선에 전기를 공급하는 전로의 **대지전압**

은 **교류**(주파수가 60[Hz]의 것에 한한다) **300[V] 이하**일 것.

08 511.1.3 옥내전로의 대지전압 제한
주택에 시설하는 전기저장장치는 이차전지에서 전력변환장치에 이르는 옥내 직류전로를 다음에 따라 시설하는 경우에 주택의 옥내전로의 **대지전압은 직류 600[V]까지 적용**할 수 있다.
가. 전로에 지락이 생겼을 때 자동적으로 전로를 차단하는 장치를 시설할 것
나. 사람이 접촉할 우려가 없는 은폐된 장소에 합성수지관배선, 금속관배선 및 케이블배선에 의하여 시설하거나, 사람이 접촉할 우려가 없도록 케이블배선에 의하여 시설하고 전선에 적당한 방호장치를 시설할 것

09 322.3 특고압과 고압의 혼촉 등에 의한 위험방지 시설
변압기에 의하여 특고압전로에 결합되는 고압전로에는 **사용전압의 3배 이하인 전압이 가하여진 경우에 방전하는 장치**를 그 변압기의 단자에 가까운 1극에 설치하여야 한다.

10 332.11 고압 가공전선과 건조물의 접근, 222.11 저압 가공전선과 건조물의 접근
저압 가공전선 또는 고압 가공전선이 건조물과 접근 상태로 시설되는 경우에는 다음에 따라야 한다.
가. 고압 가공전선로는 고압 보안공사에 의할 것
나. 저·고압 가공전선과 건조물의 조영재 사이의 이격거리는 표에서 정한 값 이상일 것.

사용 전압 부분 공작물의 종류		저압[m]	고압[m]
건조물	상부 조영재 위쪽	일반적인 경우	2	2
		전선이 고압절연전선	1	2
		전선이 케이블인 경우	1	1
	기타 조영재 또는 상부조영재의 옆쪽 또는 아래쪽	일반적인 경우	1.2	1.2
		전선이 고압절연전선	0.4	1.2
		전선이 케이블인 경우	0.4	0.4
		사람이 쉽게 접근할 수 없도록 시설한 경우	0.8	0.8

11 333.30 특고압 가공전선과 식물의 이격거리

사용전압의 구분	이격거리
60[kV] 이하	2[m]
60[kV] 초과	2[m]에 사용전압이 60[kV]를 초과하는 10[kV] 또는 그 단수마다 12[cm]를 더한 값

• 단수 = $\frac{154-60}{10} = 9.4 \rightarrow 10$단
• 이격 거리 = $2 + 0.12 \times 10 = 3.2[m]$

12 342.1 고압 옥내배선 등의 시설
고압 옥내배선이 다른 고압 옥내배선·저압 옥내전선·관등회로의 배선·약전류 전선 등 또는 수관·가스관이나 이와 유사한 것과 접근하거나 교차하는 경우 이격거리
가. 다른 고압 옥내배선·저압 옥내전선·관등회로의 배선·약전류 전선 : 15[cm]
나. **수관·가스관이나 이와 유사한 것과 접근하거나 교차하는 경우 : 15[cm]**
다. 애자공사에 의하여 시설하는 저압 옥내전선이 나전선인 경우 : 30[cm]
라. 가스계량기 및 가스관의 이음부와 전력량계 및 개폐기 : 60[cm]

13 333.22 특고압 보안공사
제1종 특고압 보안공사 시 전선의 단면적

사용전압	전 선
100[kV] 미만	인장강도 21.67[kN] 이상의 연선 또는 단면적 55[mm^2] 이상의 경동연선
100[kV] 이상 300[kV] 미만	인장강도 58.84[kN] 이상의 연선 또는 단면적 150[mm^2] 이상의 경동연선
300[kV] 이상	인장강도 77.47[kN] 이상의 연선 또는 단면적 200[mm^2] 이상의 경동연선

14 333.32 25[kV] 이하인 특고압 가공전선로의 시설
사용전압이 15[kV]를 초과하고 25[kV] 이하인 특고압 가공전선로(중성선 다중접지식의 것으로서 전로에 지락이 생겼을 때에 2초 이내에 자동적으로 이를 전로로부터 차단하는 장치가 되어 있는 것에 한한다.)의 중성선의 **접지도체는 공칭단면적 6[mm^2] 이상의 연동선**

또는 이와 동등 이상의 세기 및 굵기의 쉽게 부식하지 않는 금속선으로서 고장 시에 흐르는 전류가 안전하게 통할 수 있는 것일 것.

15 232.13 금속제 가요전선관공사
1. 전선은 절연전선(**옥외용 비닐절연전선을 제외**한다)일 것.
2. 전선은 연선일 것. 다만, 단면적 10 mm^2(알루미늄선은 단면적 16 mm^2) 이하인 것은 그러하지 아니하다.
3. 가요전선관 안에는 전선에 접속점이 없도록 할 것.
4. 안쪽 면은 전선의 피복을 손상하지 아니하도록 매끈한 것일 것.
5. 관 상호 간 및 관과 박스 기타의 부속품과는 견고하고 또한 전기적으로 완전하게 접속할 것.
6. 가요전선관의 끝부분은 피복을 손상하지 아니하는 구조로 되어 있을 것.
7. 습기 많은 장소 또는 물기가 있는 장소에 시설하는 때에는 비닐 피복 가요전선관일 것.

16 333.11 특고압 가공전선로의 철주·철근 콘크리트주 또는 철탑의 종류
특고압 가공전선로의 지지물로 사용하는 B종 철근·B종 콘크리트주 또는 철탑의 종류는 다음과 같다.
가. 직선형 : 전선로의 직선 부분(3° 이하의 수평 각도 이루는 곳 포함)에 사용되는 것
나. 각도형 : 전선로 중 수평 각도 3°를 넘는 곳에 사용되는 것
다. 인류형 : 전 가섭선을 인류하는 곳에 사용하는 것
라. **내장형 : 전선로 지지물 양측의 경간차가 큰 곳에 사용**하는 것
마. 보강형 : 전선로 직선 부분을 보강하기 위하여 사용하는 것

17 332.17 고압 가공전선 상호 간의 접근 또는 교차
고압 가공전선과 다른 고압 가공 전선과의 이격거리

구 분	고압 가공전선	
	일 반	케이블
고압가공전선	0.8[m]	0.4[m]
고압가공전선로의 지지물	0.6[m]	0.3[m]

18 131 전로의 절연 원칙
전로는 다음 이외에는 대지로부터 절연하여야 한다.
1. 저압전로, 전로의 중성점, 계기용변성기의 2차측 전로, 다중 접지, 변압기의 2차측 전로 및 직류계통에 접지공사를 하는 경우의 접지점
2. 다음과 같이 절연할 수 없는 부분
   가. 시험용 변압기, 전력선 반송용 결합 리액터, 전기울타리용 전원장치, 엑스선발생장치, 전기부식방지용 양극, 단선식 전기철도의 귀선 등 전로의 일부를 대지로부터 절연하지 아니하고 전기를 사용하는 것이 부득이한 것
   나. **전기욕기·전기로·전기보일러·전해조 등 대지로부터 절연하는 것이 기술상 곤란한 것**

19 335.6 교량에 시설하는 전선로
가. 교량의 윗면에 시설하는 것은 전선의 높이를 교량의 노면상 5[m] 이상으로 하여 시설할 것.
나. **전선과 조영재 사이의 이격거리**는 전선이 케이블인 경우 이외에는 **0.3[m] 이상**일 것.
335.8 급경사지에 시설하는 전선로의 시설
가. 전선의 지지점 간의 거리는 15[m] 이하일 것.
나. 저압 전선로와 고압 전선로를 같은 벼랑에 시설하는 경우에는 고압 전선로를 저압 전선로의 위로하고 또한 고압전선과 저압 전선 사이의 이격거리는 0.5[m] 이상일 것.

20 123 전선의 접속
전선을 접속하는 경우에는 전선의 전기저항을 증가시키지 아니하도록 접속 하여야 하며, 또한 다음에 따라야 한다.
가. **전선의 세기를 20[%] 이상 감소시키지 아니할 것.**
나. 접속부분은 접속관 기타의 기구를 사용할 것.
다. 접속부분의 절연전선에 절연전선의 절연물과 동등 이상의 절연효력이 있는 것으로 충분히 피복할 것.

2 실전 모의고사

🔒 **해답**
01. ③ 02. ③ 03. ② 04. ② 05. ③ 06. ② 07. ①
08. ① 09. ② 10. ④ 11. ② 12. ② 13. ① 14. ②
15. ③ 16. ④ 17. ③ 18. ④ 19. ② 20. ④

01 옥외설비의 절연유 유출방지설비
가. 절연유 유출 방지설비의 선정은 기기에 들어 있는 절연유의 양, 우수 및 화재보호시스템의 용수량, 근접 수로 및 토양조건을 고려하여야 한다.
나. 집유조 및 집수탱크가 시설되는 경우 집수탱크는 최대 용량 변압기의 유량에 대한 집유능력이 있어야 한다.
다. 벽, 집유조 및 집수탱크에 관련된 배관은 액체가 침투하지 않는 것이어야 한다.
라. 절연유 및 냉각액에 대한 집유조 및 집수탱크의 용량은 물의 유입으로 지나치게 감소되지 않아야 하며, 자연배수 및 강제배수가 가능하여야 한다.
마. 다음의 추가적인 방법으로 수로 및 지하수를 보호하여야 한다.
  (1) **집유조 및 집수탱크는 바닥으로부터 절연유 및 냉각액의 유출을 방지하여야 한다.**
  (2) 배출된 액체는 유수분리장치를 통하여야 하며 이 목적을 위하여 액체의 비중을 고려하여야 한다.

02 222.10 저압 보안공사
저압 보안공사시 전선은 케이블인 경우 이외에는 인장강도 8.01[kN] 이상의 것 또는 **지름 5[mm]**(사용전압이 **400[V] 이하인 경우**에는 인장강도 5.26[kN] 이상의 것 또는 **지름 4[mm] 이상의 경동선**) 이상의 경동선이어야 한다.

03 231.4 나전선의 사용 제한
옥내에 시설하는 저압전선에는 나전선을 사용하여서는 아니 된다. 다만, 다음중 어느 하나에 해당하는 경우에는 그러하지 아니하다.

가. 애자사용배선에 의하여 전개된 곳에 다음의 전선을 시설하는 경우
  ① 전기로용 전선
  ② 전선의 피복 절연물이 부식하는 장소에 시설하는 전선
나. **버스덕트공사**에 의하여 시설하는 경우
다. 라이팅덕트공사에 의하여 시설하는 경우
라. 접촉 전선을 시설하는 경우

04 334.1 지중전선로의 시설
가. **지중 전선로는 전선에 케이블을 사용하고 또한 관로식·암거식 또는 직접 매설식에 의하여 시설**하여야 한다.
나. 지중 전선로를 직접 매설식에 의하여 시설하는 경우에는 매설 깊이는
  ① 차량 기타 중량물의 압력을 받을 우려가 있는 장소 : 1.0[m] 이상
  ② 기타 장소 : 0.6[m] 이상

05 334.6 지중전선과 지중약전류전선 등 또는 관과의 접근 또는 교차
지중전선이 다음 조건의 이격거리 이하로 설치되는 경우에는 상호간에 내화성의 격벽을 설치하여야 한다.

조 건	전 압	이격거리
지중 약전류 전선과 접근 또는 교차하는 경우	저압 또는 고압	0.3[m]
	특고압	0.6[m]
가연성, 유독성의 유체를 내포하는 관과 접근 또는 교차	특고압	1[m]
	25 [kV] 이하, 다중접지방식	0.5[m]
기타의 관과 접근 또는 교차	특고압	0.3[m]

06 332.5 고압 가공전선의 높이, 222.7 저압 가공전선의 높이
저·고압 가공전선의 높이는 다음에 따라야 한다.

설치장소		가공전선의 높이
도로횡단(번잡하지 않은 도로 제외)		지표상 6[m] 이상
철도 또는 궤도 횡단		레일면상 6.5[m] 이상
횡단보도교 위	저압	노면상 3.5[m] 이상 (단, 절연전선의 경우 3[m] 이상)
	고압	노면상 3.5[m] 이상
일반장소		지표상 5[m] 이상. 단, 저압의 경우 절연전선 또는 케이블을 사용하여 교통에 지장이 없도록 하여 옥외조명용에 공급하는 경우 4[m]까지 감할 수 있다.
다리의 하부 기타 이와 유사한 장소		저압의 전기철도용 급전선은 지표상 3.5[m]까지로 감할 수 있다.

07 431.5 귀선로
1. 귀선로는 비절연보호도체, 매설접지도체, 레일 등으로 구성하여 **단권변압기 중성점과 공통접지에 접속**한다.
2. 비절연보호도체의 위치는 **통신유도장해 및 레일전위의 상승의 경감을 고려**하여 결정하여야 한다.
3. 귀선로는 사고 및 지락 시에도 **충분한 허용전류용량**을 갖도록 하여야 한다.

08 431.4 급전선로
1. 급전선은 나전선을 적용하여 가공식으로 가설을 원칙으로 한다. 다만, 전기적 이격거리가 충분하지 않거나 지락, 섬락 등의 우려가 있을 경우에는 급전선을 케이블로 하여 안전하게 시공하여야 한다.
2. 가공식은 전차선의 높이 이상으로 전차선로 지지물에 병가하며, 나전선의 접속은 직선접속을 원칙으로 한다.
3. 신설 터널 내 급전선을 가공으로 설계할 경우 지지물의 취부는 C찬넬 또는 매입전을 이용하여 고정하여야 한다.
4. 선상승강장, 인도교, 과선교 또는 교량 하부 등에 설치할 때에는 최소 절연이격거리 이상을 확보하여야 한다.

431.5 귀선로
1. **귀선로는 비절연보호도체, 매설접지도체, 레일 등으로 구성하여 단권변압기 중성점과 공통접지에 접속한다.**

2. 비절연보호도체의 위치는 통신유도장해 및 레일전위의 상승의 경감을 고려하여 결정하여야 한다.
3. 귀선로는 사고 및 지락 시에도 충분한 허용전류용량을 갖도록 하여야 한다.
즉, ①번은 귀선로에 대한 설명이다.

09 333.5 특고압 가공전선과 지지물 등의 이격거리
특고압 가공전선과 그 지지물·완금류·지주 또는 지선 사이의 이격거리는 표에서 정한 값 이상이어야 한다. 다만, 기술상 부득이한 경우에 위험의 우려가 없도록 시설한 때에는 표에서 정한 값의 0.8배까지 감할 수 있다.

사용전압	이격거리[cm]
15[kV] 미만	15
15[kV] 이상 25[kV] 미만	20
25[kV] 이상 35[kV] 미만	25
60[kV] 이상 70[kV] 미만	40
130[kV] 이상 160[kV] 미만	90

10 132 전로의 절연저항 및 절연내력

전로의 종류	접지 방식	시험전압 (최대 사용 전압의 배수)	최저 시험전압
1. 7[kV] 이하인 전로		1.5배	
2. 7[kV] 초과 25[kV] 이하	다중접지	0.92배	
3. 7[kV] 초과 60[kV] 이하 (2란의 것 제외)	비접지	1.25배	10.5[kV]
4. 60[kV] 초과	비 접지	1.25배	
5. 60[kV] 초과 (6란, 7란의 것 제외)	접 지 식	1.1배	75[kV]
6. 60[kV] 초과 (7란의 것 제외)	직접접지	0.72배	
7. 170[kV] 초과 (발전소 또는 변전소 혹은 이에 준하는 장소에 시설하는 것)	직접접지	0.64배	

※ 전로에 케이블을 사용하는 경우에는 **직류로 시험할 수 있으며, 시험 전압은 교류의 경우의 2배가 된다.**
∴ 시험 전압 $= 22900 \times 0.92 \times 2 = 42136[V]$

11 333.17 특고압 가공전선과 저고압 가공전선 등의 병행설치

전 압	표 준	특고압에 케이블 사용 및 저·고압에 절연전선 또는 케이블 사용
35[kV] 이하	1.2[m] 이상	0.5[m] 이상
35[kV] 초과 100[kV] 미만	2[m] 이상	1[m] 이상

12 332.12 고압 가공전선과 도로 등의 접근 또는 교차, 222.12 저압 가공전선과 도로 등의 접근 또는 교차

저압 가공전선 또는 고압 가공전선이 도로·횡단보도교·철도·궤도·삭도 또는 저압 전차선(이하 "도로 등"이라 한다)과 접근상태로 시설되는 경우에는 다음에 따라야 한다.
1. 고압 가공전선로는 고압 보안공사에 의할 것.
2. 저·고압 가공전선과 도로 등의 이격거리는 표에서 정한 값 이상일 것. 다만, 가공전선과 도로·횡단보도교·철도 또는 궤도와의 수평 이격거리가 저압에서 1[m] 이상, 고압에서 1.2[m] 이상인 경우에는 그러하지 아니하다.

도로 등의 구분		저압	고압
도로·횡단보도교·철도 또는 궤도		3[m]	3[m]
삭도나 그 지주 또는 저압 전차선	고압절연 전선	0.3[m]	0.8[m]
	케이블	0.3[m]	0.4[m]
	기 타	0.6[m]	0.8[m]
저압 전차선로의 지지물	케이블	0.3[m]	0.3[m]
	기 타	0.3[m]	0.6[m]

13 431.2 전차선로의 충전부와 건조물 간의 절연이격

전차선과 건조물 간의 최소 절연이격거리

시스템 종류	공칭전압 (V)	동적(mm)		정적(mm)	
		비오염	오염	비오염	오염
직류	750	25	25	25	25
	1,500	100	110	150	160
단상교류	25,000	170	220	270	320

14 351.1 발전소 등의 울타리·담 등의 시설
가. **울타리·담 등의 높이는 2[m] 이상**으로 하고 지표면과 울타리·담 등의 **하단사이의 간격은 0.15[m] 이하**로 할 것.
나. 울타리·담 등의 높이와 울타리·담 등으로부터 충전부분까지 거리의 합계는 표에서 정한 값 이상으로 할 것.

사용전압의 구분	울타리·담 등의 높이와 울타리·담 등으로부터 충전 부분까지의 거리의 합계
35[kV] 이하	5[m]
35[kV] 초과 160[kV] 이하	6[m]
160[kV] 초과	• 거리 = 6 + 단수 × 0.12[m] • 단수 = $\dfrac{\text{사용전압}[kV]-160}{10}$ 단수 계산에서 소수점 이하는 절상

15 234.15 교통신호등
가. 교통신호등 제어장치의 **2차측 배선의 최대사용전압은 300[V] 이하**이어야 한다.
나. 전선은 케이블인 경우 이외에는 공칭단면적 2.5[mm^2] 연동선과 동등 이상의 세기 및 굵기의 450/750[V] 일반용 단심 비닐절연전선 또는 450/750[V] 내열성에틸렌아세테이트 고무절연전선일 것.
다. 교통신호등의 전구에 접속하는 인하선은 다음에 의하여 시설하여야 한다.
   ① 전선의 지표상의 높이는 2.5[m] 이상일 것.
   ② 전선을 애자공사에 의하여 시설하는 경우에는 전선을 적당한 간격마다 묶을 것.
라. 교통신호등 회로의 사용전압이 150[V]를 넘는 경우는 전로에 지락이 생겼을 경우 자동적으로 전로를 차단하는 누전차단기를 시설할 것.
마. 교통신호등의 제어장치의 금속제외함 및 신호등을 지지하는철주에는 규정에 준하여 접지공사를 하여야 한다.

16 341.7 아크를 발생하는 기구의 시설
고압용 또는 특고압용의 개폐기·차단기·피뢰기 기타 이와 유사한 기구로서 동작 시에 아크가 생기는 것은 목재의 벽 또는 천장 기타의 가연성 물체로부터 표에서 정한 값 이상 이격하여 시설하여야 한다.

기구 등의 구분	이격거리
고압용의 것	1[m] 이상
특고압용의 것	2[m] 이상 (사용전압이 35[kV] 이하의 특고압용의 기구 등으로서 동작할 때에 생기는 아크의 방향과 길이를 화재가 발생할 우려가 없도록 제한하는 경우에는 1[m] 이상)

17 333.22 특고압 보안공사
제2종 특고압 보안공사는 다음에 따라야 한다.
가. 특고압 가공전선은 연선일 것.
나. 지지물로 사용하는 목주의 풍압하중에 대한 안전율은 2 이상일 것.
다. 경간은 표에서 정한 값 이하일 것

지지물의 종류	경 간
목주·A종 철주 또는 A종 철근 콘크리트주	100[m]
B종 철주 또는 B종 철근 콘크리트주	200[m]
철탑	400[m] (단주인 경우에는 300[m])

18 142.4.2 주택 등 저압수용장소 접지
저압수용장소에서 계통접지가 TN-C-S 방식인 경우 **중성선 겸용 보호도체(PEN)**는 고정 전기설비에만 사용할 수 있고, 그 도체의 단면적이 **구리는 10[mm^2] 이상, 알루미늄은 16[mm^2] 이상**이어야 하며, 그 계통의 최고 전압에 대하여 절연되어야 한다.

19 211.2.3 추가적인 보호
다음에 따른 교류계통에서는 누전차단기에 의한 추가적 보호를 하여야 한다.
가. 일반적으로 사용되며 **일반인이 사용하는 정격전류 20[A] 이하 콘센트**
나. 옥외에서 사용되는 정격전류 32[A] 이하 이동용 전기기기

20 333.26 특고압 가공전선과 저고압 가공전선 등의 접근 또는 교차
특고압 가공전선이 가공약전류전선 등 저압 또는 **고압**의 가공전선이나 저압 또는 고압의 전차선(이하에서 "저고압 가공전선 등"이라 한다)과 **제1차 접근상태로 시설되는 경우**
가. 특고압 가공전선로는 제3종 특고압 보안공사에 의할 것.
나. 특고압 가공전선과 저고압 가공 전선 등 또는 이들의 지지물이나 지주 사이의 이격거리는 표에서 정한 값 이상일 것.

사용전압의 구분	이격거리
60[kV] 이하	2[m]
60[kV] 초과	• 이격거리 = 2 + 단수 × 0.12[m] • 단수 = $\frac{(전압[kV] - 60)}{10}$ 단수 계산에서 소수점 이하는 절상

3 실전 모의고사

해답
01. ① 02. ④ 03. ④ 04. ② 05. ② 06. ③ 07. ②
08. ④ 09. ③ 10. ② 11. ③ 12. ④ 13. ② 14. ①
15. ④ 16. ① 17. ④ 18. ① 19. ④ 20. ①

01 121.2 전선의 식별

상(문자)	L1	L2	L3	N	보호도체
색상	갈색	흑색	회색	청색	녹색-노란색

02 532.3.5 피뢰설비
풍력터빈의 피뢰설비는 **수뢰부를 풍력터빈 선단부분 및 가장자리 부분에 배치**하되 뇌격전류에 의한 발열에 용손(溶損)되지 않도록 재질, 크기, 두께 및 형상 등을 고려할 것

03 332.4 고압 가공전선의 안전율, 222.6 저압 가공전선의 안전율

가공전선이 케이블 이외인 경우 안전율이 다음 이상이 되는 이도로 시설하여야 한다.
가. 경동선 또는 내열 동합금선 : 2.2 이상
나. **그 밖의 전선 : 2.5**

04 135 변압기 전로의 절연내력

권선의 종류 (최대사용전압)	접지방식	시험 전압 (최대 사용전압의 배수)	최저 시험전압
1. 7[kV] 이하		1.5배	500[V]
	다중접지	0.92배	500[V]
2. 7[kV] 초과 25[kV] 이하	다중접지	0.92배	
3. 7[kV] 초과 60[kV] 이하 (2란의 것 제외)		1.25배	10.5[kV]
4. 60[kV] 초과 (8란의 것 제외)	비접지	1.25배	
5. 60[kV] 초과 (6란 및 8란의 것 제외)	접지식	1.1배	75[kV]
6. 60[kV] 초과	직접접지	0.72배	
7. 170[kV] 초과	직접접지	0.64배	

최대 사용 전압이 60[kV] 초과인 중성점 접지식인 경우 시험전압은 최대사용전압의 1.1배
∴ 시험전압 = 최대사용전압의 배수 × 최대사용전압
= $1.1 \times 66 = 72.6$[kV]
그러나 최저시험전압이 75[kV]이므로 75[kV]의 시험전압을 가하여야 한다.

05 142.3.1 접지도체
이동하여 사용하는 전기기계기구의 금속제 외함 등의 접지시스템의 경우는 다음의 것을 사용하여야 한다.

접지	접지도체의 종류	접지선의 단면적
특고압·고압 전기설비용 접지도체 및 중성점 접지용 접지도체	• 클로로프렌캡타이어케이블(3종 및 4종)의 1개 도체 • 클로로설포네이트폴리에틸렌캡타이어 케이블(3종 및 4종)의 1개 도체 • 다심캡타이어케이블의 차폐 기타의 금속제	10[mm²]
저압 전기설비	다심 코드 또는 다심 캡타이어케이블의 1개 도체	0.75[mm²]
	다심코드 및 다심 캡타이어케이블의 1개 도체 이외의 가요성이 있는 연동연선	1.5[mm²]

06 232.31 금속덕트공사
가. 전선은 절연전선(옥외용 비닐절연전선을 제외한다)일 것.
나. 금속덕트에 넣은 전선의 단면적(절연피복의 단면적을 포함한다)의 합계는 **덕트의 내부 단면적의 20[%]**(전광표시장치 기타 이와 유사한 장치 또는 제어회로 등의 배선만을 넣는 경우에는 50[%]) 이하일 것.
다. 금속덕트 안에는 전선에 접속점이 없도록 할 것. 다만, 전선을 분기하는 경우에는 그 접속점을 쉽게 점검할 수 있는 때에는 그러하지 아니하다.
라. 금속덕트 안의 전선을 외부로 인출하는 부분은 금속 덕트의 관통부분에서 전선이 손상될 우려가 없도록 시설할 것.
마. 금속덕트 안에는 전선의 피복을 손상할 우려가 있는 것을 넣지 아니할 것.
바. 금속덕트에 의하여 저압 옥내배선이 건축물의 방화 구획을 관통하거나 인접 조영물로 연장되는 경우에는 그 방화벽 또는 조영물 벽면의 덕트 내부는 불연성의 물질로 차폐하여야 함.

07 242.10.4 의료장소 내의 접지 설비
의료장소마다 그 내부 또는 근처에 등전위본딩 바를 설치할 것. 다만, **인접하는 의료장소와의 바닥 면적 합계가 50[m²] 이하**인 경우에는 등전위본딩 바를 공용할 수 있다.

08 333.7 특고압 가공전선의 높이

전압의 범위	일반 장소	도로 횡단	철도 또는 궤도횡단	횡단보도교
35[kV] 이하	5[m]	6[m]	6.5[m]	4[m] (특고압 절연전선 또는 케이블 사용)
35[kV] 초과 160[kV] 이하	6[m]	6[m]	6.5[m]	5[m](케이블 사용)
	산지 등에서 사람이 쉽게 들어갈 수 없는 장소 : 5[m] 이상			
160[kV] 초과	일반장소	가공전선의 높이 = 6 + 단수 × 0.12[m]		
	철도 또는 궤도횡단	가공전선의 높이 = 6.5 + 단수 × 0.12[m]		
	산지	가공전선의 높이 = 5 + 단수 × 0.12[m]		

※ 단수 = $\dfrac{(전압[kV] - 160)}{10}$

… 단수 계산에서 소수점 이하는 절상

09 332.5 고압 가공전선의 높이, 222.7 저압 가공전선의 높이
저·고압 가공전선의 높이는 다음에 따라야 한다.

설치장소		가공전선의 높이
도로횡단 (번잡하지 않은 도로 제외)		지표상 6[m] 이상
철도 또는 궤도 횡단		레일면상 6.5[m] 이상
횡단보도교 위	저압	노면상 3.5[m] 이상 (단, 절연전선의 경우 3[m] 이상)
	고압	노면상 3.5[m] 이상
일반장소		지표상 5[m] 이상. 단, 저압의 경우 절연전선 또는 케이블을 사용하여 교통에 지장이 없도록 하여 옥외조명용에 공급하는 경우 4[m]까지 감할 수 있다.
다리의 하부 기타 이와 유사한 장소		저압의 전기철도용 급전선은 지표상 3.5[m]까지로 감할 수 있다.

10 461.5 누설전류 간섭에 대한 방지
직류 전기철도 시스템이 매설 배관 또는 케이블과 인접할 경우 누설전류를 피하기 위해 최대한 이격시켜야 하며, **주행레일과 최소 1[m] 이상의 거리를 유지**하여야 한다.

11 351.9 상주 감시를 하지 아니하는 변전소의 시설
다음의 경우에는 **변전제어소 또는 기술원이 상주하는 장소에 경보장치를 시설할 것.**
가. 운전조작에 필요한 차단기가 자동적으로 차단한 경우
나. 주요 변압기의 전원측 전로가 무전압으로 된 경우
다. 제어 회로의 전압이 현저히 저하한 경우
라. **출력 3,000[kVA]를 초과하는 특고압용변압기는 그 온도가 현저히 상승한 경우**
마. 특고압용 타냉식변압기는 그 냉각장치가 고장난 경우
바. 조상기는 내부에 고장이 생긴 경우
사. 수소냉각식조상기는 그 조상기 안의 수소의 순도가 90[%] 이하로 저하한 경우, 수소의 압력이 현저히 변동한 경우 또는 수소의 온도가 현저히 상승한 경우

12 332.9 고압 가공전선로 경간의 제한
고압 가공전선로의 경간은 표에서 정한 값 이하이어야 한다.

지지물의 종류	경 간
목주 · A종 철주 또는 A종 철근 콘크리트주	150[m]
B종 철주 또는 B종 철근 콘크리트주	250[m]
철 탑	600[m] (단주인 경우에는 400[m])

13 331.7 가공전선로 지지물의 기초의 안전율
가공전선로의 지지물에 하중이 가하여지는 경우에 그 하중을 받는 지지물의 **기초의 안전율은 2**(이상 시 상정 하중에 대한 철탑의 기초에 대하여는 1.33) **이상**이어야 한다.

14 333.23 특고압 가공전선과 건조물의 접근
특고압 가공전선이 건조물과 제1차 접근상태로 시설되는 경우에는 다음에 따라야 한다.
가. 특고압 가공전선로는 제3종 특고압 보안공사에 의할 것.
나. 사용전압이 35[kV] 이하인 특고압 가공전선과 건조물의 조영재 이격거리는 표에서 정한 값 이상일 것.

건조물과 조영재의 구분	전선 종류	접근형태	이격거리
상부 조영재	특고압 절연전선	위쪽	2.5[m]
		옆쪽 또는 아래쪽	1.5[m] (전선에 사람이 쉽게 접촉할 우려가 없도록 시설한 경우는 1[m])
	케이블	위쪽	1.2[m]
		옆쪽 또는 아래쪽	0.5[m]
	기타전선		3[m]
기타 조영재	특고압 절연전선		1.5[m] (전선에 사람이 쉽게 접촉할 우려가 없도록 시설한 경우는 1[m])
	케이블		0.5[m]
	기타 전선		3[m]

15 333.17 특고압 가공전선과 저고압 가공전선 등의 병행설치

사용전압이 35[kV]을 초과하고 100[kV] 미만인 특고압 가공전선과 저압 또는 고압 가공전선을 동일 지지물에 시설하는 경우에는 다음에 따라 시설하여야 한다.

가. 특고압 가공전선로는 제2종 특고압 보안공사에 의할 것.
나. 특고압 가공전선은 케이블인 경우를 제외하고는 **인장강도 21.67[kN]** 이상의 연선 또는 단면적이 50[mm²] 이상인 경동연선일 것.
다. 특고압 가공전선로의 지지물은 철주·철근 콘크리트주 또는 철탑일 것.

16 212.6.2 저압 옥내전로 인입구에서의 개폐기의 시설

가. 저압 옥내전로에는 인입구에 가까운 곳으로서 쉽게 개폐할 수 있는 곳에 개폐기를 각 극에 시설하여야 한다.
나. 사용전압이 400[V] 이하인 옥내 전로로서 다른 옥내전로(정격전류가 16[A] 이하인 과전류 차단기 또는 정격전류가 16[A]를 초과하고 20[A] 이하인 배선용 차단기로 보호되고 있는 것에 한한다)에 접속하는 길이 **15[m] 이하**의 전로에서 전기의 공급을 받는 것은 **개폐기를 생략**할 수 있다.

17 331.14.2 특고압 옥상전선로의 시설

특고압 옥상전선로(특고압의 인입선의 옥상부분을 제외한다)**는 시설하여서는 아니 된다.**

18 241.1 전기울타리

가. 전기울타리용 전원장치에 전원을 공급하는 전로의 사용전압은 250[V] 이하이어야 한다.
나. 전기울타리는 사람이 쉽게 출입하지 아니하는 곳에 시설할 것.
다. 전선은 인장강도 1.38[kN] 이상의 것 또는 지름 2[mm] 이상의 경동선일 것.
라. 전선과 이를 지지하는 기둥 사이의 이격거리는 25[mm] 이상일 것.
마. **전선과** 다른 시설물(가공 전선을 제외한다) 또는 **수목과의 이격거리는 0.3[m] 이상**일 것.

19 334.6 지중전선과 지중약전류전선 등 또는 관과의 접근 또는 교차

지중전선이 다음 조건의 이격거리 이하로 설치되는 경우에는 상호간에 내화성의 격벽을 설치하여야 한다.

조 건	전 압	이격거리
지중 약전류 전선과 접근 또는 교차하는 경우	저압 또는 고압	0.3[m]
	특고압	0.6[m]
가연성, 유독성의 유체를 내포하는 관과 접근 또는 교차	특고압	1[m]
	25[kV] 이하, 다중접지방식	0.5[m]
기타의 관과 접근 또는 교차	특고압	0.3[m]

20 234.6 점멸기의 시설

다음의 경우에는 센서등(타임스위치 포함)을 시설하여야 한다.

가. **관광숙박업 또는 숙박업**(여인숙업을 제외한다)에 이용되는 **객실의 입구등은 1분 이내에 소등**되는 것.
나. 일반주택 및 아파트 각 호실의 현관등은 3분 이내에 소등되는 것.

전기설비기술기준

발 행	2025년 11월 28일
저 자	검정연구회
발 행 인	이지연
발 행 처	엔트미디어
주 소	서울시 강서구 강서로 47-8 302호 (화곡동 평인빌딩)
전 화	(02) 2608-8339
팩 스	(02) 2608-8314
등록번호	839-91-00430
I S B N	979-11-92810-76-8 13560
가 격	12,000원

저자와의
협의에
따라
인지생략

이 책은 저작권법에 의해 저작권이 보호됩니다.
엔트미디어 발행인의 승인자료 없이 무단 전재하거나 복제하는 행위는
저작권법 제136조에 의해 5년 이하의 징역 또는 5,000만원 이하의
벌금에 처하거나 이를 병과(倂科)할 수 있습니다.